K.-H. Gärtner / M. Bellmann / W. Lyska / R. Schmieder

Analysis in Fragen und Übungsaufgaben

Analysis
in Fragen und Übungsaufgaben

Von Doz. Dr. Karl-Heinz Gärtner
Margitta Bellmann
Dr. Werner Lyska
Dr. Roland Schmieder

B. G. Teubner Verlagsgesellschaft
Stuttgart · Leipzig 1995

Das Lehrwerk wurde 1972 begründet und wird herausgegeben von:

Prof. Dr. Otfried Beyer, Prof. Dr. Horst Erfurth,
Prof. Dr. Christian Großmann, Prof. Dr. Horst Kadner,
Prof. Dr. Karl Manteuffel, Prof. Dr. Manfred Schneider,
Prof. Dr. Günter Zeidler

Verantwortlicher Herausgeber dieses Bandes:
Prof. Dr. Karl Manteuffel

Autoren:

Doz. Dr. rer. nat. Karl-Heinz Gärtner
Margitta Bellmann
Dr. rer. nat. Werner Lyska
Dr. rer. nat. Roland Schmieder
Technische Universität Bergakademie Freiberg

Die Deutsche Bibliothek – CIP-Einheitsaufnahme

Analysis in Fragen und Übungsaufgaben /
Karl-Heinz Gärtner
... [Verantw. Hrsg. dieses Bd.: K. Manteuffel]. –
Stuttgart ; Leipzig : Teubner, 1995
  (Mathematik für Ingenieure und Naturwissenschaftler)
  ISBN-13:978-3-8154-2088-1   e-ISBN-13:978-3-322-81034-2
  DOI: 10.1007/978-3-322-81034-2

NE: Gärtner, Karl-Heinz; Manteuffel, Karl [Hrsg.]

Umschlaggestaltung: E. Kretschmer, Leipzig

Vorwort

Die vorliegende Sammlung von Fragen und Aufgaben zur Analysis stützt sich
auf Erfahrungen, die die Autoren an der Technischen Universität Bergakademie
Freiberg bei der mathematischen Ausbildung bis zum Vordiplom von Studenten
der Natur- und Ingenieurwissenschaften über Jahre hinweg sammeln konnten.
Das Buch soll der Festigung und Vertiefung des in den Vorlesungen gebotenen
Stoffes dienen, die Nutzer zum Selbststudium anregen und vor allem bei der
Vorbereitung auf Klausuren und mündliche Prüfungen im Rahmen des Vordi-
ploms Orientierung und Hilfsmittel sein.
Die Aufgabensammlung ist in sechs Komplexe mit entsprechenden Teilabschnit-
ten unterteilt. Jeder Teilabschnitt beginnt mit einer Zusammenstellung wichti-
ger Formeln und Eigenschaften, die gleichzeitig als Basis für die nachfolgenden
Fragen und Aufgaben des jeweiligen Abschnitts anzusehen sind. Dem Zweck
des Buches entsprechend wurde die Zusammenstellung knapp gehalten und er-
hebt keinen Anspruch auf Vollständigkeit. Für weitreichendere Fragestellungen
sollten bei Bedarf die im Literaturverzeichnis angegebenen Lehrwerke genutzt
werden. Am Schluß jedes Übungskomplexes findet der Nutzer die Antworten zu
allen gestellten Fragen, Lösungen sowie in der Mehrzahl der Fälle auch Ansätze
und Lösungswege zu den Aufgaben.
Der Band wurde von vier Autoren zusammengestellt. Vorschläge und Hinweise,
die der Verbesserung und Vervollkommnung des Buches dienen, nehmen die
Autoren dankend entgegen.
Besonderer Dank gilt den Mitarbeiterinnen Frau Dipl.Ing.(FH) I.Gugel, Frau
M. Löscher, Frau M. Robakowski, Frau B. Schneider, Frau K. Uhlemann, Frau
Dipl.-Math. U. Wimmer und Frau cand.math. K. Kempe, die die Schreibarbei-
ten ausführten bzw. die Zeichnungen anfertigten.
Der B.G. Teubner Verlagsgesellschaft möchten wir für ihre verständnisvolle Zu-
sammenarbeit unseren Dank aussprechen.

Freiberg, im August 1995   Die Autoren.

Inhalt

1 Reelle Funktionen

1.1 Darstellungsformen und Eigenschaften

Schwerpunkte: Funktionen als eindeutige Abbildungen, Definitions- und Wertebereich, Funktionsgleichung (explizit, implizit), graphische Darstellung, zusammengesetzte Funktionen, Symmetrieverhalten (gerade und ungerade Funktionen), Monotonie, Nullstellen, Beschränktheit, Periodizität.

$A : \mathrm{R} \Rightarrow \mathrm{R}$	kennzeichnet eine *Abbildung* aus/von R auf/in R.
$f : x \rightarrow f(x)$	mit $x \in D(f) \subseteq \mathrm{R}$ und $y \in W(f) \subseteq \mathrm{R}$; kennzeichnet eine *Funktion*, wenn die zugrundeliegende Abbildung $f : D(f) \rightarrow W(f)$ eindeutig ist.
$D(f), W(f)$	*Definitions-* und *Wertebereich* von f.
$y = f(x)$	*Funktionsgleichung* in *expliziter* Form, wenn insbesondere $f(x)$ ein mathematischer Term in der Variablen x und die so erzeugte Abbildung $f : x \rightarrow f(x)$ eine Funktion ist.
$F(x, y) = 0$	*Funktionsgleichung* in *impliziter* Form, wenn die Gleichung eine eindeutige Zuordnung $x \rightarrow y : = f(x)$ vermittelt.
$x = x(t); y = y(t)$ für $t \in T \subseteq \mathrm{R}$	*Parameterdarstellung* einer Funktion f, wenn durch den *Parameter* t eine eindeutige Abbildung $f : x(t) \rightarrow y(t) = f(x(t))$ erzeugt wird.

f heißt *beschränkt* $\Leftrightarrow$ es existiert $c \in \mathrm{R}, c > 0$ mit $|f(x)| \leq c$ für alle $x \in D(f)$.

f heißt *monoton wachsend (fallend)* $\Leftrightarrow$ für alle $x_1, x_2 \in D(f)$ gilt: aus $x_1 < x_2$ folgt $f(x_1) \leq f(x_2)((f(x_1) \geq f(x_2))$. Falls unter gleichen Voraussetzungen $f(x_1) < f(x_2)$ $(f(x_1) > f(x_2))$ folgt, so spricht man von strenger Monotonie.

f ist eine *gerade* Funktion, wenn $f(-x) = f(x)$ für alle $x \in D(f)$ — das Bild der Funktion ist symmetrisch zur y-Achse.

f ist eine *ungerade* Funktion, wenn $f(-x) = -f(x)$ für alle $x \in D(f)$ — das Bild ist zentralsymmetrisch zum Nullpunkt.

f ist weder gerade noch ungerade in allen anderen Fällen.

Eine reelle Funktion $f : D(f) \rightarrow W(f)$ heißt *periodisch* mit der (primitiven) Periodenlänge $p > 0$, wenn für alle $x \in R$ und alle $k \in Z$ gilt:

(1) $x \in D(f) \Rightarrow (x + k \cdot p) \in D(f)$,

(2) $f(x) = f(x + k \cdot p)$ für alle $x \in D(f)$,

(und (2) gilt für keine positive Zahl $p' < p$).

Fragen zu 1.1

1. Sei $A \subseteq R \times R$. Unter welcher (hinreichenden) Bedingung stellt eine solche Teilmenge A eine Funktion dar?

2. Sei $A \subseteq R \times R$. Unter welcher (hinreichenden) Bedingung ist A eine Funktion, die eine Umkehrfunktion besitzt?

3. Sei f eine auf einem Intervall $[a, b]$ definierte Funktion. Welcher Zusammenhang besteht zwischen der (ggf. strengen) Monotonie von f auf $[a, b]$ und der Existenz einer Umkehrfunktion f^{-1} ?

4. Jede (unendliche) Menge $A \subseteq R \times R$ ist eine Abbildung aus/von R auf/in R. Gibt es solche Abbildungen derart, daß die Umkehrabbildung $A^{-1} = \{(y, x) \in R \times R : (x, y) \in A\}$ eine Konstante reelle Funktion ist? Ist dann A selbst eine Funktion? Begründen Sie Ihre Antworten!

5. Seien f und g zwei verschiedene auf $[a, b] \subset R$ definierte monotone oder streng monotone Funktionen, und es gelte $f(a) > g(a)$ und $f(b) < g(b)$. Warum kann nicht zwingend auf die Existenz einer Stelle $\xi \in (a, b)$ mit $f(\xi) = g(\xi)$ geschlossen werden?

6. Unter welchen Voraussetzungen ist die Summe (Differenz) monotoner Funktionen notwendig wieder eine monotone Funktion? Geben Sie wenigstens zwei verschiedene Fälle an!

7. Ist die Summe (Differenz) bzw. das Produkt gerader oder ungerader Funktionen wieder eine gerade bzw. ungerade Funktion?

8. Seien f_1 und f_2 zwei auf $[a; b] \subset R$ definierte und beschränkte Funktionen. Ist dann auch die Summe bzw. das Produkt dieser Funktionen wieder eine auf $[a; b]$ beschränkte Funktion? Welcher áZusammenhang ábesteht ggf. zwischen áden áSchranken ávon ì f_1, f_2 einerseits und den Schranken für die Summen- bzw. Produktfunktion andererseits?

9. Kann unter den Voraussetzungen von Frage 8 allgemein oder unter gewissen Zusatzbedingungen auf die Beschränktheit des Quotienten von f_1 und f_2 geschlossen werden?

10. Sei f eine beliebige, auf $D(f) \subseteq [a, b] \subset R$ definierte, reelle Funktion. Wie lautet eine periodische Fortsetzung f^* von f auf R und unter welcher Voraussetzung gilt sie?

Aufgaben zu 1.1

1. Begründen Sie, ob durch folgende Vorschriften reelle Funktionen $f : x \to f(x)$ definiert werden!

a) $\quad f(x) = \begin{cases} 1 - x^2 & \text{für} & |x| \geq 1 \\ x^2 - 1 & \text{für} & |x| \leq 1 \end{cases} , \quad x \in R,$

b) $\quad f(x) = \begin{cases} 1, & \text{wenn} \quad x \quad \text{durch 3 teilbar} \\ 0, & \text{wenn} \quad x \quad \text{durch 2 teilbar} \end{cases} , \quad x \in N,$

c) $\quad f(x) = \begin{cases} 2, & \text{wenn} \quad x \neq 2 \\ x, & \text{wenn} \quad |x - 1|^n = |x - 1| \quad \text{für alle} \quad n \in N. \end{cases}$

2. Begründen Sie, daß $f = \{(x, y) | e^y = \frac{1}{|x|} ; x, y \in R; x \neq 0\}$ eine Funktion darstellt! Geben Sie $D(f)$ und $W(f)$ an! Existiert auf $D(f)$ eine Umkehrfunktion f^{-1}?

3. Gegeben sind folgende Abbildungen
$A = \{(x; y) | x^2 + y^2 = 4 \text{ und } x, y \in R\}$
$B = \{(x; y) | y^2 = 4(x - 1) \text{ und } x, y \in R\}$
Überprüfen Sie, ob A, B, A^{-1}, B^{-1} Funktionen sind! Gegebenenfalls sind Definitionsbereich und Wertebereich anzugeben!

4. Sind folgende Gleichungen Funktionsgleichungen?
Begründen Sie Ihre Antworten!
a) $|y - \alpha| = |x + \alpha|$ $\alpha \in R$, konstant,
b) $y = |x + \alpha|$ $\alpha \in R$, konstant,
c) $y = \sin|x|$.

5. Skizzieren Sie folgende Funktion im Intervall $-4 \leq x \leq 4$!
$f : x \to y = [x] := n \in Z$, wenn $n \leqq x < n + 1$. Ist f (streng) monoton?
Besitzt f eine Umkehrfunktion?

6. Besitzt die Dirichletfunktion

$$f : x \to y = f(x) := \begin{cases} 1, & \text{wenn} \quad x \in Q \\ 0, & \text{wenn} \quad x \notin Q. \end{cases}$$

Monotonie-Intervalle? Begründen Sie Ihre Antwort! Ist diese Funktion
gerade oder ungerade?

7. Ermitteln Sie den (maximalen) Definitions- und Wertebereich von f und
untersuchen Sie f auf (strenge) Monotonie!

a) $f : x \to y = x|x| - x^2$,
b) $f : x \to y = \frac{1}{x|x| - x^2}$.

8. Die angegebene Gleichung definiert eine Funktion f. Geben Sie ein Monoto-
nie-Intervall an und begründen Sie das Monotonieverhalten von f für dieses Intervall! Untersuchen Sie f auf Beschränktheit!

$y = f(x) = \frac{2\sin x}{2 + e^{-x}}$

9. Ermitteln Sie Definitions- und Wertebereich der durch folgende Gleichungen definierten Funktionen! Untersuchen Sie die Funktionen auf Beschränktheit!

a) $y = f(x) = \sqrt{\ln(4x - x^2)}$,
b) $y = f(x) = \sqrt{\ln \frac{1}{|\cos x|}}$.

10. Die angegebenen Parameterdarstellungen definieren Abbildungen
$A = \{(x, y) | x = x(t), y = y(t) \text{ und } t \in R\}$. Untersuchen Sie, ob diese
Abbildungen Funktionen sind!

a) $\begin{aligned} x &= x(t) = |t| \\ y &= y(t) = t^2 \end{aligned}$, $t \in R$,   b) $\begin{aligned} x &= x(t) = \sin t \\ y &= y(t) = t + 1 \end{aligned}$ $t \in R$.

11. Untersuchen Sie die folgenden Funktionen für $x \geq 2$ auf Monotonie und begründen Sie das Monotonieverhalten!

a) $\quad f_1(x) = x - \sqrt{x^2 - 4},$
b) $\quad f_2(x) = -x - \sqrt{x^2 - 4}.$

12. Ermitteln bzw. begründen Sie für die folgende Funktion den Wertebereich, Definitionsbereich, Monotonieintervalle, Beschränktheit! Ist f periodisch? Geben Sie ggf. die Periodenlänge an!

$$y = f(x) = x - [x]$$

1.2 Elementare Funktionen — ihre Bilder und Eigenschaften

Schwerpunkte: Ganze rationale Funktionen (u.a. Potenzfunktionen, lineare Funktionen; Polynomfunktionen), gebrochen rationale Funktionen, Polstellen und Asymptoten, Horner-Schema, Interpolationspolynome, Wurzelfunktionen, trigonometrische und zyklometrische Funktionen, Exponential- und Logarithmusfunktionen, Hyperbel- und Areafunktionen.

Für reelle Funktionen $f : x \rightarrow f(x)$ ist vereinbart:

f ganze rationale Funktion n-ten Grades (oder Polynomfunktion):

$$\boxed{\begin{aligned} f(x) &= a_0 + a_1 x + a_2 x^2 + \dots + a_n x^n \\ &= \sum_{k=0}^{n} a_k x^k \;;\quad a_k \in \mathbb{R} \;\text{ für alle }\; k \end{aligned}}$$

$\displaystyle\sum_{k=0}^{n} a_k x^k$ heißt Polynom n-ten Grades in der Variablen x

Verallgemeinert gilt:

f rationale Funktion:

$$\boxed{\begin{aligned} f(x) &= \frac{a_n x^n + a_{n-1} x^{n-1} + \dots + a_1 x + a_0}{b_m x^m + b_{m-1} x^{m-1} + \dots + b_1 x + b_0} \\ a_k, b_i &\in \mathbb{R} \;\text{ für alle }\; k, i \;;\quad b_m \neq 0 \end{aligned}}$$

Man unterscheidet:

$m = 0$ $\qquad$ f ist eine ganze rationale Funktion

$m > 0$ $\qquad$ f ist eine gebrochen rationale Funktion

$m > 0, m > n$ $\qquad$ f ist eine echt gebrochen rationale Funktion

$m > 0, m \leq n$ $\qquad$ f ist eine unecht gebrochen rationale Funktion

Zu den ganzen rationalen Funktionen gehören:

$f(x) = x^n$ $\qquad$ Potenzfunktionen für $n = 0, 1, 2...$

$f(x) = a_0 + a_1 x$ $\qquad$ lineare Funktionen; $a_1 \neq 0$ $\quad$ (Geradengleichungen)

$f(x) = a_0 + a_1 x + a_2 x^2$ $\quad$ quadratische Funktionen; $\quad a_2 \neq 0$ (Parabeln)

Unecht gebrochen rationale Funktionen lassen sich eindeutig (durch Polynomdivision) als Summe aus einer ganzen rationalen Funktion und einer echt gebrochen rationalen Funktion darstellen; dh. für $n \geq m$ ist

$$f(x) = \frac{a_n x^n + ... + a_1 x + a_0}{b_m x^m + ... + b_1 x + b_0} = \left(\begin{smallmatrix} Polynom- \\ division \end{smallmatrix}\right) = c_{n-m} x^{n-m} + ... + c_1 x + c_0 + R(x)$$

$R(x) \rightarrow$ echt gebrochen rationale Funktion, die ggf. als Rest bei der Polynomdivision entsteht.

Nullstellen ganzer rationaler Funktionen

Für jedes Polynom $p_n(x)$ existiert die folgende, eindeutig bestimmte Darstellung als Produkt von genau n Linearfaktoren $(x - x_i)$:

$$\boxed{p_n(x) = \sum_{k=0}^{n} a_k x^k = a_n(x - x_1)(x - x_2)...(x - x_n)}$$

Dabei sind $x_1, x_2, ..., x_n$ die Nullstellen des Polynoms bzw. die Nullstellen der ganzen rationalen Funktion $f : x \rightarrow p_n(x)$. Man nennt $x_i, i \in \{1, ..., n\}$ eine α−fache Nullstelle von f, wenn der Linearfaktor $(x - x_i)$ genau α-mal in der angegebenen Darstellung enthalten ist.
Unter Berücksichtigung der möglichen Vielfachheit von Nullstellen und möglicher komplexer Nullstellen lautet die Darstellung:

$$p_n(x) = \sum_{k=0}^{n} a_k x^k = a_n(x - x_1)^{\alpha_1} \cdot (x - x_2)^{\alpha_2} \dots \cdot (x - x_m)^{\alpha_m} \cdot (x^2 + p_1 x + q_1)^{\beta_1} \cdot$$
$$(x^2 + p_2 x + q_2)^{\beta_2} \dots \cdot (x^2 + p_r x + q_r)^{\beta_r}$$

$$\text{mit} \quad \alpha_1 + \alpha_2 + \dots + \alpha_m + 2(\beta_1 + \beta_2 + \dots + \beta_r) = n$$

$$\text{und} \quad \frac{p_i^2}{4} - q_i < 0 \quad \text{für} \quad i = 1, \dots, r, \text{ d.h. } x^2 + p_i x + q_i = 0 \text{ hat komplexe Lösungen.}$$

Nullstellen und Polstellen gebrochen rationaler Funktionen

Sei f eine gebrochen rationale Funktion.

x_i ist Nullstelle von f, wenn x_i Nullstelle des Zählerpolynoms ist, aber keine Nullstelle des Nennerpolynoms.

x_i heißt Pol von f (gerader bzw. ungerader Ordnung), wenn x_i eine β-fache Nullstelle des Nennerpolynoms (β gerade bzw. ungerade) ist, aber keine Nullstelle des Zählerpolynoms ist, und f ist an dieser Stelle unstetig.

Wenn x_k sowohl Nullstelle des Zähler- als auch des Nennerpolynoms ist, ist f an der Stelle unstetig; f hat eine Lücke oder einen Pol.

Das Horner-Schema

Sei $y = f(x) = a_n x^n + a_{n-1} x^{n-1} + \dots + a_1 x + a_0$ eine ganze rationale Funktion mit $D(f) = \mathbb{R}$. Zur Berechnung von $f(x_0)$ für ein $x_0 \in \mathbb{R}$ werden Koeffizienten a_k^* schrittweise (absteigender Index bei $k = n$ beginnend) wie folgt berechnet:

$$a_k^* = \begin{cases} a_n, & \text{wenn } k = n \\ a_k + x_0 a_{k+1}^* & \text{wenn } k = (n-1), (n-2), \dots, 2, 1, 0 \end{cases}$$

$$\text{und es gilt} \qquad a_0^* = f(x_0)$$

Diese Berechnung kann übersichtlich, algorithmisch in Form des Horner-Schemas durchgeführt werden (Demonstration siehe Aufgabenteil).

Interpolationspolynome

Zu gegebenen $(n + 1)$ Stützstellen $x_0 < x_1 < \dots < x_n$
und $(n + 1)$ Werten y_i für $i = 0, 1, \dots, n$

erfolgt die Berechnung eines Polynoms von höchstens n-tem Grade, so daß der Graph der entsprechenden Polynomfunktion durch die Punkte (x_i, y_i) geht,

a) mit dem Ansatz $p_n(x) = a_0 + a_1 x + ... + a_n x^n$ und dem Bedingungssystem $p_n(x_i) = y_i$ für $i = 0, ... n$ (ein lineares Gleichungssystem für die a_i), oder

b) mit dem Newtonschen Ansatz $p_n(x) = c_0 + c_1(x - x_0) + c_2(x - x_0)(x - x_1) + ... + c_n(x - x_0)(x - x_1) \cdot ... \cdot (x - x_{n-1})$, der zu einem einfacher zu lösenden Gleichungssystem führt.

Grundkenntnisse zu den unter den Schwerpunkten (s.o.) genannten elementaren Funktionen betreffen:

den Definitions- und Wertebereich,
die Nullstellen und die Schnittpunkte mit der Ordinatenachse,
das Monotonieverhalten,
das Symmetrieverhalten,
das Bild im kartesischen Koordinatensystem,
die Zusammenhänge zwischen elementaren Funktionen und ihren Umkehrfunktionen sowie ggf. periodisches Verhalten und markante Einzelpunkte des Kurvenverlaufs.
($\Rightarrow$ siehe Zusammenstellungen in Formelsammlungen oder Taschenbüchern)

Ergänzungen:

Signum-Funktion $\qquad\qquad\qquad f : x \rightarrow y = \operatorname{sgn} x := \begin{cases} 1, & \text{für} \quad x > 0 \\ 0, & \text{für} \quad x = 0 \\ -1, & \text{für} \quad x < 0 \end{cases}$

Dirichletfunktion $\qquad\qquad\qquad f : x \rightarrow y = f(x) :\, = \begin{cases} 1, & \text{für} \quad x \in \mathbb{Q} \\ 0, & \text{für} \quad x \notin \mathbb{Q} \end{cases}$

Größte-Ganze-Funktion
oder Gaußklammer-Funktion $\quad f : x \rightarrow y = [x] := p \in \mathbb{Z}$, wenn $p \leq x < p + 1$

Verkettung von Funktionen

Seien $f : x \rightarrow f(x)$ und $\varphi : x \rightarrow \varphi(x)$ zwei reelle Funktionen.
Unter der Voraussetzung $D_1(\varphi) = \{x \in D(\varphi) : \varphi(x) \in D(f)\} \neq 0$ existiert für alle $x \in D_1(\varphi)$ die Nacheinanderausführung (Verkettung) beider Abbildungen in der Reihenfolge

$\varphi : x \to \varphi(x)$ und $f : \varphi(x) \to f(\varphi(x))$,
und man bezeichnet die Gesamtabbildung mit
$f \circ g : x \to f(\varphi(x)) := f \circ g(x)$.

Fragen zu 1.2

11. Für welche rationalen Funktionen gilt $D(f) = \mathbb{R}$?

12. Unter welchen Bedingungen besitzt eine rationale Funktion keine Null-
    stellen?

13. Unter welchen Bedingungen besitzt eine rationale Funktion keinen Schnitt-
    punkt mit der Ordinatenachse?

14. Unter welcher Bedingung ist eine ganze rationale Funktion eine gerade
    Funktion?

15. Unter welchen Bedingungen besitzen rationale Funktionen die x-Achse
    oder eine Parallele zur x-Achse oder eine Gerade $y = mx + n$ mit $m \neq 0$
    als Asymptote ?

16. Angenommen, das Horner-Schema führt bei einer ganzen rationalen Funk-
    tion für eine Stelle x_0 zu $a_0^* = 0$. Um welche besondere Stelle bezüglich
    dieser Funktion handelt es sich? Welche Bedeutung besitzen in diesem
    Falle die Koeffizienten $a_k^*; k = 1, ..., n$?

17. Unter welchen Bedingungen erhält man zu 3 paarweise verschiedenen
    Stützstellen und zugehörigen Funktionswerten durch Interpolation ein Po-
    lynom von genau 2. Grade oder kleiner 2. Grades?

18. Welche Symmetrieeigenschaft erzeugt der Übergang von einer Funktion
    $f : x \to f(x)$ zu der Funktion $f_1 : x \to f(|x|)$?

19. Welche Veränderungen erfährt der Graph von $y = \sin x$ beim Übergang
    zu $y = A \sin Bx + C$ bzw. zu $y = A \sin(x + C)$?

20. Für welche der elementaren, nicht-rationalen Funktionen ist der maximale
    Definitionsbereich eine echte Teilmenge der reellen Zahlen? Wie lauten
    jeweils die maximalen Definitionsbereiche?

21. Welche der elementaren, nicht-rationalen Funktionen sind auf ihrem ma-
    ximalen Definitionsbereich streng monoton?

22. Welche der elementaren, nicht rationalen Funktionen besitzen keine Schnittpunkte mit der Ordinatenachse bzw. der Abszissenachse?

23. Welche ganzen rationalen Funktionen sind nach unten bzw. nach oben beschränkt? Unter welchen Bedingungen sind rationale Funktionen beschränkt?

24. Welche elementaren, nicht rationalen Funktionen sind beschränkt bzw. wenigstens nach unten oder nach oben beschränkt?

Aufgaben zu 1.2

13. Berechnen Sie die Nullstellen folgender rationaler Funktionen und geben Sie die Zerlegung in reelle Elementarfaktoren an!

a) $y = -x^2 + x + 6$,   b) $y = 2x^2 + 4x + 20$,

c) $y = 3x^2 + 18x + 27$,   d) $y = 5x^2 + 3x$,

e) $y = -2x^3 + 4x^2 + 2x + 12$,   f) $y = x^4 + x^2$,

g) $y = x^5 + 2x^3 + x$,   h) $y = 4x^4 - 1$.

Berechnen Sie für die quadratischen Funktionen die Scheitelpunkte und ggf. die (reellen) Nullstellen und den Schnittpunkt mit der y-Achse!

14. Berechnen Sie für $y = p(x) = x^5 + 2x^4 - 12x^3 - 24x^2 + 27x + 54$ unter Verwendung des Hornerschemas $f(1), f(-1), f(2)$ und $f(-2)$! Ermitteln Sie die Linearfaktordarstellung von $p(x)$!

15. Ermitteln Sie die Gleichung einer ganzen rationalen Funktion 4. Grades, die die x-Achse an den Stellen $x_1 = -3$ und $x_2 = 3$ (und nur an diesen Stellen)
a) schneidet (und nicht berührt),   b) berührt!
Warum besitzt die Aufgabe für eine ganze rationale Funktion 5. Grades keine Lösung?

16. Weisen Sie nach, daß die Funktionsgleichungen einer ganzen rationalen Funktion 4. Grades, deren Graph axialsymmetrisch zur y-Achse verläuft, keine Glieder $a_3 x^3$ bzw. $a_1 x$ enthält!

17. Geben Sie ein Beispiel einer ganzen rationalen Funktion 4. Grades an, die keine reellen Nullstellen besitzt, deren Graph axialsymmetrisch zur y-Achse verläuft und durch die Punkte (0; -6) und (1; -2) geht!

18. Geben Sie ein Beispiel einer rationalen Funktion f an, die folgende Eigenschaften besitzt:
a) f ist echt gebrochen rational, besitzt keine (reellen) Polstellen und keine (reellen) Nullstellen $f(x) = f(-x)$ für alle $x \in D(f) \subseteq \mathrm{R}$,
b) f besitzt keine reellen Nullstellen, schneidet die y-Achse in (0;1) und es ist $D(f) = \mathrm{R} \setminus \{-\frac{1}{2}; \frac{1}{2}\}$.

19. Untersuchen Sie die folgenden rationalen Funktionen auf Asymptoten
a) $y = \frac{-2x^2+9x+1}{2x-1}$,　　b) $y = \frac{2x-1}{-2x^2+9x+1}$,
c) $y = \frac{4x^2+x-4}{1-x^2}$,　　d) $y = \frac{x^4-2x^3-x^2-24x-23}{x^2+x+6}$.

20. Man wähle $a_1, a_2, a_3, a_4, a_5, a_6$, so, daß
$$f(x) = a_1 \frac{(x-a_2)(x-a_3)(x-a_4)}{(x-a_5)(x-a_6)}$$
eine Asymptote mit der Darstellung $y = 3x + 2$ hat, für $x = 0$ eine Lücke, für $x = 3$ eine Nullstelle und für $x = -5$ einen Pol besitzt!

21. Geben Sie den Definitions- und Wertebereich der folgenden Funktionen an:
a) $f(x) = \frac{1}{x}(2 + \sqrt{1-x})$,　　b) $f(x) = \frac{1}{\sqrt{1-x^2}}$,
c) $f(x) = \frac{\pi}{\sin^2 x - 1}$,　　d) $f(x) = \operatorname{artanh} x^2$,
e) $f(x) = \coth \sqrt{x}$,　　f) $f(x) = \frac{1}{1-\ln|x|}$,
g) $f(x) = \mathrm{e}^{-x^2}$,　　h) $f(x) = \mathrm{e}^{-\frac{1}{x^2}}$,
i) $f(x) = \mathrm{e}^{\frac{1}{x}}$.

22. Welche elementare Funktion weist folgende Eigenschaften auf?
$(a > 0, a \neq 1, a$ konstant$)$
a) $f(1) = 0;$　$f(a) = 1;$　$f(xy) = f(x) + f(y)$,
b) $f(0) = 1;$　$f(1) = a;$　$f(x + y) = f(x)f(y)$.

23. Gesucht sind die Nullstellen der Funktionen:

     a) $y = 2^x - 0,125,$ b) $y = e^{0,2x} - 2,$

     c) $y = e^x + 6e^{-x} - 5,$ d) $y = \frac{1}{5 - \ln x} + \frac{2}{1 + \ln x} - 1,$

     e) $y = 3 \tan x - \sqrt{3},$ f) $y = \pi \arctan x,$

     g) $y = \sqrt{2} \tanh(x - \pi).$

24. Skizzieren Sie den Kurvenverlauf von

     a) $f(x) = \sin(x - \frac{\pi}{2}),$ b) $f(x) = |\sin(x - \frac{\pi}{2})|,$ c) $f(x) = \sin|x - \frac{\pi}{2}|,$

     d) $f(x) = \sin 2x,$ e) $f(x) = \sin \frac{x}{2}.$

25. Man gebe an, welche der folgenden Ausdrücke definiert sind und vereinfache diese:

     a) $\operatorname{arsinh}\left(\frac{e}{2} - \frac{1}{2e}\right),$ b) $\operatorname{arsinh} 0,$ c) $\operatorname{arcosh} 0,$

     d) $\operatorname{arcosh} 1,$ e) $\operatorname{artanh} 0,$ f) $\operatorname{artanh} \pi,$

     g) $\operatorname{artanh}\left(\frac{e^4 - 1}{e^4 + 1}\right)$ h) $\operatorname{arcoth}\left(\frac{e^2 + 1}{e^2 - 1}\right)$ i) $\operatorname{arcoth}(-1).$

26. Bezüglich welcher Intervalle sind die Funktionen f und φ identisch?

     a) $f(x) = \sin x$ und $\varphi(x) = \sqrt{1 - \cos^2 x},$

     b) $f(x) = \cos x$ und $\varphi(x) = \cos(-x),$

     c) $f(x) = 2\sin(-x)\cos(-x)$ und $\varphi(x) = -\sin 2x,$

     d) $f(x) = \sinh x$ und $\varphi(x) = \frac{e^{2x} - 1}{2e^x},$

     e) $f(x) = -\operatorname{arcosh} x$ und $\varphi(x) = \ln(x - \sqrt{x^2 - 1}).$

1.3   Koordinatensysteme und Koordinatentransformationen sowie spezielle Kurven und Funktionen in der Ebene

Schwerpunkte: Kartesische Koordinaten (ebene und räumliche), Polarkoordinaten, Zylinder- und Kugelkoordinaten, Koordinatentransformationen, spezielle ebene Kurven: Astroide, Kardioide, Lemniskate, Traktrix, Zykloiden, Spiralen sowie algebraische Kurven und Kegelschnitte.

Kartesische oder rechtwinklige (ebene) Koordinaten:

Polarkoordinaten:

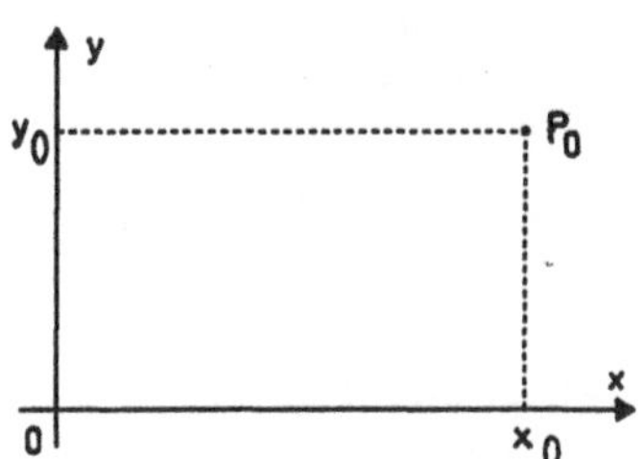

Abb. 1.1

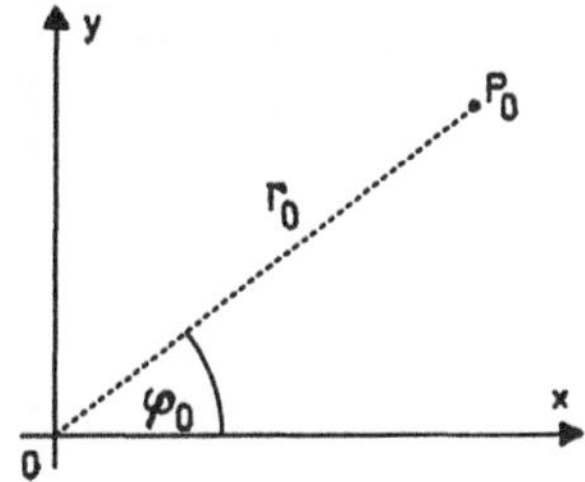

Abb. 1.2

x_0, y_0 Koordinaten von P_0

x_0 Abszisse ; y_0 Ordinate

r_0, φ_0 Koordinaten von P_0,

r_0 Abstand des Punktes P_0 vom Nullpunkt ($r_0 \geq 0$),
φ_0 Winkel des Strahles von 0 durch P_0 mit der positiven x-Achse.

Kartesische oder rechtwinklige (räumliche) Koordinaten:

Zylinderkoordinaten:

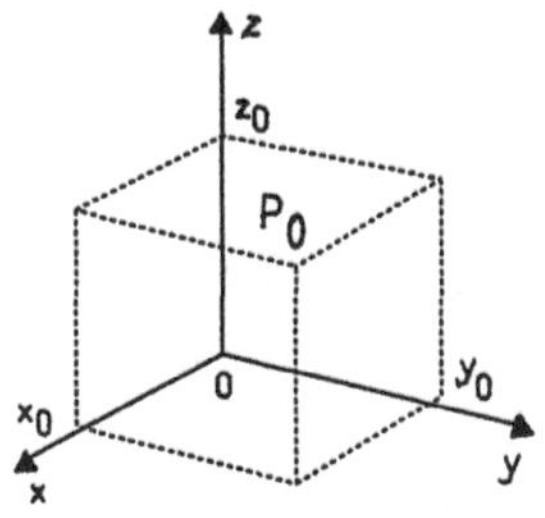

Abb. 1.3

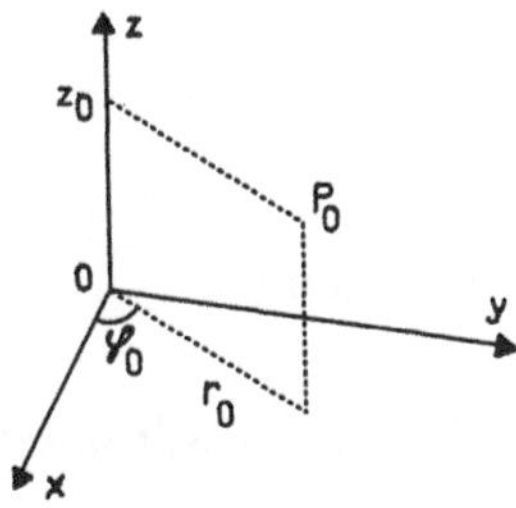

Abb. 1.4

x_0, y_0, z_0 Koordinaten von P_0, sie entsprechen den Abständen des Punktes P_0 von den drei Koordinatenebenen.

r_0, φ_0, z_0 Koordinaten von P_0,
z_0 Abstand des Punktes P_0 von der x,y-Ebene,
r_0, φ_0 Polarkoordinaten von P_0' (Projektion von P_0 in die x,y-Ebene).

Kugelkoordinaten:

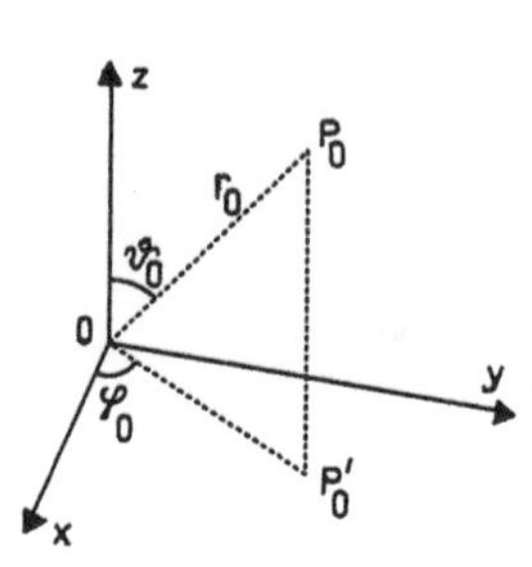

Abb. 1.5

$r_0, \varphi_0, \vartheta_0$ die Koordinaten von P_0,

r_0 Abstand des Punktes P_0 vom Nullpunkt$(r_0 \geq 0)$,

φ_0 Winkel des Strahles von 0 durch P_0' mit der positiven x-Achse; allg.: $0 \leq \varphi < 2\pi$,

ϑ_0 Winkel des Strahles von 0 durch P_0 mit der positiven z-Achse; allg.: $0 < \varphi < \pi$(Poldistanz) (es kann auch der Komplementwinkel von ϑ_0 als Koordinate von P_0 eingeführt werden).

Achtung: keine eindeutig bestimmte φ-Koordinate für den Nullpunkt (Polarkoordinaten) bzw. für Punkte der z-Achse (Zylinder- und Kugelkoordinaten).

Koordinatentransformationen
(Umrechnungen zwischen den verschiedenen Koordinaten von Punkten der Ebene bzw. des Raumes)

Kartesische (ebene) Koordinaten $\Longleftrightarrow$ Polarkoordinaten:

$$x = r\cos\varphi \qquad r = \sqrt{x^2 + y^2}$$
$$y = r\sin\varphi \qquad \varphi = \arctan\frac{y}{x}$$

Man beachte bezüglich φ (Quadrantenbeziehungen):

$$x, y \geq 0 \Rightarrow 0 \leq \varphi \leq \frac{\pi}{2} \qquad\qquad x, y \leq 0 \Rightarrow \pi \leq \varphi \leq \frac{3\pi}{2}$$
$$x < 0 \text{ und } y > 0 \Rightarrow \frac{\pi}{2} < \varphi < \pi \qquad x > 0 \text{ und } y < 0 \Rightarrow \frac{3\pi}{2} < \varphi < 2\pi$$

Kartesische (räumliche) Koordinaten: $\Longleftrightarrow$ Zylinderkoordinaten:

$$x = r\cos\varphi \quad r = \sqrt{x^2 + y^2}$$
$$y = r\sin\varphi \quad \varphi = \arctan\frac{y}{x} \quad \text{(Quadrantenbeziehungen s.o.)}$$
$$z = z \qquad\quad z = z$$

Kartesische (räumliche) Koordinaten $\Longleftrightarrow$ Kugelkoordinaten:

$$x = r\cos\varphi\sin\vartheta \quad r = \sqrt{x^2 + y^2 + z^2}$$

$$y = r\sin\varphi\sin\vartheta \quad \varphi = \arctan\tfrac{y}{x} \qquad \text{(Oktanten-Kriterium beachten!)}$$

$$z = r\cos\vartheta \qquad \vartheta = \arccos\frac{z}{\sqrt{x^2+y^2+z^2}} \qquad \text{(Oktanten-Kriterium beachten!)}$$

Parallelverschiebung des (ebenen, kartesischen) Koordinatensystems
(oder: Parallelverschiebung einer Kurve bei festem kartesischen Koordinatensystem):

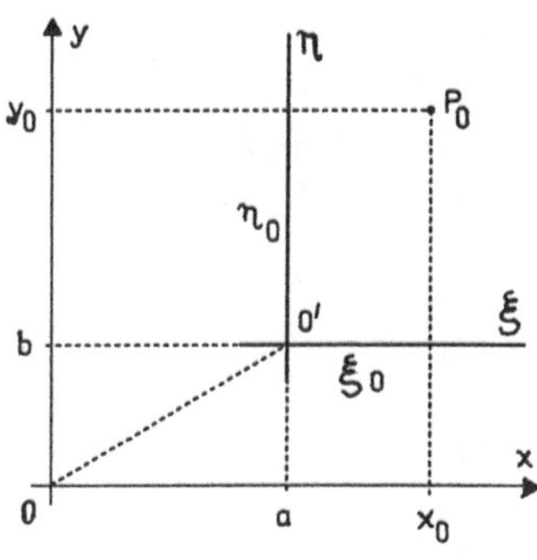

Abb. 1.6

Verschiebungsvektor $\overrightarrow{00'} = \binom{a}{b}$

$\Rightarrow$ neue Koordinaten

$$\xi_0 = x_0 - a$$
$$\eta_0 = y_0 - b$$

bzw.

$$\binom{\xi_0}{\eta_0} = \binom{x_0}{y_0} - \binom{a}{b}.$$

Drehung des (ebenen, kartesischen) Koordinatensystems:

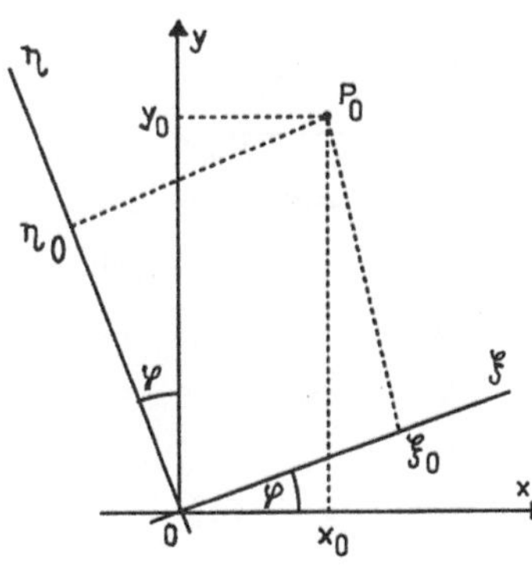

Abb. 1.7

φ Drehwinkel

$\Rightarrow$ neue Koordinaten

$$\xi_0 = \cos\varphi \cdot x_0 + \sin\varphi \cdot y_0$$
$$\eta_0 = -\sin\varphi \cdot x_0 + \cos\varphi \cdot y_0$$

bzw.

$$\binom{\xi_0}{\eta_0} = \begin{pmatrix} \cos\varphi & \sin\varphi \\ -\sin\varphi & \cos\varphi \end{pmatrix} \cdot \binom{x_0}{y_0}.$$

Ausgewählte (ebene) Kurven

Zykloiden (Rollkurven):

$x = a(t - \sin t)$
$y = a(1 - \cos t)$
$a > 0$, konstant; $-\infty < t < \infty$
(gewöhnliche Zykloide; Leitkurve ist eine Gerade).

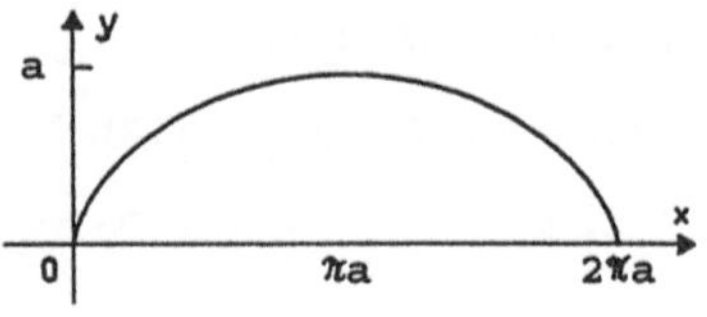

Abb. 1.8

Astroide:

$x = a \cos^3 \varphi$
$y = a \sin^3 \varphi$
$a > 0; 0 \leq \varphi < 2\pi$
(Sonderfall einer Hypozykloide;
Leitkurve ist ein Kreis)
auch:
$x^{\frac{2}{3}} + y^{\frac{2}{3}} = a^{\frac{2}{3}}$

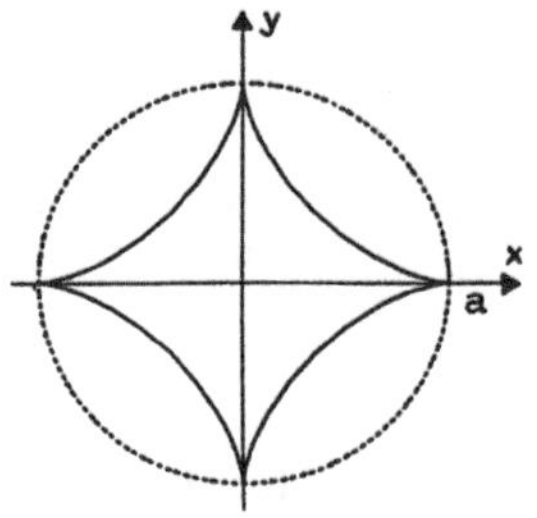

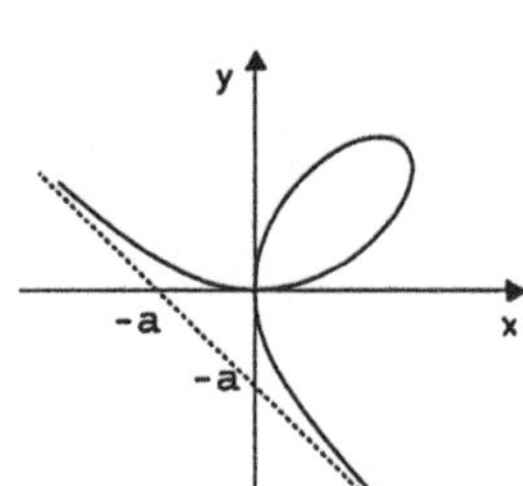

Abb. 1.9

Kartesisches Blatt:

$$x = \frac{3at}{1+t^3} \qquad a > 0$$
$$\phantom{x = \frac{3at}{1+t^3}} \qquad -\infty < t < -1$$
$$y = \frac{3at^2}{1+t^3} \qquad -1 < t < \infty$$

auch:
$x^3 + y^3 - 3axy = 0$

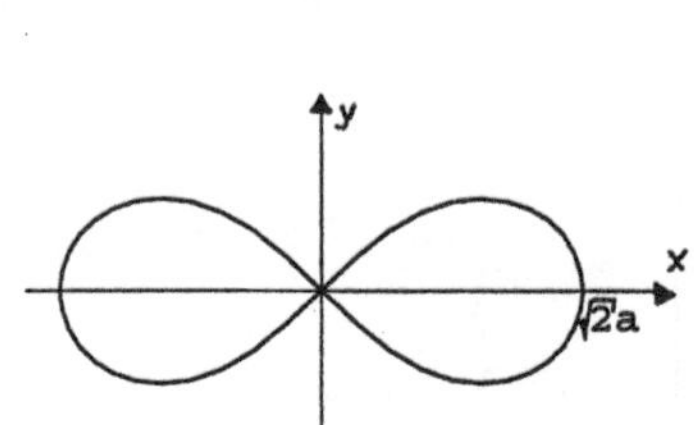

Abb. 1.10

Lemniskate:

$(x^2 + y^2)^2 - 2a^2(x^2 - y^2) = 0$
$a > 0$
oder in Polarkoordinaten:
$r = a\sqrt{2 \cos 2\varphi}$

Abb. 1.11

Kardioide:

$(x^2 + y^2)(x^2 + y^2 - 2ax) - a^2y^2 = 0$
$a > 0$
oder in Polarkoordinaten:
$r = a(1 + \cos \varphi)$

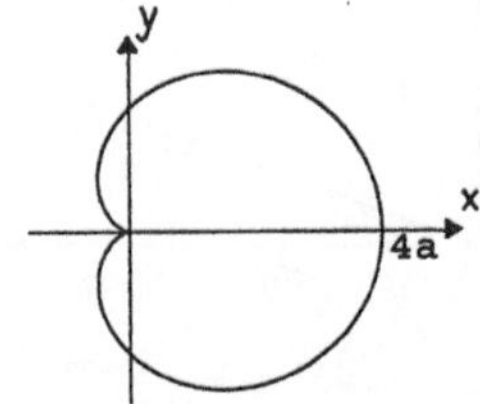

Abb. 1.12

Traktrix (Schleppkurve):

$$x = \pm \cdot \operatorname{arcosh}\frac{a}{y} \mp \sqrt{a^2 - y^2}$$
$$a > 0; 0 < y \leq a$$

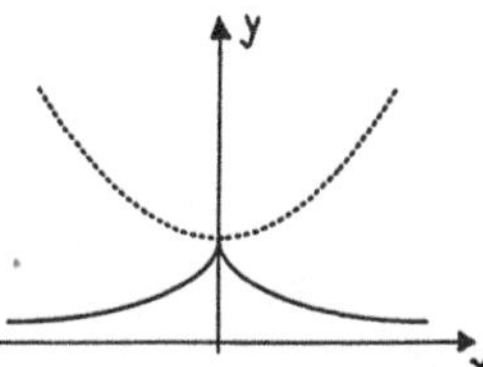

Algebraische Kurven n-ter Ordnung: Abb. 1.13

$F(x,y) = 0$ und $F(x,y)$ ist ein Polynom in x und y vom Gesamtgrad n.
z.B. nicht-ausgeartete algebraische Kurven 2. Ordnung:
$$Ax^2 + By^2 + Cxy + Dx + Ey + F = 0$$
Wenn $C = 0$, dann sind die Achsen des Kegelschnitts parallel zu den Koordinatenachsen und es gilt:

1. $A = B \neq 0$ Kreis
2. $A \neq B, \operatorname{sgn}A = \operatorname{sgn}B, A \cdot B \neq 0$ Ellipse
3. $A \neq B, \operatorname{sgn}A = -\operatorname{sgn}B, A \cdot B \neq 0$ Hyperbel
4. $A = 0$ oder $B = 0, A + B \neq 0$ Parabel

$\left. \begin{array}{l} \\ \\ \\ \\ \end{array} \right\}$ Kegelschnitte

Fragen zu 1.3

25. Welche Kurvenscharen werden bei ebenen, kartesischen Koordinaten durch $x = c$; $c \in$ R, c konstant bzw. $y = k$; $k \in$ R, k konstant erzeugt?

26. Welche Kurvenscharen werden bei (ebenen) Polarkoordinaten durch $r = c$; $c > 0$, $c \in$ R , c konstant sowie $\varphi = k$; $k \in$ R, k konstant erzeugt?

27. Welche Flächenscharen werden bei räumlichen, kartesischen Koordinaten durch $x = c_1$, $y = c_2$ sowie $z = c_3$; $c_1, c_2, c_3 \in$ R; c_1, c_2, c_3 konstant erzeugt?

28. Welche Bedingungen (in geometrischer Hinsicht) müssen allgemein zwei Kurvenscharen in der Ebene erfüllen, damit sie als Grundlage eines Koordinatensystems für alle Punkte der Ebene dienen können?

29. Auf welche Lageveränderungen des ebenen kartesischen Koordinatensystems kann eine beliebige Lageveränderung einer ebenen Kurve (keine Spiegelungen!) zurückgeführt werden?

30. Für welche ebenen Kurven ist die Darstellung in kartesischen Koordinaten bzw. die Darstellung in Polarkoordinaten günstiger? (Geben Sie einige Beispiele an!)

31. Können die Längeneinheiten bei einem ebenen/räumlichen kartesischen Koordinatensystem auf den einzelnen Achsen unterschiedlich gewählt werden, und wie wirken sich ggf. solche Unterschiede aus?

32. Warum kann eine nicht-ausgeartete algebraische Kurve 2. Ordnung, $Ax^2 + By^2 + Cxy + Dx + Ey + F = 0$ im Falle $C \neq 0$ kein Kreis sein?

Aufgaben zu 1.3

27. Beschreiben Sie folgende Kurvenscharen, und begründen Sie, ob die die Kurvenscharen erzeugenden Parameter c und k als (ebene) Koordinaten für die Punkte der x,y-Ebene dienen können!

a) $y = cx^2$
$x^2 + 4y^2 = 4k^2$
$c, k \in \mathbb{R}$

b) $y = \sin x + c$
$x = \sin y + k$
$c, k \in \mathbb{R}$

c) $x = c$
$x^2 + y^2 = k^2$
$c, k \in \mathbb{R} \, ; k \geq 0.$

28. Begründen Sie, daß die erzeugenden Parameter der folgenden Kurvenscharen als Koordinaten der Punkte der x,y-Ebene eingeführt werden können:
$$y = x + c \, ; \quad y = -\tfrac{1}{2}x + k \, ; \quad c, k \in \mathbb{R}.$$
Berechnen Sie die c,k-Koordinaten der in kartesischen Koordinaten gegebene Punkte $P_1 = (-3; 8), P_2 = (4; -1)$!
Wie lautet die Gleichung der Geraden durch P_1 und P_2 in x,y-Koordinaten sowie in c,k-Koordinaten?

29. Zeichnen Sie die durch Ihre Polarkoordinaten gegebenen Punkte in ein kartesisches x,y-Koordinatensystem und berechnen Sie die kartesischen Koordinaten dieser Punkte!
$P_1(r = 3; \varphi = 0), P_2(r = 1; \varphi = \tfrac{3\pi}{4}), P_3(r = 3; \varphi = \tfrac{\pi}{3}), P_4(r = 3, \varphi = \tfrac{4\pi}{3}),$
$P_5(r = 1; \varphi = \tfrac{\pi}{2}), P_6(r = 2; \varphi = \pi).$

30. Skizzieren Sie in einem ebenen, kartesischen x,y- Koordinatensystem die durch Polarkoordinaten wie folgt gegebenen Kurven:
a) $r=3$,   b) $\varphi = \tfrac{2\pi}{3}$,   c) $r=r(\varphi) = \tfrac{1}{\sin \varphi}; 0 < \varphi < \pi,$
d) $r=r(\varphi) = \tfrac{\sin \varphi}{1-\sin^2 \varphi}, 0 \leq \varphi < \tfrac{\pi}{2}.$
Geben Sie die Gleichungen der Kurven in kartesischen Koordinaten an!

31. Ermitteln Sie die Gleichung der Geraden, die durch den Punkt $P = (a, 0), a > 0$ geht und parallel zur y-Achse verläuft, in Polarkoordinaten!

32. Transformieren Sie die Gleichungen folgender ebener Kurven von kartesischen Koordinaten in Polarkoordinaten:
a) $(x^2 + y^2)(x^2 + y^2 - 2ax) - a^2 y^2 = 0,$ (Kardioide)
b) $(x^2 + y^2)^3 = 4a^2 x^2 y^2,$
c) $(x^2 + y^2)^2 = xy!$
Skizzieren Sie den Kurvenverlauf! (Nutzen Sie dazu verfügbare Computerprogramme – ggf. wenigstens zur Erstellung einer Wertepaartafel!)

33. Skizzieren Sie den Verlauf der Kurve $r = r(\varphi) = \frac{1}{1+0,5\sin\varphi}$ für $0 \leq \varphi \leq \pi$ auf der Grundlage einer mit dem Taschenrechner oder dem Computer erzeugten Wertepaartabelle mit der Schrittweite von $15°$!

34. Transformieren Sie die Gleichungen folgender Kurven von Polarkoordinaten in kartesische Koordinaten und beschreiben Sie den Kurvenverlauf:

a) $r = 2a\sin\varphi, a \neq 0;$

b) $r^2 \sin 2\varphi = 2a^2, a \neq 0;$

c) $r\sin(\varphi + \frac{\pi}{4}) = a\sqrt{2};$

d) $r - 4\sin\varphi + \cos\varphi = 0.$

35. Wie lauten die Gleichungen der Parabeln, die aus der Normalparabel $y = x^2$ hervorgehen, wenn man
a) den Scheitelpunkt von (0;0) nach (7;2) verschiebt,
b) den Scheitelpunkt von (0;0) nach (-7;0) verschiebt,
c) die Parabel an der x-Achse spiegelt und anschließend den Scheitelpunkt von (0;0) nach (a;b) verschiebt,
d) die Parabelachse um den Nullpunkt um $45°$ im mathematisch negativen Sinne dreht?

36. Die Gerade $y = \frac{\sqrt{3}}{3}x + 1$ werde um den Nullpunkt um den Winkel
a) $\varphi = 60°$ im mathematisch negativen Sinne,
b) $\varphi = 60°$ im mathematisch positven Sinne
gedreht. Wie lautet jeweils die Gleichung der gedrehten Geraden?

37. Um welchen Verschiebungsvektor $\overrightarrow{00'}$ ist das kartesische Koordinatensystem zu verschieben, damit die Gleichung der Parabel $y = x^2 + 4x + 5$ in die (Normal-)Form $\eta = \xi^2$ übergeht?

38. Berechnen Sie für die folgenden, in kartesischen Koordinaten gegebenen Punkte des $\mathbb{R}^3$ die zugehörigen Zylinder- bzw. Kugelkoordinaten!
$$P_1 = (1;1;\sqrt{2}), \qquad P_2 = (1;1;0), \qquad P_3(-\sqrt{3};0;3),$$
$$P_4 = (-\sqrt{2};-1;1), \quad P_5 = (-4;3;-5), \qquad P_6 = (0;0;5),$$
$$P_7 = (-1;0;1), \qquad P_8 = (3;-2;-\sqrt{39}), \quad P_9 = (-5;0;0).$$

39. Beschreiben Sie die Menge aller Punkte des $\mathbb{R}^3$, für die gilt:
a) $x = 1$, b) $y = 4$, c) $z = -1$, d) $x + y = 1$, e) $x + z = 1$,
f) $r = 5$ und $0 \leq \varphi \leq \pi$ (Zylinderkoordinaten),
g) $r = 5$ und $0 \leq z \leq \pi$ (Zylinderkoordinaten),
h) $r = 5$ und $\varphi = 0$ (Kugelkoordinaten),
i) $r = 5$ und $0 \leq \vartheta \leq \frac{\pi}{2}$ (Kugelkoordinaten),
j) $\vartheta = \frac{\pi}{4}$ (Kugelkoordinaten),
k) $0 < r < \infty$ und $0 < \varphi < \frac{\pi}{2}$ und $0 < \vartheta < \frac{\pi}{2}$.

40. Um welche Art von Kegelschnitten handelt es sich bei den folgenden Gleichungen? Bestimmen Sie Mittelpunkte, Radien bzw. Halbachsen:
a) $x^2 + y^2 - 10x + 4y + 13 = 0$,
b) $25x^2 + 150x + 49y^2 - 196y - 804 = 0$,
c) $100x^2 - 49y^2 - 1000x - 392y = 3184$,
d) $4x^2 - y^2 - 16x - 2y + 19 = 0$,
e) $-4x^2 - 4y^2 = 28y - 51$.
Skizzieren Sie die Kurven b) und d)!

41. Stellen Sie die Gleichungen der Kreise auf, die die Koordinatenachsen berühren und durch den Punkt $A = (1;2)$ gehen!

42. Bestimmen Sie die Scheitelpunkte der durch folgende Gleichungen gegebenen Parabeln und skizzieren Sie die Kurven c) und d)!
a) $y^2 - 8x - 4y + 100 = 0$,
b) $x^2 + 2x + 3y + 10 = 0$,
c) $2y^2 - 8y + 3x + 17 = 0$,
d) $x^2 - 4y + 1 = 0$.

1.4   Grenzwerte und Stetigkeit

Schwerpunkte: Zahlenfolgen, Konvergenz und Grenzwerte bei Zahlenfolgen, Grenzwert einer Funktion, Stetigkeit, Unstetigkeitsstellen, Sätze über stetige Funktionen (Satz von Weierstraß, Satz von Bolzano).

(Unendliche) **Reelle Zahlenfolgen:**

> $f : \mathrm{N} \to \mathrm{R}$ bzw. $f : n \to f(n) = x_n, x_n \in \mathrm{R}$
> erzeugt die Folge $x_1, x_2 x_3, \ldots$
> $f := (x_n)_{n=1}^{\infty}$; x_n die Glieder der Folge

Konvergente Zahlenfolgen:

$(x_n)_{n=1}^{\infty}$ konvergent gegen $g \in \mathrm{R}$ gilt genau dann, wenn für alle $\varepsilon > 0$ ein $n_0 \in \mathrm{N}$ existiert, so daß $|x_n - g| < \varepsilon$ für alle $n > n_0$.

> $x_n \to g$ für $n \to \infty$
> oder
> $\lim_{n \to \infty} x_n = g$

Divergente Zahlenfolgen:

> $\lim_{n \to \infty} x_n = +\infty \ (\text{oder} = -\infty)$

bestimmte Divergenz, sonst unbestimmte Divergenz.

Grenzwert einer Funktion $f : x \to y = f(x)$ an der Stelle x_0:

> $\lim_{x \to x_0} f(x) = g, g \in \mathrm{R}$

Gilt, wenn:
- x_0 ist ein Häufungspunkt von $D(f)$
- für alle gegen x_0 konvergenten Zahlenfolgen $(x_n)_{n=1}^{\infty} \subseteq D(f)$ mit $x_n \neq x_0$ für alle n gilt $f(x_n) \to g$ für $n \to \infty$.

Stetigkeit einer reellen Funktion $f : x \to y = f(x)$ an einer Stelle x_0:

> $f(x_0)$ existiert (f ist an der Stelle x_0 definiert),
> $\lim_{x \to x_0} f(x)$ existiert,
> $f(x_0) = \lim_{x \to x_0} f(x)$.

Satz von Weierstraß:

> f stetig auf $[a, b] \subseteq \mathrm{R} \Rightarrow$
> es existiert $x_1 \in [a, b]$ mit $f(x_1) \leq f(x)$ und
> es existiert $x_2 \in [a, b]$ mit $f(x_2) \geq f(x)$ für alle $x \in [a, b]$.

$f(x_1) := f_{min}$ bzw. $f(x_2) := f_{max}$ ist das Minimum bzw. das Maximum von f auf $[a, b]$.

Satz von Bolzano (Zwischenwertsatz):

> f stetig auf $[a, b]$ und $\alpha \in \mathbb{R}$ mit $f_{min} < \alpha < f_{max} \Rightarrow$
> es existiert $x_0 \in [a; b]$ mit $f(x_0) = \alpha$.

Fragen zu 1.4

33. Welcher Zusammenhang besteht zwischen (unendlichen) reellen Zahlenfolgen und Funktionen?

34. Was versteht man unter dem allgemeinen Glied einer Zahlenfolge? Besitzt jede Zahlenfolge ein allgemeines Glied?

35. Was versteht man unter der rekursiven Definition einer Zahlenfolge und wie lautet sie z.B. für die Folge der Fibonaccischen Zahlen?

36. Wann heißt eine Zahlenfolge monoton wachsend bzw. monoton fallend?

37. Wann heißt eine Zahlenfolge nach unten beschränkt, nach oben beschränkt und wann beschränkt?

38. Wie lautet die Definition für eine gegen $+\infty$ bestimmte divergente Zahlenfolge?

39. Unter welchen Voraussetzungen und mit welchem Ergebnis kann man mit Zahlenfolgen und ihren Grenzwerten die Grundrechenoperationen ausführen?

40. Welcher Zusammenhang besteht zwischen der Monotonie und Beschränktheit einer Zahlenfolge einerseits und der Konvergenz andererseits?

41. Wie lautet die $\varepsilon - \delta(\varepsilon)$- Definition des Grenzwertes einer Funktion, die das beliebig dichte Annähern an den Grenzwert unmittelbar zum Ausdruck bringt?

42. Wie sind der links- bzw. rechtsseitige Grenzwert einer Funktion erklärt und welcher Zusammenhang besteht zwischen diesen und dem Grenzwert der Funktion?

43. Wie lautet die Definition der Stetigkeit einer Funktion an einer Stelle x_0, wenn der links- und der rechtsseitige Grenzwert an der Stelle x_0 berücksichtigt werden?

44. Wann heißt eine Funktion auf einem Intervall stetig?

45. Wann hat es einen Sinn, bei Stetigkeitsuntersuchungen einer Funktion an einer Stelle x_0 spezielle Folgen $x_n \to x_0$ zu konstruieren und $(f(x_n))_{n=1}^{\infty}$ zu untersuchen?

46. Welche Arten von Unstetigkeit können bei reellen Funktionen auftreten und wie klassifiziert man sie?

47. Warum genügt es beim Satz von Weierstraß nicht, die Stetigkeit auf einem offenen Intervall vorauszusetzen?

48. Welche spezielle Aussage liefert der Zwischenwertsatz, wenn als Voraussetzungen hinzukommen, daß $f_{min} < 0$ und $f_{max} > 0$ sind?

Aufgaben zu 1.4

43. Ermitteln Sie ein allgemeines Glied einer Zahlenfolge derart, daß sich die ersten fünf Glieder wie folgt ergeben:

a) $2, \frac{3}{4}, \frac{4}{9}, \frac{5}{16}, \frac{6}{25} \cdots$,

b) $-1, -3, -5, -7, -9 \ldots$,

c) $1, \frac{1}{2}, \frac{1}{4}, \frac{1}{8}, \frac{1}{16} \cdots$,

d) $1, -\frac{1}{2}, \frac{1}{3}, -\frac{1}{4}, \frac{1}{5} \cdots$!

44. Untersuchen Sie die angegebenen Zahlenfolgen auf Monotonie und Beschränktheit sowie Konvergenz! Ermitteln Sie ggf. den Grenzwert der Zahlenfolge!

a) $\left(\frac{2n+1}{n}\right)_{n=1}^{\infty}$,   b) $\left(\frac{2n}{n^2+1}\right)_{n=1}^{\infty}$,

c) $(x_n)_{n=1}^{\infty}$ mit $x_n = \frac{1}{2}[(a - b) + (-1)^n(a - b)]$,

d) $(x_n)_{n=1}^{\infty}$ mit $x_n = 1 + 2^n + (-2)^n$,

e) $(x_n)_{n=1}^{\infty}$ mit $x_n = \begin{cases} 1 - \frac{1}{n}, & \text{wenn } n \text{ gerade} \\ \\ 1 + \frac{1}{n}, & \text{wenn } n \text{ ungerade} \end{cases}$,

f) $(x_n)_{n=1}^{\infty}$ mit $x_1 = 1$ und $x_n = x_{n-1} + \left(\frac{1}{2}\right)^n$ für $n > 1$.

45. Bestimmen Sie die Grenzwerte der angegebenen Zahlenfolgen, falls sie konvergent sind:

    a) $(-4 + 0,2n)_{n=1}^{\infty}$,   b) $(0,28^n)_{n=1}^{\infty}$,   c) $(1,17^n)_{n=1}^{\infty}$,

    d) $(\frac{n^2}{(n+1)^2})_{n=1}^{\infty}$,   e) $(\sqrt{n^2+1} - n)_{n=1}^{\infty}$,   f) $(e^{-n})_{n=1}^{\infty}$!

46. Gegeben sei die Nullfolge $(\frac{1+\sqrt{n}}{n^3})_{n=1}^{\infty}$.

    Bestimmen Sie ein $n_0 \in \mathrm{N}$ derart, daß für alle Glieder x_n mit $n > n_0$ stets $|x_n| < 10^{-6}$ gilt!

47. Bestimmen Sie folgende Grenzwerte (falls sie existieren)!

    a) $\lim\limits_{x \to 0} \frac{4x^3 - 3x^4}{5x^3 - 3x^5}$,   b) $\lim\limits_{x \to 2} \frac{x^2 - 5x + 6}{x^2 - 7x + 10}$,

    c) $\lim\limits_{x \to 1} \frac{3x^4 - 4x^3 + 1}{(x-1)^2}$,   d) $\lim\limits_{x \to 1} \frac{x^n - 1}{x - 1}$; $n \in \mathrm{N}$,

    e) $\lim\limits_{x \to 1}(\frac{1}{1-x} - \frac{3}{1-x^3})$,   f) $\lim\limits_{x \to 0} \frac{1}{x}$.

48. Berechnen Sie!

    a) $\lim\limits_{x \to \infty} \frac{3x^3 - x^2 + 1}{x - 1}$,   b) $\lim\limits_{x \to \infty} \frac{1 - x^4}{x^2 + 1}$,   c) $\lim\limits_{x \to \infty} \frac{1 - x^2}{3x^2 + 1}$.

49. Bestimmen Sie folgende Grenzwerte unter Verwendung von

    $\lim\limits_{x \to 0} \frac{\sin x}{x} = 1$ bzw. $\lim\limits_{x \to \infty} (1 + \frac{1}{x})^x = e$!

    a) $\lim\limits_{x \to 0} \frac{\sin 2x}{\sin 3x}$,   b) $\lim\limits_{x \to 0} x \cot x$,   c) $\lim\limits_{x \to 0} \frac{1 - \cos x}{x^2}$,

    d) $\lim\limits_{x \to \infty} (1 + \frac{a}{x})^x$,   e) $\lim\limits_{x \to \infty} (\frac{2x+3}{2x+1})^{x+1}$,   f) $\lim\limits_{x \to 0+0} (1 + \tan x)^{\cot x}$.

50. Bestimmen Sie folgende einseitigen Grenzwerte (falls sie existieren) !

    a) $\lim\limits_{x \to 1-0} 2^{\frac{1}{x-1}}$,   b) $\lim\limits_{x \to \frac{\pi}{4}+0} 3^{\tan 2x}$,   c) $\lim\limits_{x \to 0+0} \frac{1}{1 - e^x}$,

    d) $\lim\limits_{x \to 0-0} \frac{1}{1 - e^x}$,   e) $\lim\limits_{x \to \frac{\pi}{2}+0} \frac{2}{1 + 2^{\tan x}}$.

51. Untersuchen Sie folgende Funktionen in ihrem maximalen Definitionsbereich auf Stetigkeit!

    a) $y = f(x) = \frac{|x|}{x}$,   b) $y = f(x) = \frac{x+3}{x^2-9}$,   c) $y = f(x) = 4^{\frac{1}{x}}$.

52. Ermitteln Sie die Unstetigkeitsstellen folgender Funktionen und beschreiben Sie die Art der Unstetigkeit !

a) $y = f(x) = \frac{2-x}{4-2x}$,   b) $y = f(x) = \frac{1}{1+2^{1/x}}$,   c) $y = f(x) = \sin\frac{1}{x}$,

d) $y = f(x) = e^{-\frac{1}{x}}$,   e) $y = f(x) = \frac{x}{\sin x}$,   f) $y = f(x) = \frac{1}{\ln(1+x^2)}$.

Antworten zu 1

1. *A* definiert eine eindeutige Abbildung (dh. *A* ist eine reelle Funktion) von bzw. aus R auf bzw. in R genau dann, wenn gilt:
$(x_1, y_1) \in A$ und $(x_1, y_2) \in A \Rightarrow y_1 = y_2$ für alle $x_1, y_1, y_2 \in$ R.

2. *A* definiert eine eineindeutige Abbildung (dh. *A* ist eine reelle Funktion, die eine Umkehrfunktion besitzt) genau dann, wenn für alle $(x_1, y_1), (x_2, y_2) \in A$ gilt: $x_1 \neq x_2 \Leftrightarrow y_1 \neq y_2$.

3. Für eine auf einem Intervall $[a; b]$ definierte reelle Funktion ist strenge Monotonie (wachsend oder fallend) hinreichend für die Existenz einer Umkehrfunktion (aber nicht notwendig). Eine auf $[a; b]$ monotone Funktion, die nicht streng monoton ist, besitzt auf $[a; b]$ keine Umkehrfunktion, denn es existieren wenigstens zwei Stellen $x_1, x_2 \in [a; b]$ mit $f(x_1) = f(x_2)$.

4. A^{-1} ist eine konstante reelle Funktion genau dann, wenn gilt $A^{-1} = \{(x,y) \in$ R $: (y,x) \in A$ und $y =$ const. für alle unendlich vielen $x \in W(A)\}$; dh. es existieren beliebig viele Paare $(c; x_1), (c, x_2) \in A$ mit $x_1 \neq x_2$. Folglich existiert der genannte Fall, aber *A* ist keine Funktion.

5. Gegenbeispiele der folgenden Art verhindern, daß im allgemeinen auf die Existenz einer solchen Stelle ξ geschlossen werden kann:

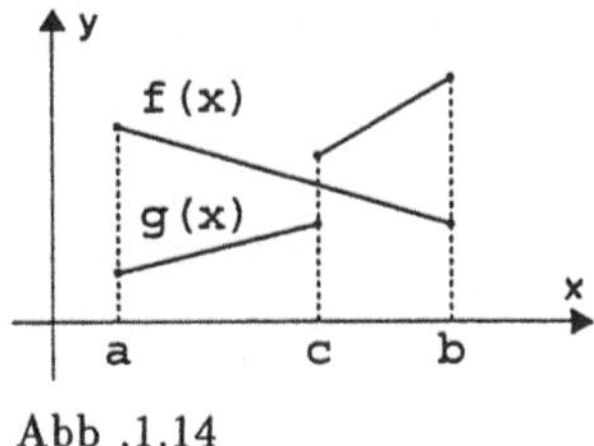

Abb .1.14

f ist streng monoton fallend auf $[a; b]$,
g ist streng monoton wachsend auf $[a; b]$,
$f(a) > g(a)$ und $f(b) < g(b)$,
und für kein $\xi \in (a, b)$ gilt $f(\xi) = g(\xi)$.

(Zur Beachtung: Die Ursache ist, daß aus der Monotonie einer auf einem Intervall $[a; b]$ definierten Funktion nicht auf die Stetigkeit geschlossen werden kann.)

6. Seien f, g auf $[a; b] \subset$ R definierte reelle Funktionen, und beide Funktionen seien streng monoton wachsend (fallend) auf $[a; b]$; dann ist auch $s = f + g$ streng monoton wachsend (fallend) auf $[a; b]$. Sei anderenfalls *f* streng

monoton wachsend und g streng monoton fallend auf $[a; b]$, dann folgt für alle $x_1, x_2 \in [a, b]$ mit $x_1 < x_2$: wegen $g(x_1) > g(x_2)$ folgt $-g(x_1) < -g(x_2)$ und zusammen mit $f(x_1) < f(x_2)$ folgt $f(x_1) - g(x_1) < f(x_2) - g(x_2)$, dh. die Differenz $d = f - g$ ist auf $[a; b]$ streng monoton wachsend.

7. Für alle Funktionen f und g, deren gemeinsamer Definitionsbereich $D(f) \cap D(g)$ symmetrisch zur y-Achse liegt, gilt:
Sind f, g gerade Funktionen, so sind auch $f \pm g$ sowie $f \cdot g$ gerade Funktionen. Sind f, g ungerade Funktionen, so sind auch $f \pm g$ ungerade Funktionen, aber $f \cdot g$ ist eine gerade Funktion.
Ist eine der beiden Funktionen gerade und die andere ungerade, so sind Summe und Differenz dieser Funktionen i.a. weder gerade noch ungerade, während ihr Produkt eine ungerade Funktion ist.

8. f_1 und f_2 auf $[a, b]$ definiert und beschränkt, dh. es existiert c_i mit $|f_i(x)| \leq c_i$ für alle $x \in [a, b]$ und $i = 1, 2$. Dann folgt $|f_1(x) \pm f_2(x)| \leq |f_1(x)| + |f_2(x)| \leq c_1 + c_2 = c$ für alle $x \in [a, b]$, dh. Summe und Differenz sind ebenfalls auf $[a, b]$ beschränkte Funktionen. Dgl. gilt:$|f_1(x) \cdot f_2(x)| = |f_1(x)| \cdot |f_2(x)| \leq c_1 \cdot c_2 = c$ für alle $x \in [a, b]$, und somit ist auch das Produkt eine beschränkte Funktion.

9. Für den Quotienten gilt eine solche allgemeine Aussage zunächst nicht, denn wenn z.B. f_1 und f_2 beschränkt sind, aber $f_2(x_0) = 0$ für $x_0 \in [a, b]$ und $f_1(x_0) \neq 0$, dann ist $\frac{f_1(x)}{f_2(x)}$ unbeschränkt auf $[a, b]$.
Aber beispielsweise kann man einschränkend formulieren:
Wenn f_1 beschränkt mit $0 < A_1 \leq |f_1(x)| \leq A_2$ für alle $x \in [a, b]$ und wenn f_2 beschränkt mit $0 < B_1 \leq |f_2(x)| \leq B_2$ für alle $x \in [a, b]$, dann gilt $|\frac{f_1(x)}{f_2(x)}| \leq \frac{A_2}{B_1} = C$ für alle $x \in [a, b]$.

10. Sei $p = b - a$. Für jede reelle Zahl x existiert eine eindeutig bestimmte Zahl $\bar{x} \in [a, b]$ und eine ganze Zahl k derart, daß $x = \bar{x} + k \cdot p$. Es wird

$$f^*(x) := \begin{cases} f(\bar{x}), & \text{falls } \bar{x} \in D(f) \\ \text{nicht definiert}, & \text{sonst} \end{cases}$$

Falls $a \in D(f)$ muß auch $b \in D(f)$ (und umgekehrt), und es muß $f(a) = f(b)$ sein.

11. Für eine rationale Funktion f gilt $D(f) = \mathbb{R}$ genau dann, wenn das Nennerpolynom keine (reellen) Nullstellen besitzt; insbesondere also, wenn f eine ganze rationale Funktion ist.

12. Eine rationale Funktion besitzt genau dann keine Nullstellen, wenn entweder das Zählerpolynom keine (reellen) Nullstellen besitzt oder alle ggf. vorhandenen (reellen) Nullstellen des Zählerpolynoms zugleich Nullstellen des Nennerpolynoms sind.

13. Eine rationale Funktion besitzt keinen Schnittpunkt mit der Ordinatenachse, wenn $x_0 = 0$ eine Nullstelle des Nennerpolynoms ist; dh. insbesondere, daß ganze rationale Funktionen stets einen solchen Schnittpunkt besitzen.

14. Eine ganze rationale Funktion $y = f(x) = a_n x^n + a_{n-1} x^{n-1} + \ldots + a_1 x + a_0$ ist sicher dann eine gerade Funktion, wenn ihre Darstellung keine ungeraden Potenzen von x enthält (also $a_i = 0$ für alle $i = (2k-1; k \in \mathbb{N})$, weil dann $f(x) = f(-x)$ trivialerweise für alle $x \in \mathbb{R}$ erfüllt ist.

15. Sei $y = f(x) = \frac{a_n x^n + \ldots + a_1 x + a_0}{b_m x^m + \ldots + b_1 x + b_0}$ eine rationale Funktion f.

Wenn f eine echt gebrochen rationale Funktion ist, dann ist die x-Achse Asymptote von f.

Wenn $n = m$, dann ist $y = \frac{a_n}{b_n} = $ const. eine Parallele zur x-Achse und Asymptote von f.

Wenn $n = m + 1$, dann existiert eine Gerade $y = ax + b$ mit $a \neq 0$, die Asymptote von f ist.

16. Nach Erklärung des Horner-Schemas und nach Voraussetzung gilt $a_0^* = f(x_0) = 0$, also ist x_0 eine Nullstelle dieser Funktion. Die $a_k^*; k = 1, \ldots n$ sind in diesem Falle die Koeffizienten des Polynoms, das man erhält, wenn man die betrachtete ganze rationale Funktion durch den Linearfaktor $(x - x_0)$ dividiert.

17. Zu drei, paarweise verschiedenen Stützstellen und zugehörigen Funktionswerten erhält man durch Interpolation ein Polynom von weniger als 2. Grade, wenn die durch Stützstellen und Funktionswerte definierten Punkte auf einer Geraden liegen. Anderenfalls erhält man genau ein Polynom 2. Grades.

18. Der Graph von $f_1; x \to f(|x|)$ ist symmetrisch zur y-Achse, weil f_1 wegen $f(|x|) = f(|-x|)$ eine gerade Funktion ist.

19. Wenden wir auf $y = \sin x$ wegen der Periodizität die für Schwingungen charakteristischen Begriffe an, so ergibt sich:
$y = A \sin Bx + C$
A erzeugt eine Amplitutenänderung,

B erzeugt eine Frequenzänderung,
C erzeugt eine Parallelverschiebung in Richtung der y-Achse (nach oben oder unten).
$y = A\sin(x + C)$
A erzeugt eine Amplitudenänderung,
C erzeugt eine Phasenverschiebung / Parallelverschiebung in Richtung der x-Achse (nach links oder rechts).

20. Funktion   (max) Definitionsbereich)

$y = \ln x$ $D(f) = (0; \infty)$
$y = \tan x$ $D(f) = \mathrm{R} \setminus \{\frac{\pi}{2} + k \cdot \pi;\; k \in \mathrm{Z}\}$
$y = \cot x$ $D(f) = \mathrm{R} \setminus \{k \cdot \pi;\; k \in \mathrm{Z}\}$
$y = \arcsin x$ $D(f) = [-1; 1]$
$y = \arccos x$ $D(f) = [-1; 1]$
$y = \coth x$ $D(f) = \mathrm{R} \setminus \{0\}$
$y = \operatorname{arcosh} x$ $D(f) = [1; \infty)$
$y = \operatorname{artanh} x$ $D(f) = (-1; 1)$
$y = \operatorname{arcoth} x$ $D(f) = (-\infty; -1) \cup (1; \infty)$

21. Auf ihrem maximalen Definitionsbereich sind:
streng monoton wachsend die Funktionen $y = \mathrm{e}^x$, $y = \ln x$, $y = \arcsin x$, $y = \arctan x$, $y = \sinh x$, $y = \tanh x$ und $y = \operatorname{arsinh} x$;
streng monoton fallend die Funktionen $y = \arccos x$ und $y = \operatorname{arccot} x$;
monoton wachsend die Funktionen $y = \operatorname{sgn} x$ und $y = [x]$ (aber keine strenge Monotonie).

22. Keinen Schnittpunkt mit der Abszissenachse besitzen die Funktionen $y = \mathrm{e}^x$, $y = \operatorname{arcot} x$, $y = \cosh x$, $y = \coth x$, $y = \operatorname{arcoth} x$.
Keinen Schnittpunkt mit der Ordinatenachse besitzen die Funktionen $y = \ln x$, $y = \cot x$, $y = \coth x$, $y = \operatorname{arcosh} x$, $y = \operatorname{arcoth} x$.

23. Eine ganze rationale Funktion $y = f(x) = a_n x^n + \ldots + a_1 x + a_0$ ist nach unten beschränkt, wenn n gerade und $a_n > 0$ und ist nach oben beschränkt, wenn n gerade und $a_n < 0$. Nur im Falle $n = 0$ (die Funktion ist konstant) ist eine solche Funktion beschränkt.

24. Beschränkte Funktionen sind $y = \operatorname{sgn} x$, die Dirichletfunktion, $y = \sin x$, $y = \cos x$, $y = \arcsin x$, $y = \arccos x$, $y = \arctan x$, $y = \operatorname{arccot} x$, $y = \tanh x$.
Nur nach unten beschränkt sind die Funktionen $y = |x|$, $y = \cosh x$ und $y = \operatorname{arcosh} x = \ln(x + \sqrt{x^2 - 1})$.

25. $x = c$ bzw. $y = k$ erzeugen jeweils eine Schar paralleler Geraden. Im besonderen handelt es sich um Geradenscharen, die zu den Koordinatenachsen parallel sind. Folglich sind die beiden Geradenscharen zueinander orthogonal.

26. $r = c$ erzeugt eine Schar konzentrischer Kreise, die den Nullpunkt zum Mittelpunkt haben. $\varphi = k$ erzeugt die Schar aller vom Nullpunkt ausgehenden Halbgeraden, wobei alle Werte k_1, k_2 mit $|k_1 - k_2| = 2\pi n; n \in \mathbb{N}$ die gleiche Halbgerade erzeugen. Beide Kurvenscharen sind zueinander orthogonal.

27. Es wird jeweils eine Schar zueinander paralleler Ebenen erzeugt, die zugleich zu einer der Koordinatenebenen parallel sind; z.B. $x = c$ erzeugt alle zur y,z-Ebene parallelen Ebenen.

28. In jedem Punkt der x,y-Ebene schneidet sich genau ein Repräsentant der einen Schar mit genau einem Repräsentaten der anderen Schar und beide Repräsentanten schneiden sich in keinem weiteren Punkt. Ist diese Bedingung in nur einem oder vielleicht auch mehreren Punkten verletzt, so können die Kurvenscharen trotzdem als Grundlage von Koordinaten dienen – aber eben nur unter Angabe der Ausnahmepunkte.

29. Jede Lageveränderung einer ebenen Kurve (ohne Spiegelungen) kann auf eine Parallelverschiebung und eine Drehung zurückgeführt werden.

30. Je nach dem Ziel mathematischer Behandlung bestimmter ebener Kurven, kann die Wahl der Koordinaten günstiger oder ungünstiger sein, so daß die gestellte Frage nicht für jede Kurve und jede Art von Koordinaten grundsätzlich mit ja oder nein beantwortet werden kann. Beispielsweise sind für die Klassifizierung und Untersuchung rationaler Funktionen die kartesischen Koordinaten besser geeignet. Andererseits sind in gleicher Hinsicht für alle Zykloiden und Spiralen die Polarkoordinaten besser geeignet.

31. Die unterschiedliche Wahl der Längeneinheiten ist möglich, bewirkt aber eine Verzerrung (Streckung oder Stauchung in Richtung der Achsen) des Kurvenbildes bzw. der Darstellung einer Fläche.

32. Ein beliebiger Kreis in der x,y-Ebene befindet sich stets in achsenparalleler Lage (was für die anderen Kurven 2. Ordnung nicht gilt), besitzt also stets eine Gleichung der Form $(x-c)^2 + (y-d)^2 = a^2$, und eine solche Gleichung kann offensichtlich kein Glied cxy enthalten. Wenn ein solches Glied mit

$C \neq 0$ auftritt, handelt es sich also um eine andere Kurve 2. Ordnung, die sich nicht in achsenparalleler Lage befindet.

33. Jede Funktion $f : \mathrm{N} \to \mathrm{R}$ mit $D(f) = \mathrm{N}$ erzeugt eine (unendliche) reelle Zahlenfolge.

34. Wird eine Zahlenfolge durch $f : n \to f(n) = x_n \in \mathrm{R}$; $n \in \mathrm{N}$ definiert und existiert dabei für $x_n = f(n)$ ein mathematischer Ausdruck (eine ”Formel”), so heißt $x_n = f(n)$ das allgemeine Glied der Zahlenfolge; z.B. ist $(n^2)_{n=1}^{\infty}$ die Zahlenfolge der Quadratzahlen und $x_n = n^2$ ist das allgemeine Glied. Nicht für jede Zahlenfolge existiert ein allgemeines Glied – z.B. sei $(p_n)_{n=1}^{\infty}$ die Folge der Primzahlen in der Reihenfolge ihres Auftretens in der Menge der natürlichen Zahlen. Bekanntlich existiert keine allgemeine Primzahlformel $p_n = f(n)$.

35. Sind $x_1, x_2, ..., x_k$ beliebig, aber fest vorgegeben und dazu eine (Bildungs-) Vorschrift $x_n = f(x_{n-1}, x_{n-2}, ..., x_{n-k})$ für $n > k$, dann ist damit eine Zahlenfolge rekursiv definiert.
Zum Beispiel wird die Folge der Fibonaccischen Zahlen 1,1,2,3,5,8,... rekursiv definiert durch: $x_1 = 1, x_2 = 1$; $x_n = x_{n-1} + x_{n-2}$ für $n > 2$.

36. Eine Zahlenfolge $(x_n)_{n=1}^{\infty}$ heißt monoton wachsend (fallend) genau dann, wenn $x_{n+1} \geq x_n (x_{n+1} \leq x_n)$ für alle $n \in \mathrm{N}$ gilt.

37. Eine Zahlenfolge $(x_n)_{n=1}^{\infty}$ heißt nach unten (oben) beschränkt genau dann, wenn eine reelle Zahl c_u (c_0) existiert, so daß $x_n \geq c_n$ ($x_n \leq c_0$) für alle $n \in \mathrm{N}$ gilt; c_u (c_0) heißt eine untere (obere) Schranke der Zahlenfolge.
Eine Zahlenfolge heißt beschränkt, wenn sie eine untere und eine obere Schranke besitzt. In diesem Falle existiert eine reelle Zahl c, so daß $|x_n| \leq c$ für alle $n \in \mathrm{N}$ gilt.

38. Eine Zahlenfolge $(x_n)_{n=1}^{\infty}$ heißt bestimmt divergent gegen $+\infty$ genau dann, wenn zu jeder beliebig groß vorgegebenen Zahl $G > 0$ ein $n_0 \in \mathrm{N}$ existiert, so daß $x_n > G$ für alle $n > n_0$ gilt.

39. Für *konvergente* Zahlenfolgen gilt:
wenn $x_n \to x$ und $y_n \to y$, dann
$\alpha x_n \pm \beta y_n \to \alpha x \pm \beta y$ für alle $\alpha, \beta \in \mathrm{R}$,
$x_n \cdot y_n \to x \cdot y$,
$\frac{x_n}{y_n} \to \frac{x}{y}$, wenn $y, y_n \neq 0$ für alle n.

40. Aus Monotonie und Beschränktheit einer Zahlenfolge folgt stets deren Konvergenz. Umgekehrt folgt aus der Konvergenz die Beschränktheit, aber nicht notwendig die Monotonie der Zahlenfolge.

41. Eine Funktion $f : x \to y = f(x)$ besitzt an der Stelle x_0 den Grenzwert g genau dann, wenn x_0 ein Häufungspunkt von $D(f)$ ist und für alle $\varepsilon > 0$ ein $\delta = \delta(\varepsilon)$ existiert, so daß für alle $x \in D(f)$ gilt:
$$|x - x_0| < \delta(\varepsilon) \implies |f(x) - g| < \varepsilon.$$

42. Mit der Einschränkung von $D(f)$ auf $D(f) \cap \{x \in \mathrm{R} : x > x_0\}$ bzw. auf $D(f) \cap \{x \in \mathrm{R} : x < x_0\}$ definiert die Antwort zu 41. den rechtsseitigen bzw. linksseitigen Grenzwert von f an der Stelle x_0; geschrieben $\lim\limits_{x \to x_0+0} f(x)$ bzw. $\lim\limits_{x \to x_0-0} f(x)$. Es gilt: $\lim\limits_{x \to x_0} f(x)$ existiert genau dann, wenn $\lim\limits_{x \to x_0+0} f(x)$ und $\lim\limits_{x \to x_0-0} f(x)$ existieren und übereinstimmen; es ist dann $\lim\limits_{x \to x_0+0} f(x) = \lim\limits_{x \to x_0-0} f(x) = \lim\limits_{x \to x_0} f(x)$.

43. Eine Funktion $f : x \to y = f(x)$ ist an der Stelle x_0 stetig, wenn $f(x_0), \ \lim\limits_{x \to x_0+0} f(x), \ \lim\limits_{x \to x_0-0} f(x)$ existieren und sämtlich übereinstimmen.

44. Eine Funktion ist auf einem Intervall stetig, wenn sie an jeder Stelle x des Intervalls gemäß der Definition stetig ist.

45. Vermutet man bei einer Funktion an einer Stelle x_0 eine Unstetigkeit der Art, daß $\lim\limits_{x \to x_0} f(x)$ nicht existiert, so ist diese Vermutung bewiesen, wenn man wenigstens zwei spezielle Folgen $x'_n \to x_0$ und $x''_n \to x_0$ nachweisen kann, für die $(f(x'_n))_{n=1}^{\infty}$ und $(f(x''_n))_{n=1}^{\infty}$ verschiedene Grenzwerte besitzen.

46. Eine reelle Funktion besitzt an einer Stelle x_0 eine hebbare Unstetigkeit, wenn $\lim\limits_{x \to x_0+0} f(x) = \lim\limits_{x \to x_0-0} f(x) = g$ und $f(x_0) \neq g$ oder $f(x_0)$ existiert nicht (Lücke).
Existieren $\lim\limits_{x \to x_0+0} f(x)$ und $\lim\limits_{x \to x_0-0} f(x)$ und sind aber verschieden, so spricht man von einer Sprungstelle.
Gilt $\lim\limits_{x \to x_0-0} f(x) = +\infty$ (oder $-\infty$) und $\lim\limits_{x \to x_0+0} f(x) = +\infty$ (oder $-\infty$), so liegt eine Polstelle vor.
Allgemeiner gilt: Besitzt eine Funktion an einer Stelle x_0 eine Unstetigkeit und es existieren $\lim\limits_{x \to x_0-0} f(x)$ und $\lim\limits_{x \to x_0+0} f(x)$, so besitzt f in x_0 eine Unstetigkeit 1. Art. ; alle anderen Unstetigkeiten heißen Unstetigkeiten 2. Art.

47. Die Voraussetzung f sei stetig auf dem offenen Intervall $(a; b)$ ließe zu, daß $\lim\limits_{x \to a+0} f(x) = +\infty$ (oder $-\infty$) oder $\lim\limits_{x \to b-0} f(x) = +\infty$ (oder $-\infty$) eintreten könnten. In solchen Fällen würde f auf (a, b) kein Maximum oder kein Minimum besitzen, dh., der Satz von Weierstraß würde nicht gelten.

48. Unter der genannten Voraussetzung gilt $f_{min} < 0 < f_{max}$ und es existiert somit nach dem Zwischenwertsatz wenigstens eine (Null-) Stelle $x_0 \in [a, b]$ mit $f(x_0) = 0$.

Lösungen zu 1

1. a) Für $|x| \neq 1$ ist $f(x)$ eindeutig bestimmt. Für $|x| = 1$ ergibt sich $f(1) = f(-1) = 0$ sowohl aus $f(x) = x^2 - 1$ als auch aus $f(x) = 1 - x^2$; dh. f ist eine Funktion.

b) f bildet alle durch 6 teilbaren Zahlen sowohl auf 0 als auch auf 1 ab; dh. f ist keine eindeutige Abbildung und somit keine Funktion.

c) Für $x = 0, 1, 2$ gilt $|x - 1|^n = |x - 1|$ für alle $n \in$ N. Somit bildet f die Zahlen 0 und 1 sowohl auf 2 als auch auf sich selbst ab; dh. f ist keine Funktion.

2. Angenommen f ist keine Funktion; dann existieren $(x_1, y_1) \in f$ und $(x_1, y_2) \in f$ mit $y_1 \neq y_2$ und es muß gelten $e^{y_1} = \frac{1}{|x_n|}$ und auch $e^{y_2} = \frac{1}{|x_n|}$ und somit $y_1 = y_2$ im Widerspruch zur Annahme; folglich ist f eine Funktion. Es gilt $D(f) = $ R $- \{0\}$; $W(f) = $ R und die Umkehrabbildung f^{-1} ist keine Funktion, denn z.B. gilt $(0, 1) \in f^{-1}$ und auch $(0; -1) \in f^{-1}$.

3. Für alle $x, y \in$ R mit $x, y \neq 0$ gilt; $(x; y) \in A \Rightarrow (x; -y) \in A$ und somit ist A keine Funktion. Analog folgt, daß A^{-1} und B keine Funktionen sind. B^{-1} ist eine Funktion, denn für alle $(y, x) \in B^{-1}$ ist $x = \frac{1}{4}y^2 + 1$ eindeutig bestimmt. Es gilt $D(B^{-1}) = $ R und $W(B^{-1}) = [1; \infty)$.

4. a) Für alle $x \neq -\alpha$ gilt: $(x; x + 2\alpha)$ und $(x; -x)$ erfüllen die Gleichung und wegen $-x \neq x + 2\alpha$ liegt keine eindeutige Abbildung vor; es handelt sich um keine Funktionsgleichung.

4. b),c) Für jedes $x \in$ R ist durch die jeweilige Gleichung y eindeutig bestimmt; es sind Funktionsgleichungen.

5.

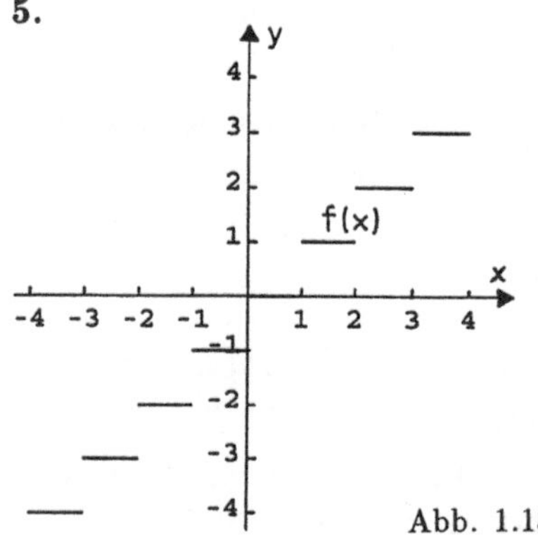

Abb. 1.15

f ist monoton wachsend, aber nicht streng monoton wachsend.

f besitzt keine Umkehrfunktion, denn für die Umkehrabbildung gilt $(n; x_1) \in f^{-1}$ und $(n; x_2) \in f^{-1}$ mit $x_1 \neq x_2$, wenn $n \leq x_1, x_2 < n + 1$ erfüllt ist.

6. In jedem Intervall (a, b) existieren Zahlen x_1, x_2 mit $x_1 < x_2$ und x_3, x_4 mit $x_3 < x_4$ für die $x_1 \in Q, x_2 \notin Q$ bzw. $x_3 \notin Q$ und $x_4 \in Q$ gilt, womit $f(x_1) < f(x_2)$, aber $f(x_3) > f(x_4)$ ist. Die Monotonie-Definition trifft für kein Intervall zu.
Für alle $x \in R$ gilt: $x \in Q \Rightarrow -x \in Q$ und $x \notin Q \Rightarrow -x \notin Q$ und somit $f(x) = f(-x)$ für alle $x \in R$. Die Dirichletfunktion ist eine gerade Funktion.

7. a) $D(f) = R, W(f) = (-\infty; 0]; f$ ist auf $D(f)$ monoton wachsend, aber nicht streng monoton wachsend.
b) $D(f) = (-\infty; 0), W(f) = (-\infty; 0); f$ ist auf $D(f)$ streng monoton fallend.

8. f ist z.B. auf $(0; \frac{\pi}{2})$ streng monoton wachsend, denn: $f_1 : x \to e^{-x}$ ist streng monoton fallend und somit $f_2 : x \to \frac{1}{2+e^{-x}}$ streng monoton wachsend. Da auch $f_3 : x \to 2\sin x$ streng monoton wachsend ist, besitzt auch $f = f_2 \cdot f_3$ auf diesem Intervall diese Eigenschaft.
f ist beschränkt, denn $|f(x)| = |\frac{2\sin x}{2+e^{-1}}| \leq \frac{2}{2+e^{-x}} < 1$ für alle $x \in R$.

9. a) $D(f) = (2 - \sqrt{3}; 2 + \sqrt{3}), W(f) = (0; \sqrt{\ln 4}), f$ ist beschränkt.
b) $D(f) = R - \{x_k : x_k = (2k+1)\frac{\pi}{2}$ und $k \in Z\}, W(f) = [0; \infty), f$ ist nicht beschränkt.

10. a) Wegen $y = t^2 = |t|^2 = x^2$ ist die Abbildung $x \to y$ eindeutig und somit eine Funktion.
b) Für $t \in R$ beliebig und $t_2 = t_1 + 2k\pi$ gilt $(\sin t_1; t_1 + 1) \in A$ und auch $(\sin t_1; t_1 + 2k\pi + 1) \in A$ für alle $k \in Z; A$ ist keine Funktion.

11. a) $f_1(x)$ ist für $x \geq 2$ streng monoton fallend, dh. für alle x_1, x_2 mit $2 \leq x_1 < x_2$ gilt: $x_1 - \sqrt{x_1^2 - 4} > x_2 - \sqrt{x_2^2 - 4}$. Zum Beweis: Die zur Ungleichung $\sqrt{x_2^2 - 4} - \sqrt{x_1^2 - 4} > x_2 - x_1$ umgeformte Behauptung wird wiederholt quadriert und vereinfacht, bis man zur stets richtigen Aussage $0 < (x_2 - x_1)^2$ gelangt. Da alle Schlüsse unter Beachtung der Voraussetzungen für x_1 und x_2 umgekehrt werden können, ist der Beweis geführt.
b) $f_2(x)$ ist für $x \geq 2$ streng monoton fallend. Der Beweis folgt unter den Voraussetzungen wie bei a) aus $x_1 < x_2$ und damit $\sqrt{x_1^2 - 4} < \sqrt{x_2^2 - 4}$, wenn man beide Ungleichungen addiert und anschließend mit (-1) multipliziert.

12. $D(f) = R, W(f) = [0, 1)$, denn für alle x gilt $x = [x] + \varepsilon$ mit $0 \leq \varepsilon < 1$. Zugleich folgt $f(x) = x - [x] = \varepsilon$ und somit $0 \leq f(x) < 1$, dh. $f(x)$ ist beschränkt. Die Funktion ist in jedem Intervall $[n; n + 1), n \in Z$ streng monoton wachsend, denn aus $n \leq x_1 < x_2 < n + 1$ folgt $x_1 = n + \varepsilon_1$ und $x_2 = n + \varepsilon_2$ mit $0 \leq \varepsilon_1 < \varepsilon_2 < 1$, wobei $\varepsilon_1 < \varepsilon_2$ zugleich $f(x_1) < f(x_2)$

bedeutet. Die Funktion ist periodisch mit der (primitiven) Periodenlänge 1, denn: $x = [x] + \epsilon \Rightarrow x + 1 = [x] + 1 + \epsilon = [x+1] + \epsilon$ und somit $f(x) = f(x+1)$ für alle $x \in \mathbb{R}$.

13. a) $x_1 = -2$; $x_2 = 3$; $y = -(x+2)(x-3)$;
Scheitelpunkt $S = (0,5; 6,25)$; $f(0) = 6$,
b) keine reellen Nullstellen; $y = 2(x^2 + 2x + 10)$;
Scheitelpunkt $S = (-1; 18)$; $f(0) = 20$,
c) $x_{1,2} = -3$; $y = 3(x+3)^2$; Scheitelpunkt $S = (-3; 0)$; $f(0) = 27$,
d) $x_1 = 0$; $x_2 = -0,6$; $y = 5x(x + 0,6)$;
Scheitelpunkt $S = (-0,3; -4,5)$; $f(0) = 0$,
e) $x_1 = 3$, keine weiteren reellen Nullstellen; $y = -2(x-3)(x^2 + x + 2)$,
f) $x_{1,2} = 0$, keine weiteren reellen Nullstellen; $y = x^2(x^2 + 1)$,
g) $x_1 = 0$, keine weiteren reellen Nullstellen; $y = x(x^2 + 1)^2$,
h) $x_{1,2} = \pm\frac{1}{\sqrt{2}}$, keine weiteren reellen Nullstellen;
$y = 4(x + \frac{1}{\sqrt{2}})(x - \frac{1}{\sqrt{2}})(x^2 + \frac{1}{2})$.

14. Hornerschema für $f(2)$

1	2	-12	-24	27	54
	2	8	-8	-64	-74
1	4	-4	-32	-37	-20

Koeffizienten a_k, $\quad k = 5, 4, 3, 2, 1, 0$
$x_0 a_{k+1}^*$; $x_0 = 2$
a_k^*

$a_0^* = -20 = f(2)$.
Analog erhält man: $f(1) = 48, f(-1) = 16$.

Hornerschema für $f(-2)$:

1	2	-12	-24	27	54
	-2	0	24	0	-54
1	0	-12	0	27	0

$= f(-2)$; $x = -2$ ist eine Nullstelle
von $p(x)$ und somit gilt
$p(x) = (x+2)(x^4 - 12x^2 + 27)$,
und nach Berechnung der weiteren Nullstellen
$p(x) = (x+2)(x+3)(x-3)(x+\sqrt{3})(x-\sqrt{3})$.

15. a) Ansatz: $y = a_4(x+3)(x-3)(x^2 + px + q)$ mit $\frac{p^2}{4} - q < 0$, also z.B.
$y = (x^2 - 9)(x^2 + 1) = x^4 - 8x^2 - 9$ ist eine Lösung.
b) Ansatz: $y = a_4(x+3)^2(x-3)^2$, also z.B. $y = (x^2 - 9)^2$ bzw.
$y = x^4 - 18x^2 + 81$ ist eine Lösung.
Da komplexe Nullstellen nur paarweise auftreten, kann eine ganze rationale Funktion 5. Grades nur 5 oder 3 oder 1 reelle Nullstelle(n) besitzen. Das ist mit den Forderungen bei a) und b) unvereinbar.

16. Aus dem Ansatz $p(x) = a_4x^4 + a_3x^3 + a_2x^2 + a_1x + a_0$ folgt $p(-x) = a_4x^4 - a_3x^3 + a_2x^2 - a_1x + a_0$ und wegen der geforderten Axialsymmetrie folgt $p(x) = p(-x) \Rightarrow a_3x^3 + a_1x = -a_3x^3 - a_1x$ für alle $x \in R$, dh. $a_3 = -a_3, a_1 = -a_1$ und somit $a_3 = a_1 = 0$.

17. Ansatz: $p(x) = a_4x^4 + a_2x^2 + a_0$ und $p(0) = -6 \Rightarrow a_0 = -6$ und $p(1) = -2 \Rightarrow a_4 + a_2 = 4$. Jetzt sind a_4 und a_2 unter dieser Bedingung so zu wählen, daß $p(x)$ keine Nullstellen besitzt. Das ist z.B. für $a_2 = 6$ und $a_4 = -2$ der Fall, denn $-2x^4 + 6x^2 - 6 = 0$ hat keine reellen Lösungen; also ist $p(x) = -2x^4 + 6x^2 - 6$ eine Lösung.

18. a) z.B. ist $f(x) = \frac{x^2+1}{x^4+1}$ eine Lösung.

    b) z.B. ist $f(x) = -\frac{x^2+\frac{1}{4}}{x^2-\frac{1}{4}}$ eine Lösung.

19. a) $y = $ (Polynomdivision mit Rest) $= -x + 4 + \frac{5}{2x-1}$
$g(x) = -x + 4$ ist eine Asymptote von $y = f(x)$ und weiterhin erfolgt asymptotische Annäherung an die Polgerade $x = \frac{1}{2}$.

    b) Asymptoten sind die x-Achse sowie die Polgeraden $x = \frac{9\pm\sqrt{89}}{4}$.

    c) Asymptoten sind die Gerade $y = -4$ sowie die Polgeraden $x = \pm 1$.

    d) $y = $ (Polynomdivision mit Rest) $= x^2 - 3x - 4 - \frac{2x-1}{x^2+x+6}$
Für $x \to \pm\infty$ nähert sich die gegebene Funktion asymptotisch der Funktion $g(x) = x^2 - 3x - 4$ an.

20. Wählt man $a_2 = a_5 = 0, a_3 = 3$ und $a_6 = -5$, so besitzt $f(x)$ die geforderten Nullstellen, den Pol und die Lücke, und es gilt $f(x) = \frac{a_1x^2 - a_1(3+a_4)x + 3a_1a_4}{x+5}$ für $x \neq 0$. Die Polynomdivision muß auf $f(x) = 3x + 2 + R(x)$ führen ($R(x)$ – echt gebrochen rationaler Rest); daraus erhält man $a_1 = 3$ und $a_4 = -\frac{26}{3}$.

21. a) $D(f) = (-\infty; 1] - \{0\}, W(f) = (-\infty; 0) \cup [2; \infty)$;
    b) $D(f) = (-1; 1), W(f) = [1; \infty)$;
    c) $D(f) = \{x : x \neq \frac{\pi}{2} + k\pi, x \in R, k \in Z\}; W(f) = (-\infty; -\pi]$;
    d) $D(f) = (-1; 1), W(f) = [0; \infty)$;
    e) $D(f) = (0; \infty), W(f) = (1; \infty)$;
    f) $D(f) = R - \{-e; 0; e\}, W(f) = R - \{0\}$;
    g) $D(f) = R, W(f) = (0; 1)$;
    h) $D(f) = R - \{0\}, W(f) = (0; 1)$;
    i) $D(f) = R - \{0\}, W(f) = (0; 1) \cup (1; \infty)$.

22. a) $y = {}^a\log x$,   b) $y = a^x$.

23. a) $x_1 = -3$;   b) $x_1 = \ln 32$;   c) $x_1 = \ln 3, x_2 = \ln 2$;   d) $x_1 = e^3, x_2 = e^2$;
    e) $x_k = \frac{\pi}{6} + k \cdot \pi$,   f) $x_1 = 0$;   g) $x_1 = 0$.

24.

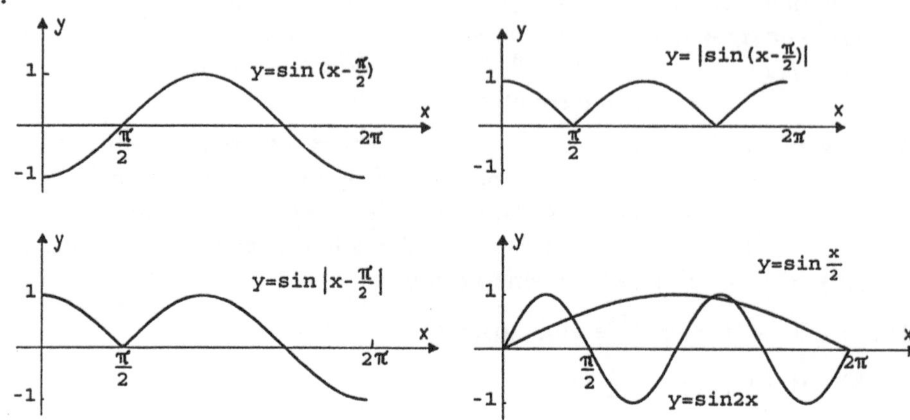

Abb. 1.16

25. a) -1,   b) 0,   c) nicht definiert,   d) 0,   e) 0,   f) nicht definiert,
g) 2,   h) 1,   i) nicht definiert.

26. a) $2k\pi \leq x \leq (2k+1)\pi; k \in Z$, b) $x \in R$, c) $x \in R$, d) $x \in R$, e) $x \geq 1$.

27. a) $y = cx^2, c \in R$; Schar aller Parabeln mit: Scheitelpunkt in $(0;0)$, Parabelachse gleich Ordinatenachse und für $c = 0$ gehört die x-Achse ebenfalls Zur Kurvenschar.
Auch bei Beschränkung auf $k \geq 0$ oder $k \leq 0$ gilt, daß sich nur in Punkten $(x; y)$ mit $x \neq 0$ genau zwei Repräsentanten jeder Kurvenschar schneiden, die aber zugleich einen zweiten Schnittpunkt besitzen, so daß die Zuordnung $(x, y) \rightarrow (0, k)$ nicht eindeutig ist und die Kurvenscharen sind zur Einführung ebener c, k-Koordinaten nicht geeignet. $x^2 + 4y^2 = 4k^2, k \in R$; Schar aller Ellipsen mit: Mittelpunkt in $(0;0)$ und $a = 2k, b = k$ sind die Halbachsen. Für $k = 0$ gehört der Nullpunkt ebenfalls zur Kurvenschar.
b) $y = \sin x + c$: Schar aller Kurven, die aus $y = \sin x$ durch Parallelverschiebung in y-Richtung hervorgehen.
$x = \sin y + c$: Schar aller Kurven, die aus $x = \sin y$ (diese geht aus $y = \sin x$ durch Spiegelung an $y = x$ hervor) durch Parallelverschiebung in x-Richtung hervorgehen. Es existiert eine eineindeutige Zuordnung $(x, y) \rightarrow (c, k)$, da sich in jedem Punkt (x, y) genau ein Paar Repräsentanten jeder Kurvenschar schneiden, die sich in keinem weiteren Punkte schneiden.
c) $x = c$: Schar aller Parallelen zur y-Achse und die y-Achse selbst.
$x^2 + y^2 = k^2; k \geq 0$: Schar aller zum Nullpunkt konzentrischen Kreise sowie der Nullpunkt. Es existiert keine eineindeutige Zuordnung $(x, y) \rightarrow (c, k)$.

28. Jedem Punkt (x, y) ist durch $c = y - x$ und $k = y + \frac{1}{2}x$ das Paar (c, k) eineindeutig zugeordnet. Zum Beispiel gilt:
$$P_1 = (x_1, y_1) = (-3; 8) \rightarrow (11; 6,5) = (c_1; k_1)$$
$$P_2 = (x_2, y_2) = (4; -1) \rightarrow (-5; 1) = (c_2; k_2)$$
Gerade durch P_1, P_2 : $\quad y = -\frac{9}{7}x + \frac{29}{7} \rightarrow k = \frac{11}{32}c + \frac{87}{32}$.

29. Kartesische Koordinaten:
$$P_1(3; 0), P_2(-\tfrac{1}{2}\sqrt{2}; \tfrac{1}{2}\sqrt{2}), P_3(\tfrac{3}{2}; \tfrac{3}{2}\sqrt{3}), P_4(-\tfrac{3}{2}; -\tfrac{3}{2}\sqrt{3}), P_5(0; 1), P_6(-2; 0).$$

30. a) $x^2 + y^2 = 9$,   b) $y = -\sqrt{3}x$ und $x \le 0$,   c) $y = 1$ für alle $x \in \mathbb{R}$,
d) $y = x^2$ und $x \ge 0$.

31. $r = \frac{a}{\cos\varphi}$ und $-\frac{\pi}{2} < \varphi < \frac{\pi}{2}$.

32. a) $r = a(1 + \cos\varphi)$,   b) $r = a|\sin 2\varphi|$ für $a > 0$,
    c) $r = \frac{1}{\sqrt{2}}\sqrt{\sin 2\varphi}$ für $k\pi \le \varphi < k\pi + \frac{\pi}{2}$, wobei $k = 0, 1$ ist.

33.

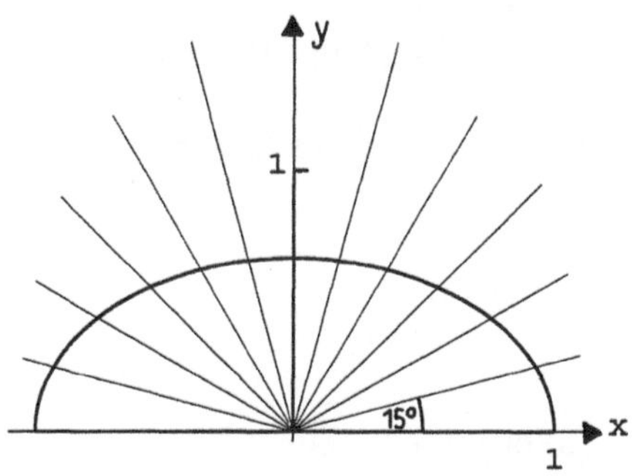

Abb. 1.17

34. a) $x^2 + (y - a)^2 = a^2$,   Kreis um $(0; a)$ mit $r = a; a > 0$,
b) $y = \frac{a^2}{x}$,   Hyperbel, Äste im 1. und 3. Quadranten,
c) $y = -x + 2a$,   Gerade,
d) $(x + \frac{1}{2})^2 + (y - 2)^2 = \frac{17}{4}$,   Kreis um $(-\frac{1}{2}; 2)$ mit $r = \frac{1}{2}\sqrt{17}$.

35. a) $y = (x - 7)^2 + 2$,   b) $y = (x + 7)^2$,   c) $y = -(x - a)^2 + b$,
d) $x^2 - \sqrt{2}x - 2xy - \sqrt{2}y + y^2 = 0$.

36. a) $y = -\frac{\sqrt{3}}{3}x + 1$,   b) $x = -\frac{1}{2}\sqrt{3}$ für alle $y \in \mathbb{R}$.

37. $y = (x + 2)^2 + 1$,   dh. $\overrightarrow{00'} = (-2; 1)^T$.

38. P_k Zylinderkoordinaten   Kugelkoordinaten

(x, y, z) $(r; \varphi; z)$ $(r; \varphi; \vartheta)$

$k = 1$ $(\sqrt{2}; \frac{\pi}{4}; \sqrt{2})$ $(2; \frac{\pi}{4}; \frac{\pi}{4})$

$k = 2$ $(\sqrt{2}; \frac{\pi}{4}; 0)$ $(\sqrt{2}; \frac{\pi}{4}; \frac{\pi}{2})$

$k = 3$ $(\sqrt{3}; \pi; 3)$ $(2\sqrt{3}; \pi; \frac{\pi}{6})$

$k = 4$ $(\sqrt{3}; 215,26°; 1)$ $(2; 215,26°; \frac{\pi}{3})$

$k = 5$ $(5; 143,13°; -5)$ $(5\sqrt{2}; 143,13°; \frac{3\pi}{4})$

$k = 6$ φ nicht definiert

$k = 7$ $(1; \pi; 1)$ $(\sqrt{2}; \pi; \frac{\pi}{4})$

$k = 8$ $(\sqrt{13}; 326,3°; -\sqrt{39})$ $(2\sqrt{13}; 326,3°; \frac{5\pi}{6})$

$k = 9$ $(5; \pi; 0)$ $(5; \pi; \frac{\pi}{2})$

39. a) Ebene durch (1;0;0) parallel zur y, z-Ebene,

b) Ebene durch (0;4;0) parallel zur x, z-Ebene,

c) Ebene durch (0;0;-1) parallel zur x, y-Ebene,

d) Ebene senkrecht zur x, y-Ebene, die diese längs der Geraden $y = -x + 1$ schneidet,

e) Ebene senkrecht zur x, z-Ebene, die diese längs der Geraden $z = -x + 1$ schneidet,

f) Halbzylinder senkrecht zur x, y-Ebene,

g) Zylinder der Höhe π, senkrecht zur x, y-Ebene,

h) Halbkreis in der x, z-Ebene,

i) (obere) Halbkugeloberfläche,

j) Kegelmantelfläche, Kegelspitze in (0;0;0), nach oben offen,

k) alle Punkte im Inneren des 1.Oktanten: $x > 0, y > 0, z > 0$.

40. a) Kreis um $M = (5; -2)$ mit $r = 4$,

b) Ellipse mit dem Mittelpunkt $M = (-3; 2)$ und den Halbachsen $a = 7$ und $b = 5$,

c) Hyperbel mit dem Mittelpunkt $M = (5; -4)$ und den Halbachsen $a = 7$ und $b = 10$ (die Hyperbel ist nach links bzw. rechts geöffnet),

d) Hyperbel mit dem Mittelpunkt $M = (2; -1)$ und den Halbachsen $a = 1$ und $b = 2$ (die Hyperbel ist nach unten bzw. oben geöffnet),

e) Kreis um $M = (0; -3,5)$ mit $r = 5$.

s. Abbildung 1.18a) und Abbildung 1.18b).

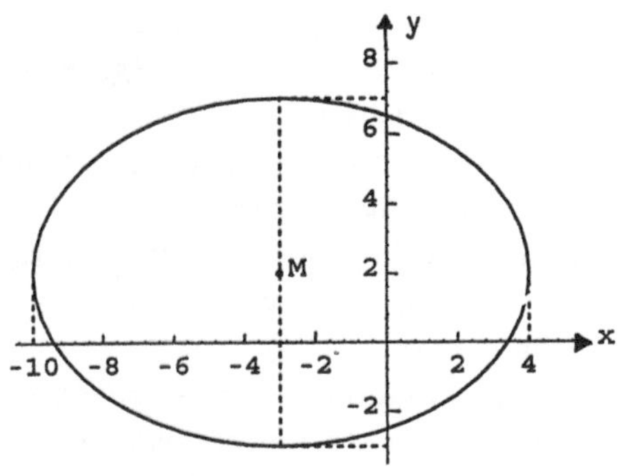

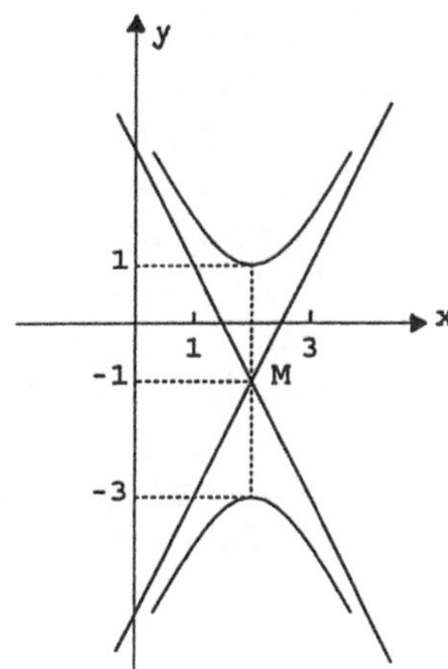

Abb. 1.18

41. Es existieren zwei Lösungen:

$(x-1)^2 + (y-1)^2 = 1$ und $(x-5)^2 + (y-5)^2 = 25$.

42. a) $S = (12; 2)$,

    b) $S = (-1; -3)$,

    c) $S = (-3; 2)$,

    d) $S = (0; 0.25)$.

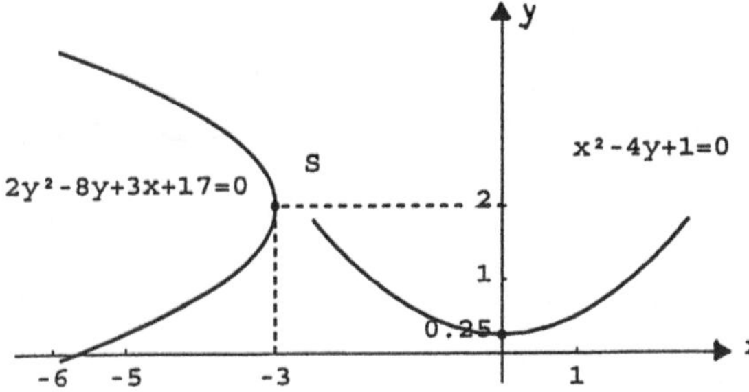

Abb. 1.19

43. a) $x_n = \frac{n+1}{n^2}$,   b) $x_n = -2n + 1$,   c) $x_n = \left(\frac{1}{2}\right)^{n-1}$,   d) $x_n = \frac{(-1)^{n+1}}{n}$.

44. a) $x_n = \frac{2n+1}{n} = 2 + \frac{1}{n}$, dh. für alle n gilt $x_n > x_{n+1}$, die Folge ist streng monoton fallend. Da $2 < x_n < 3$ für alle n, ist die Folge beschränkt und somit auch konvergent: $x_n \to 2$ für $n \to \infty$.

b) Die Folge ist streng monoton fallend, denn für alle n gilt $x_n > x_{n+1}$, da $\frac{2n}{n^2+1} > \frac{2(n+1)}{(n+1)^2+1}$ äquivalent zu $n^2 + n > 1$ umgeformt werden kann. Wegen $0 < x_n \leq 1$ für alle n ist die Folge beschränkt und somit konvergent: $x_n \to 0$ für $n \to \infty$.

c) $x_n = 0$ für n ungerade und $x_n = a - b$ für n gerade. Dh. für $a = b$ liegt trivialerweise eine Nullfolge vor. Für $a \neq b$ ist die Folge ebenfalls beschränkt, aber nicht monoton und nicht konvergent.

d) $x_n = 1$ für n ungerade und $x_n = 1 + 2^{n+1}$ für n gerade. Die Folge ist nach unten beschränkt, nicht monoton und nicht konvergent.

e) Die Folge ist nicht monoton, aber beschränkt, denn es gilt $\frac{1}{2} \leq x_n \leq 2$ für alle n. Die Folge ist konvergent: $x_n \to 1$ für $n \to \infty$.

f) Aus der rekursiven Darstellung gewinnt man

$x_n = 1 + [\frac{1}{4} + \frac{1}{8} + ... + (\frac{1}{2})^n]$, und der zweite Summand ist für $n \to \infty$ eine gegen $\frac{1}{2}$ konvergente geometrische Reihe. Die Folge ist streng monoton wachsend, beschränkt wegen $1 \leq x_n < 1,5$ für alle n und konvergent: $x_n \to 1,5$ für $n \to \infty$.

45. a) $(-4 + 0,2n) \to +\infty,$ b) $0,28^n \to 0,$ c) $1,17^n \to +\infty$

   d) $\frac{n^2}{n^2+2n+1} \to 1,$ e) $\sqrt{n^2 + 1} - n \to 0,$ f) $e^{-n} \to 0.$

46. $\frac{1+\sqrt{n}}{n^3} < \frac{n+n}{n^3} = \frac{2}{n^2} < 10^{-6}$, wenn $n > \sqrt{2}\, 10^3$; dh. z.B. $n_0 = 1415$ erfüllt die Forderung $n > n_0 \to |x_n| < 10^{-6}$.

47. a) $\lim\limits_{x \to 0} \frac{x^3(4-3x)}{x^3(5-3x^2)} = \frac{4}{5},$ b) $\lim\limits_{x \to 2} \frac{(x-2)(x-3)}{(x-2)(x-5)} = \frac{1}{3},$ c) $\lim\limits_{x \to 1} \frac{(x-1)^2(3x^2+2x+1)}{(x-1)^2} = 6,$

   d) $\lim\limits_{x \to 1} \frac{x^n-1}{x-1} = \lim\limits_{x \to 1}(x^{n-1} + x^{n-2} + ... + x + 1) = n,$ e) $\lim\limits_{x \to 1} \frac{-(x-1)(x+2)}{(x-1)(x^2+x+1)} = -1,$

   f) $\lim\limits_{x \to 0} \frac{1}{x}$ existiert nicht! denn $\lim\limits_{x \to 0+0} \frac{1}{x} = +\infty$ und $\lim\limits_{x \to 0-0} \frac{1}{x} = -\infty.$

48. a) $\lim\limits_{x \to \infty} \frac{3x^3-x^2+1}{x-1} = +\infty,$ b) $\lim\limits_{x \to \infty} \frac{1-x^4}{x^2+1} = -\infty,$ c) $\lim\limits_{x \to \infty} \frac{1-x^2}{3x^2+1} = -\frac{1}{3}.$

49. a) $\frac{\sin 2x}{\sin 3x} = \frac{2}{3} \cdot \frac{\frac{\sin 2x}{2x}}{\frac{\sin 3x}{3x}};$ folglich $\lim\limits_{x \to 0} \frac{\sin 2x}{\sin 3x} = \frac{2}{3},$

   b) $x \cdot \cot x = \frac{\cos x}{\frac{\sin x}{x}};$ folglich $\lim\limits_{x \to 0} x \cdot \cot x = 1,$

   c) $\frac{1-\cos x}{x^2} = \frac{2\sin^2 \frac{x}{2}}{4 \cdot \frac{x^2}{4}} = \frac{1}{2}\left(\frac{\sin \frac{x}{2}}{\frac{x}{2}}\right)^2;$ folglich $\lim\limits_{x \to 0} \frac{1-\cos x}{x^2} = \frac{1}{2},$

   d) $(1 + \frac{a}{x})^x = \left[\left(1 + \frac{1}{\frac{x}{a}}\right)^{\frac{x}{a}}\right]^a;$ folglich $\lim\limits_{x \to \infty} (1 + \frac{a}{x})^x = e^a,$

   e) $\left(\frac{2x+3}{2x+1}\right)^{x+1} = \left(1 + \frac{2}{2x+1}\right)^{x+1} = \left(1 + \frac{1}{x+\frac{1}{2}}\right)^{x+\frac{1}{2}}\left(1 + \frac{1}{x+\frac{1}{2}}\right)^{\frac{1}{2}};$ folglich

   $\lim\limits_{x \to \infty} \left(\frac{2x+3}{2x+1}\right)^{x+1} = e,$

   f) $(1 + \tan x)^{\cot x} = \left(1 + \frac{1}{\cot x}\right)^{\cot x};$ folglich $\lim\limits_{x \to 0+0} (1 + \tan x)^{\cot x} = e.$

50. a) $\frac{1}{x-1} \to -\infty$, wenn $x \to 1-0$;   folglich $\lim\limits_{x\to 1-0} 2^{\frac{1}{x-1}} = 0$,

b) $\tan 2x \to -\infty$, wenn $x \to \frac{\pi}{4}+0$;   folglich $\lim\limits_{x\to\frac{\pi}{4}+0} 3^{\tan 2x} = 0$,

c) $1-\mathrm{e}x \to 0-0$, wenn $x \to 0+0$;   folglich $\frac{1}{1-\mathrm{e}^x} = -\infty$,

d) $1-\mathrm{e}x \to 0+0$, wenn $x \to 0-0$;   folglich $\lim\limits_{x\to 0-0} \frac{1}{1-\mathrm{e}^x} = +\infty$,

e) $2^{\tan x} \to 0$, wenn $x \to \frac{\pi}{2}+0$;   folglich $\lim\limits_{x\to\frac{\pi}{2}+0} \frac{2}{1+2^{\tan x}} = 2$.

51. a) $\frac{|x|}{x} = 1$, wenn $x > 0$ und $\frac{|x|}{x} = -1$, wenn $x < 0$; $f(0)$ existiert nicht; $f(x)$ ist für alle $x \neq 0$ stetig,

b) $f(x)$ ist für $x_1 = 3$ und $x_2 = -3$ nicht definiert und für alle $x \neq \pm 3$ gilt $f(x) = \frac{1}{x-3}$, dh. $f(x)$ ist für alle $x \neq \pm 3$ stetig,

c) $f(x)$ ist definiert und stetig für alle $x \neq 0$.

52. a) $f(x)$ ist unstetig an der Stelle $x = 2$, da $f(x)$ nicht existiert. Weil $f(x) = \frac{1}{2}$ für alle $x \neq 2$, folgt $\lim\limits_{x\to 2} f(x) = \frac{1}{2}$. $f(x)$ hat folglich an der Stelle $x = 2$ eine hebbare Unstetigkeit (Lücke).

b) $f(x)$ ist unstetig an der Stelle $x = 0$, da $f(0)$ nicht existiert. Wegen $\lim\limits_{x\to 0+0} \frac{1}{1+2^{\frac{1}{x}}} = 0$ und $\lim\limits_{x\to 0-0} \frac{1}{1+2^{\frac{1}{x}}} = 1$, hat $f(x)$ an der Stelle $x = 2$ eine Sprungstelle.

c) $f(x)$ ist unstetig an der Stelle $x = 0$, da $f(0)$ nicht existiert. Auch $\lim\limits_{x\to 0} \sin\frac{1}{x}$ existiert nicht, dgl. die einseitigen Grenzwerte, denn: man wähle z.B. die Folgen $x_n = \frac{1}{n\cdot\pi} \to 0$ bzw. $x_k = \frac{1}{\frac{\pi}{2}+2k\pi} \to 0$ und erhält $y_n = 0$ für alle n und andererseits $y_k = 1$ für alle k. Es handelt sich um eine Unstetigkeit 2. Art.

d) $f(x)$ ist unstetig an der Stelle $x = 0$, da $f(0)$ nicht existiert. Wegen $\lim\limits_{x\to 0+0} \mathrm{e}^{-\frac{1}{x}} = 0$ und $\lim\limits_{x\to 0-0} \mathrm{e}^{-\frac{1}{x}} = \infty$ handelt es sich um eine Unstetigkeit 2. Art.

e) $f(x)$ ist unstetig an allen Stellen $x_k = k\pi$, $k \in \mathbb{Z}$, da $f(k\pi)$ nicht existiert. Für $x_0 = 0$ liegt eine Lücke vor, da $\lim\limits_{x\to 0} \frac{x}{\sin x} = \lim\limits_{x\to 0} \frac{1}{\frac{\sin x}{x}} = 1$. Für alle anderen x_k, $k \neq 0$ liegen Polstellen vor.

f) $f(x)$ ist unstetig an der Stelle $x = 0$, da $f(0)$ nicht existiert. Wegen $\lim\limits_{x\to 0} \frac{1}{\ln(1+x^2)} = +\infty$ handelt es sich um eine Polstelle.

2 Differentialrechnung für Funktionen einer Variablen

2.1 Ableitung und Differenzierbarkeit

Schwerpunkte: Differenzen- und Differentialquotient, Differenzierbarkeit, die 1. Ableitung und ihre geometrische Deutung, Ableitungen höherer Ordnung, Ableitungsregeln

Es sei f auf $(x_0 + \epsilon; x_0 - \epsilon)$ definiert und $|\triangle x| < \epsilon$.

Differenzenquotient:

$$\frac{\triangle f(x_0, \triangle x)}{\triangle x} = \frac{f(x_0 + \triangle x) - f(x_0)}{\triangle x}$$

geometrisch: Anstieg der Sekante zwischen P_0 und P_1 (Abb 2.1).

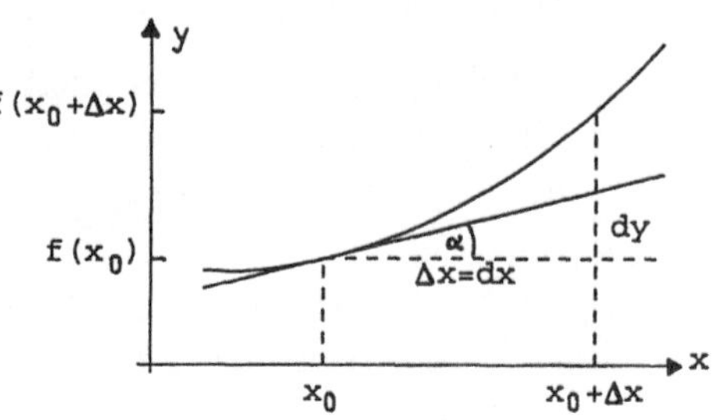

Abb. 2.1

Existiert $\lim\limits_{\triangle x \to 0} \dfrac{\triangle f(x_0, \triangle x)}{\triangle x}$, dann heißt f an der Stelle x_0 differenzierbar.

Differentialquotient oder 1. Ableitung in x_0:

$$y'(x_0) = f'(x_0) := \frac{dy}{dx}\Big|_{x_0} = \lim\limits_{\triangle x \to 0} \frac{\triangle f(x_0, \triangle x)}{\triangle x}$$

geometrisch: Anstieg der Tangente in x_0 mit $f'(x_0) = \tan \alpha$ dem Anstiegswinkel α (Abb. 2.1)

Gleichung der Tangente in x_0:

$$y = f'(x_0) \cdot (x - x_0) + f(x_0)$$

rechtsseitige Ableitung:

$$f'_+(x_0) := \lim\limits_{\triangle x \to 0+} \frac{\triangle f(x_0, \triangle x)}{\triangle x} \; ;$$

linksseitige Ableitung:

$$f'_-(x_0) := \lim\limits_{\triangle x \to 0-} \frac{\triangle f(x_0, \triangle x)}{\triangle x} \; .$$

Insbesondere existiert $f'(x)$ genau dann, wenn $f'_+(x_0)$ und $f'_-(x_0)$ existieren und übereinstimmen.

Ist f an jeder Stelle $x \in (a,b)$ differenzierbar, dann heißt f auf dem Intervall (a,b) differenzierbar und die Funktion $y' = f'(x)$ nennt man 1. Ableitung von $y = f(x)$.

f' sei wiederum differenzierbar auf (a,b), dann ist die

2.Ableitung: $\qquad y'' = f''(x) := (y')' = [f'(x)]'$.

n-te Ableitung: $\qquad \boxed{f^{(n)}(x) := [f^{(n-1)}(x)]'}$

Ableitungsregeln :

Es seien f und g auf (a,b) differenzierbar; c sei eine reelle Konstante, dann gilt:

$$
\begin{array}{ll}
[c \cdot f(x)]' = c f'(x) & \\[2mm]
[f(x) \pm g(x)]' = f'(x) \pm g'(x) & \text{(Ableitung einer Summe)} \\[2mm]
[f(x) \cdot g(x)]' = f'(x) \cdot g(x) + f(x) \cdot g'(x) & \text{(Produktregel)} \\[2mm]
\left[\dfrac{f(x)}{g(x)}\right]' = \dfrac{f'(x) \cdot g(x) - f(x) \cdot g'(x)}{g^2(x)} \; ; \; g(x) \neq 0 & \text{(Quotientenregel)}
\end{array}
$$

Sei $g(x)$ differenzierbar auf (a,b) und $f(t)$ mit $t = g(x)$ differenzierbar auf $W(g)$

$$
\boxed{\left(f \circ g\right)' = [f(g(x))]' = f'(t) \cdot g'(x) \qquad \text{(Kettenregel)}}
$$

Für $f(x) > 0$ und f differenzierbar auf (a,b) gilt:

$$
\boxed{\left(\ln f(x)\right)' = \frac{f'(x)}{f(x)} \quad \text{bzw.} \quad f'(x) = (\ln f(x))' \cdot f(x) \quad \text{(logarithmische Ableitung)}}
$$

Insbesondere folgt für $f(x) = [g(x)]^{h(x)}$ mit $g(x) > 0$

$$
\boxed{f'(x) = \left(h(x) \cdot \ln g(x)\right)' \cdot f(x)}
$$

Fragen zu 2.1

1. Erläutern Sie ausgehend von den Begriffen Differenzenquotient und Differentialquotient die Differenzierbarkeit einer Funktion $f(x)$ an einer Stelle x_0 bzw. in einem Intervall I!

2. Welche geometrische Bedeutung haben der Differenzenquotient und der Differentialquotient (Skizze!)?

3. Wie lautet die Gleichung der Tangente an den Graph einer Funktion $y = f(x)$ an einer Stelle x_0?

4. Welcher Zusammenhang besteht zwischen Stetigkeit und Differenzierbarkeit einer Funktion an einer Stelle x_0?

5. Was ist über Stetigkeit und Differenzierbarkeit einer Funktion $y = f(x)$ an einer Knickstelle auszusagen?

6. Wie lautet die Gleichung der Funktion $y = f(x)$, für die gilt: $f'(x) = 2$ für alle $x \in \mathrm{R}$ und $f(0) = -1$?

7. Welche Beziehung besteht zwischen zwei Funktionen $f(x)$ und $g(x)$, deren Ableitungen im gesamten Intervall (a, b) übereinstimmen?

8. Wie lautet
   a) die Produktregel für $f(x) = u(x) \cdot v(x) \cdot w(x)$;
   b) die Kettenregel für $y = f(g(\varphi(x)))$?

9. Auf welchem Gedanken beruht das Verfahren der logarithmischen Differentiation? Erläutern Sie es an den Beispielen a) $f(x) = u(x) \cdot v(x) \cdot w(x)$ und b) $f(x) = (u(x))^x$.

10. Wie lauten die 1. Ableitungen von

   a) $y = (f(x))^a$, a konstant ;

   b) $y = (f(g(x)))^a$, a konstant ;

   c) $y = a^{g(x)}$, $a > 0,\ a \neq 1$;

   d) $y = a^{f(g(x))}$, $a > 0,\ a \neq 1$;

   e) $y = [f(h(x))]^{g(x)}$, $f(h(x)) > 0$.

Aufgaben zu 2.1

1. An welchen Stellen $x \in \mathbb{R}$ ist die Funktion $f(x) = |\sin(x + \frac{\pi}{2})|$ stetig, aber nicht differenzierbar?

2. Die Funktion

$$f(x) = \begin{cases} 1 & \text{für} \quad x < -2 \\ 2e^{-x} & \text{für} \quad -2 \leq x < 0 \\ x^2 + 2|x - 1| & \text{für} \quad x \geq 0 \end{cases}$$

ist auf Stetigkeit und Differenzierbarkeit an den Stellen $x_0 = -2, x_1 = 0$ und $x_2 = 1$ zu untersuchen (Skizze für $-4 \leq x \leq 4$).

3. Existiert für die Funktion

$$f(x) = \begin{cases} -\sqrt[3]{|x|} & \text{für} \quad x < 0 \\ \sqrt[3]{x} & \text{für} \quad x \geq 0 \end{cases}$$

die 1. Ableitung an der Stelle $x_0 = 0$?

4. Man bestimme für

$$f(x) = \begin{cases} x^2 - ax + 9 & \text{für} \quad x < 3 \\ \dfrac{x^2 - a}{x - 2} & \text{für} \quad x \geq 3 \end{cases}$$

$a \in \mathbb{R}$ so, daß f an der Stelle $x_0 = 3$ differenzierbar wird.

5. Es sei

$$f(x) = \begin{cases} \dfrac{b}{x} & \text{für} \quad x \leq 2 \\ ax - 2a + 1 & \text{für} \quad x > 2. \end{cases}$$

a) Ist f in $x_0 = 0$ stetig und differenzierbar ?
b) Es sind $a, b \in R$ so zu bestimmen, daß f an der Stelle $x_1 = 2$ differenzierbar wird.

6. Wie müssen die Parameter a und b gewählt werden, damit an der Stelle $x_0 = 1$ der Graph von $y - b = (x - a)^2$ differenzierbar an den Graph von $y = \ln x$ anschließt ?

7. Gegeben sei

$$
f(x) = \begin{cases}
-2\sin x & \text{für} \quad x \le -\frac{\pi}{2} \\
a\sin x + b & \text{für} \quad |x| < \frac{\pi}{2} \\
\cos x & \text{für} \quad x \ge \frac{\pi}{2}.
\end{cases}
$$

Für welche $a, b \in \mathrm{R}$ ist f stetig auf R ? Ist f für diese a und b auch differenzierbar auf R?

8. Man bestimme die 1. Ableitung folgender Funktionen und vereinfache die Ergebnisse .

    a) $y = (\cos\frac{\pi}{3}) \cdot \frac{1}{x^2}$, $x \ne 0$;

    b) $y = x^3 \cdot \sqrt[4]{x^3}$, $x > 0$;

    c) $y = x^2 \ln x + \frac{4}{x}$, $x > 0$;

    d) $y = a^x x^a$, $a > 0,\ a \ne 1,\ x > 0$;

    e) $y = x \arctan \frac{x}{a}$, $a \ne 0$;

    f) $y = 3x^2 \ln x \cdot \mathrm{e}^{-x}$, $x > 0$;

    g) $y = \dfrac{2a}{a + \sqrt{x}}$, $x > 0$;

    h) $y = \dfrac{\arccos x}{\arcsin x}$, $0 < x < 1$;

    i) $y = \dfrac{x \ln x}{1 + x}$, $x > 0$;

    j) $y = \dfrac{x \sinh x - \cosh x}{x \cosh x - \sinh x}$, $x \ne 0$;

    k) $y = \cos(-2x^3)$;

    l) $y = \sqrt[4]{4x^2 + 12x + 7}$;

    m) $y = \sinh(\frac{\pi}{3}x^3 + (\ln a)x)$, $a > 0$;

    n) $y = \mathrm{e}^{\cos\sqrt{x}}$, $x > 0$;

o) $\quad y = \cos^2(ax) + \cos(ax)^2$;

p) $\quad y = \log_a \sqrt[3]{x^3 + 6x + 4}$, $\qquad a > 0,\ a \neq 1$;

q) $\quad y = -\dfrac{1}{a} \operatorname{artanh} \dfrac{\sqrt{a^2 - x^2}}{a}$, $\quad a \neq 0,\ |x| < a$;

r) $\quad y = \dfrac{1}{\sqrt{a}} \operatorname{arcosh} \dfrac{ax + b}{\sqrt{b^2 - ac}}$, $\quad a \neq 0,\ b^2 > ac$;

s) $\quad y = \arctan \dfrac{ex - 1}{x}$, $\qquad x \neq 0$;

t) $\quad y = e^{2 \ln \cosh(ax)}$.

9. Man bestimme die 1. Ableitung und ermittle $y'(x_0)$:

a) $\quad y = e^{3 \ln \sqrt[3]{1 - \sin^2 x}}$, $\qquad x_0 = \frac{\pi}{4}$;

b) $\quad y = x \operatorname{artanh} x + \ln \sqrt{1 - x^2}$, $\quad |x| < 1,\ x_0 = 0$;

c) $\quad y = \ln(\sqrt{x} + \sqrt{1 + x^2})$, $\qquad x > 0,\ x_0 = 1$.

10. Mit Hilfe der logarithmischen Differentiation berechne man die 1. Ableitung der folgenden Funktionen:

a) $\quad y = (\cos x)^{x^2 + 4}$, $\quad 0 < x < \frac{\pi}{2}$;

b) $\quad y = x^a a^x x^{\ln x}$, $\qquad a > 0,\ a \neq 1,\ x > 0$;

c) $\quad y = \left(\dfrac{x - 1}{x + 1}\right)^{\frac{1}{x}}$, $\qquad x \in \mathrm{R} \setminus [-1, 1]$;

d) $\quad y = (ax^n)^{\ln x^4}$, $\qquad a > 0,\ a \neq 1,\ x > 0$.

11. Man zeige, daß $y = 1 + \dfrac{\ln \tan \frac{x}{2}}{\cos x}$, $0 < x < \frac{\pi}{2}$, die Differentialgleichung $y' - y \tan x = \cot x$ erfüllt.

12. Man zeige, daß für $f(x) = \arctan \sqrt{\dfrac{1 - x}{1 + x}} + \frac{1}{2} \arcsin x$ mit $|x| < 1$ gilt: $f(x) = \text{const.}$

13. Für welche $x_0 \in \mathrm{R}$ erfüllt die Funktion $f(x) = \dfrac{\cos^2 x}{1 + \sin^2 x}$ die Gleichung $f(x_0) - \frac{1}{2} f'(x_0) = 1$?

14. An welcher Stelle $x \neq 0$ und unter welchem Winkel schneidet der Graph der Funktion $y = \sqrt{x}(\frac{1}{3}x - 1)$ die x-Achse? Wie lautet die Gleichung der

Tangente in diesem Schnittpunkt?

15. Für welches $a \in R$ ist die Gerade $y = 2x + a$ Tangente an die Kurve $f(x) = \ln \tan x, \quad 0 < x < \frac{\pi}{2}$? Wie lautet die Gleichung der Tangente ?

16. An welcher Stelle x_0 haben die Graphen von $f(x) = x^2 + x$ und $h(x) = \ln(x^2 + 1)$ parallele Tangenten? Man stelle die Gleichungen der Tangenten auf.

17. Für welche $a \in R$ ist $y = x + 1,5$ Tangente an den Graphen von $f(x) = \dfrac{x + a}{x^2 + 1}$? Man bestimme die Berührungspunkte.

18. Welche ganze rationale Funktion 2. Grades enthält den Punkt $P_0(-1, 1)$, hat dort den Anstieg 0 und besitzt an der Stelle $x_1 = 2$ den Anstieg 36 ?

2.2   Differential und Mittelwertsätze

Schwerpunkte: Differential erster Ordnung und seine Anwendung in der Fehlerrechnung, Mittelwertsätze der Differentialrechnung, Taylor-Formel

Es sei f auf einer Umgebung von x_0 definiert und in x_0 differenzierbar.

Differenz der Funktionswerte:

$$\boxed{\triangle y := \triangle f(x_0, h) = f(x_0 + h) - f(x_0)}$$

Differential der Veränderlichen x:

$$dx := x_0 + h - x_0 = h$$

Differential der Veränderlichen y:

$$\boxed{dy := f'(x_0)dx}$$

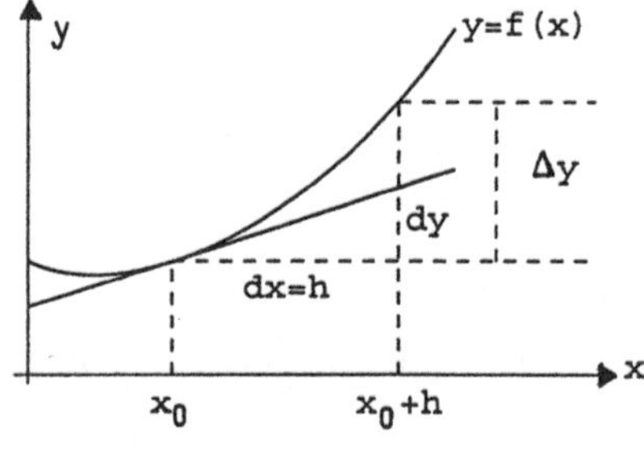

Abb. 2.2

Ist $dx = h$ in bezug auf x klein, so gilt: $\triangle y \approx dy$.
Sei x eine mit einem Fehler behaftete Größe; es gelte $|dx| < \delta, \delta > 0$ (δ maximaler Fehler bzgl. x), dann ist für $y = f(x)$ der

absolute Fehler: $\boxed{|\triangle y| \approx |dy| \leq |f'(x)|\delta}$

und der

relative Fehler:
$$\left|\frac{\Delta y}{y}\right| \approx \left|\frac{dy}{y}\right| \le \left|\frac{f'(x)}{f(x)}\right|\delta$$

Mittelwertsätze der Differentialrechnung (MWSD)

Sei f stetig auf $[a, b]$ und differenzierbar auf (a, b), dann gibt es mindestens ein $\xi \in (a, b)$ bzw. ein ϑ mit $0 < \vartheta < 1$, so daß gilt:

1. Form des MWSD:
$$f'(\xi) = \frac{f(b) - f(a)}{b - a}$$

(Abb. 2.3)

2. Form des MWSD:
$$f(x_0 + h) = f(x_0) + hf'(x_0 + \vartheta h)$$
$$\text{mit } x_0 = a,\ h = b - a,\ 0 < \vartheta < 1$$

Folgerungen: Gilt für alle $x \in (a, b)$ zusätzlich:
$$f'(x) \ge 0 \iff f \text{ monoton wachsend auf } (a, b)\ ;$$
$$f'(x) \le 0 \iff f \text{ monoton fallend auf } (a, b)\ ;$$
$$f'(x) = 0 \iff f(x) \equiv c \text{ auf } (a, b)\ ;$$
$$f'(x) = g'(x) \iff f(x) = g(x) + c \text{ auf } (a, b)\ .$$

Seien f und g stetig auf $[a, b]$ und differenzierbar auf (a, b) und $g'(x) \ne 0$ für alle $x \in (a, b)$, dann gibt es mindestens ein ξ mit:

Verallgemeinerter MWS:
$$\frac{f'(\xi)}{g'(\xi)} = \frac{f(b) - f(a)}{g(b) - g(a)}$$

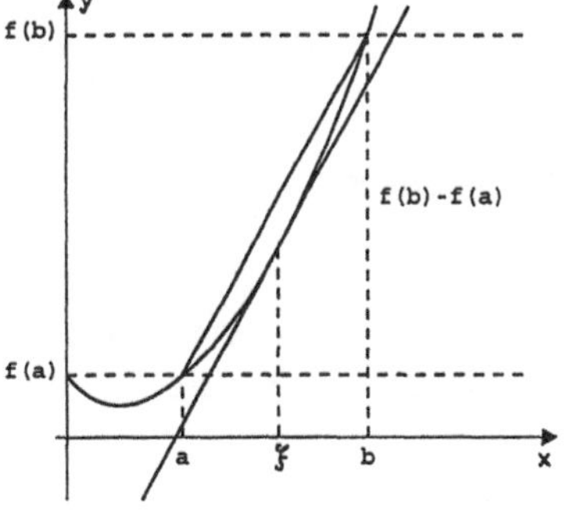

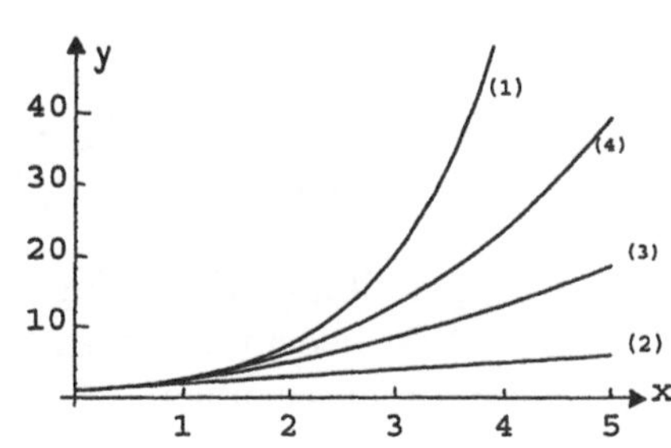

Abb. 2.3   Abb. 2.4

Zu Abb. 2.4: $(1)\,y = e^x$, $(2)\,y = 1 + x$, $(3)\,y = 1 + x + \frac{1}{2}x^2$, $(4)\,y = 1 + x + \frac{x^2}{2} + \frac{x^3}{6}$.

Taylor-Formel

Taylor-Polynom n-ten Grades mit der Entwicklungsstelle x_0:

$$T_n(x, x_0) = \sum_{k=0}^{n} \frac{f^{(k)}(x_0)}{k!}(x - x_0)^k$$

Sei f auf einer Umgebung der Stelle x_0 (n+1)mal differenzierbar und $x \in U(x_0)$, dann gilt:

Taylor-Formel:

$$f(x) = T_n(x, x_0) + R_n(x, x_0)$$

$$\text{mit } R_n(x, x_0) = \frac{f^{(n+1)}(x_0 + \vartheta h)}{(n + 1)!} h^{n+1},$$

$$\text{wobei } h = x - x_0,\ 0 < \vartheta < 1$$

Die Funktion f wird durch das Polynom $T_n(x, x_0)$ in einer Umgebung von x_0 gut approximiert. (Abb. 2.4)

Der bei der Approximation auftretende Fehler $|f(x) - T_n(x, x_0)|$ kann durch das Restglied $R_n(x, x_0)$ abgeschätzt werden.

Fragen zu 2.2

11. Unter welchen Voraussetzungen gilt für eine Funktion f der Mittelwertsatz der Differentialrechnung ?

12. Was sagt der Mittelwertsatz der Differentialrechnung geometrisch aus und was folgt, wenn zusätzlich $f(a) = f(b)$ gilt?

13. Eine geradlinige Bewegung wird in $t_0 \leq t \leq t_1$ durch $s = s(t)$ beschrieben. Was bedeutet der Mittelwertsatz der Differentialrechnung für diese Funktion anschaulich?

14. Warum ist auf folgende Funktionen der Mittelwertsatz der Differentialrechnung im Intervall $[-1, 1]$ nicht anwendbar?

     a) $f_1(x) = e^{|x|}$;

b) $f_2(x) = \begin{cases} -\sin x & \text{für} \quad x < 0 \\ 1 & \text{für} \quad x = 0 \\ \sin x & \text{für} \quad x > 0 \; ; \end{cases}$

c) $f_3(x) = \ln x$.

15. Unter welchen Voraussetzungen kann eine Funktion f mit Hilfe der Taylor-Formel dargestellt werden?

16. Für welche Funktionen f gilt $f(x) = T_n(x, x_0)$?

17. Wie lautet die Taylor-Formel einer Funktion f mit der Entwicklungsstelle $x_0 = 0$?

18. Wie lautet die Taylor-Formel für $f(x) = e^{2x}$ mit $x_0 = 0$?

19. Wie kann man die mögliche Abweichung zwischen dem Wert des Taylor-Polynoms und dem Funktionswert an einer Stelle x abschätzen?

20. Wie erreicht man bei einer Taylor-Entwicklung für die Funktion f bei vorgegebener Entwicklungsstelle die gewünschte Genauigkeit δ?

Aufgaben zu 2.2

19. Man bestimme zu folgenden Funktionen das Differential 1.Ordnung:

    a) $f(x) = \operatorname{arsinh} \sqrt{4x - 1}$;   b) $f(x) = \arctan \sinh 2x$;

    c) $f(x) = \ln(x - \dfrac{4}{x^2})$;   d) $f(x) = e^{\cosh 3x}$.

20. Man berechne den Unterschied zwischen $\triangle y$ und dy für $f(x) = 2^{\sin x}$ an der Stelle $x_0 = 0$ und $dx = h = \frac{\pi}{12}$.

21. Der Durchmesser einer Kugel beträgt $d = (50 \pm 0,1)\,$cm. Man ermittle den absoluten und den relativen Fehler des Kugelvolumens. Wie groß ist der prozentuale Fehler?

22. Die Schwingungsdauer eines Pendels beträgt $T = 2\pi \sqrt{\frac{l}{980}}$ s. Die Pendellänge l sei 10 cm. Wie muß die Pendellänge verändert werden, wenn die Schwingungsdauer um $0,1$s verringert werden soll?

23. Mit Hilfe des Differentials bestimme man eine Näherung für

a)$\sqrt[7]{129}$;   b)$\sqrt[4]{622}$;   c)$\sqrt[5]{242,5}$.

24. Man bestimme die kleinste natürliche Zahl a mit $x = a^6$, für die $\sqrt[6]{x+2}$ durch $\sqrt[6]{x}$ ersetzt werden kann, wobei der Fehler maximal $0,001$ betragen soll.

25. Für welche $h = \mathrm{d}x$ kann $\sqrt[6]{x+h}$ durch $\sqrt[6]{x}$, $x > 0$, approximiert werden, wenn der Fehler höchstens 10^{-3} sein darf?
Man bestimme das Intervall $|\mathrm{d}x| < \delta$ für $x = 4096$ und für $x = 64$.

26. Man gebe für die Funktion $y = \mathrm{e}^{\frac{x}{2}}$ in dem abgeschlossenen Intervall $[0;3]$ die Stelle ξ an, für die der Anstieg der Tangente gleich dem Anstieg der Sekante ist.

27. Durch die Punkte $P_1(x_1, y_1)$ und $P_2(x_2, y_2)$ der Bildkurve der Funktion $f(x) = ax^2 + bx + c$ werde die Sekante gelegt.
Man zeige, daß die zu dieser Sekante parallele Tangente die Parabel in einem Punkt berührt, dessen Abszisse das Intervall $[x_1; x_2]$ halbiert.

28. Man berechne unter Verwendung des Mittelwertsatzes einen Näherungswert für $\sqrt{1025}$.
(Vergleich des Ergebnisses mit dem des Taschenrechners!)

29. Mit Hilfe des Mittelwertsatzes berechne man $\ln 1,5$ näherungsweise.

30. Unter Benutzung des Mittelwertsatzes zeige man, daß gilt:
$\ln(1 + x) \leq x$, $x > -1$.

31. Man wende den Mittelwertsatz auf die Funktion $f(x) = \mathrm{e}^{ax+b}$ $(a \neq 0)$ an und berechne ϑ.

32. Für die Funktion $f(x) = \sin^2 x$ ist das Taylor-Polynom 6.Grades an der Stelle $x_0 = \frac{\pi}{6}$ aufzustellen und mit Hilfe des Summenzeichens zu schreiben.

33. a) Man berechne das Taylor-Polynom n-ten Grades für $f_1(x) = \mathrm{e}^x$ in $x_0 = 0$.

b)   Unter Verwendung von a) gebe man das Taylor-Polynom für $f_2(x) = \cosh x$ und $f_3(x) = \sinh x$ an.

34. Für die Funktion $f(x) = \dfrac{\cosh x}{1 + x}$ ist das Taylor-Polynom 3.Grades an der Stelle $x_0 = 0$ aufzustellen.

35. Es ist das Taylor-Polynom 3.Grades für $f(x) = \dfrac{4 - x^2}{1 + e^x}$ in $x_0 = 0$ zu berechnen.

36. Man bestimme das Taylor-Polynom 3.Grades für $f(x) = \cot x$ an der Stelle $x_0 = \frac{\pi}{4}$ und berechne mit Hilfe des Taylor-Polynoms den Funktionswert an der Stelle $x = x_0 + 0,1$ näherungsweise.

37. Für $f(x) = x \ln x$ bestimme man das Taylor-Polynom 5.Grades an der Stelle $x_0 = 1$ und berechne damit $\ln \sqrt[3]{\frac{1}{3}}$ näherungsweise.

38. Für $f(x) = (1 - x)^x$ ist in $x_0 = 0$ das Taylor-Polynom 3.Grades aufzustellen und damit $\sqrt[5]{0,8}$ näherungsweise zu berechnen.

39. Man berechne mit Hilfe des Taylor-Polynoms 3.Grades, die Entwicklungsstelle sei $x_0 = 1$, den Funktionswert $f(1,2)$ für $f(x) = \ln \dfrac{x}{e^{2x}}$ und gebe eine Restgliedabschätzung an.

40. Für eine Bogenbrücke ist die Länge l des Spannbogens gegeben durch $l = s\left(\frac{s}{2h} + \frac{2h}{s}\right) \arctan \frac{2h}{s}$. Es sei $s = 150$ m und $h = 15$ m. Ist $\frac{2h}{s}$ klein, so kann die Funktion $f(\frac{2h}{s}) = \arctan \frac{2h}{s}$ durch das Taylor-Polynom 3.Grades ersetzt werden.

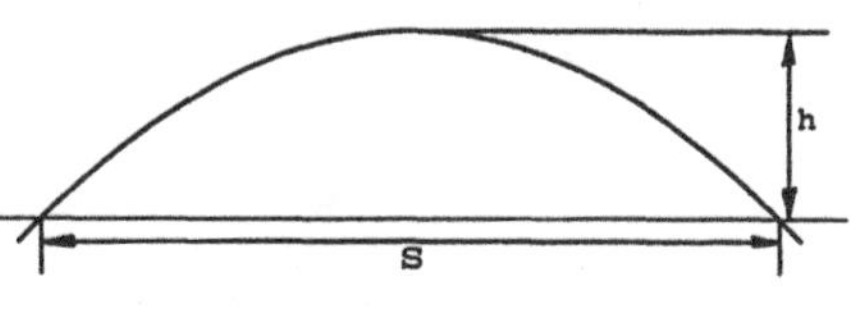

Abb. 2.5

Man berechne l mit $f(\frac{2h}{s}) = f(x) \approx T_3(x, 0)$. Eine Restgliedabschätzung ist anzugeben.

41. Wie groß muß n in $T_n(x, 0)$ für $f(x) = e^x$ gewählt werden, damit $\sqrt{e}$ mit Hilfe dieses Polynoms auf mindestens 6 Stellen genau berechnet werden kann ?

42. Wie groß muß man den Grad des Taylor-Polynoms der Funktion $f(x) = \ln(1 + x)$ mit der Entwicklungsstelle $x_0 = 0$ wählen, damit mit Hilfe dieses Polynoms $\ln 2$ auf mindestens 2 Stellen genau berechnet werden kann?

2.3 Untersuchung von Funktionen mit Hilfe ihrer Ableitungen

Schwerpunkte: Bedingungen für das Monotonieverhalten bei differenzierbaren Funktionen, lokale und globale Maxima und Minima, notwendige und hinreichende Bedingung für das Auftreten von Extrem- und Wendepunkten bei differenzierbaren Funktionen, Regeln von Bernoulli-de l'Hospital

Monotonieverhalten

Ist f stetig auf $[a, b] \subseteq \mathbb{R}$ und differenzierbar auf (a, b) , dann gilt:

> f ist monoton wachsend auf (a, b) $\iff$ $f'(x) \geq 0$ für jedes $x \in (a, b)$
> (Abb. 2.6, Abb. 2.7)
> f ist monoton fallend auf (a, b) $\iff$ $f'(x) \leq 0$ für jedes $x \in (a, b)$
> (Abb. 2.6, Abb. 2.7)

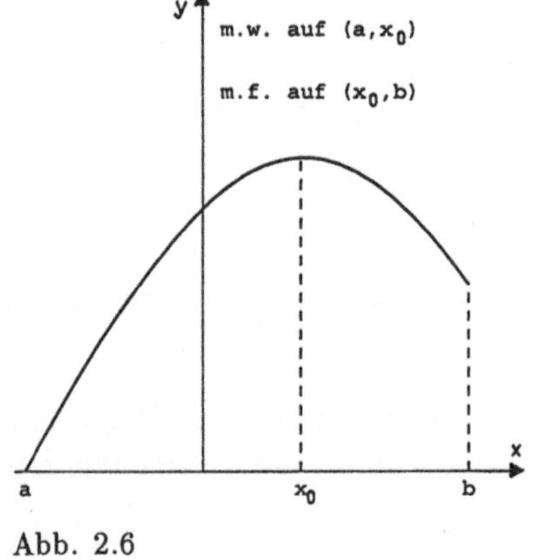

Abb. 2.6

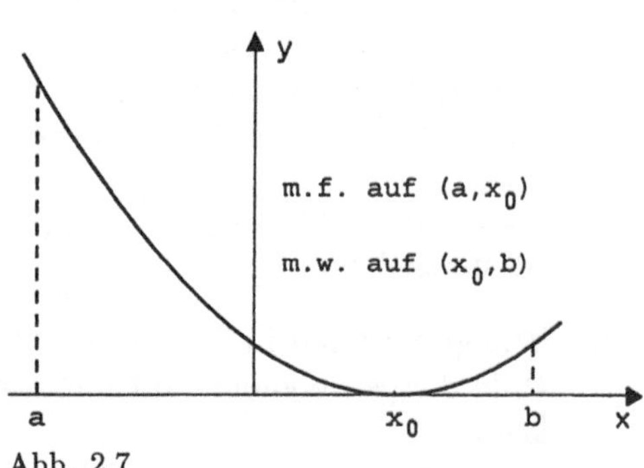

Abb. 2.7

Konvexität

Ist f auf $[a, b] \subseteq \mathbb{R}$ stetig differenzierbar und auf (a, b) zweimal differenzierbar, dann gilt:

> f ist konvex auf (a, b) $\iff$ $f''(x) \geq 0$ für jedes $x \in (a, b)$
> (Abb. 2.7)
> f ist konkav auf (a, b) $\iff$ $f''(x) \leq 0$ für jedes $x \in (a, b)$
> (Abb. 2.6)

Globale Extrema

Es sei f auf $[a, b] \subseteq R$ definiert, $x_0 \in [a, b]$, dann ist

> x_0 globale Maximumstelle, wenn $f(x) \leq f(x_0)$ für jedes $x \in [a, b]$;
> x_0 globale Minimumstelle, wenn $f(x) \geq f(x_0)$ für jedes $x \in [a, b]$.

Lokale Extrema und Horizontalwendepunkte

Es sei f auf $[a, b] \subseteq R$ definiert und auf $U(x_0)$ k-mal stetig differenzierbar, $x_0 \in (a, b)$.

> Notwendige Bedingung:
>
> $f'(x_0) = 0$; x_0 heißt stationäre Stelle.
>
> Hinreichende Bedingung:
>
> $f'(x_0) = f''(x_0) = ... = f^{(k-1)}(x_0) = 0$, aber $f^{(k)}(x_0) \neq 0$;
>
> $$\text{für } k = \begin{cases} 2n \quad (n \geq 1) & \text{ist } x_0 \text{ lokale Extremstelle} \\ 2n+1 \quad (n \geq 1) & \text{ist } (x_0, y_0) \text{ Horizontalwendepunkt .} \end{cases}$$
>
> Art des Extremums :
>
> $$f^{(k)}(x_0) \begin{cases} > 0 , & \text{so ist } x_0 \text{ lokale Minimumstelle} \\ < 0 , & \text{so ist } x_0 \text{ lokale Maximumstelle .} \end{cases}$$

Hinweis: Ist f an der Stelle x_0 nicht differenzierbar   bzw. die Berech-
                      nung der 2.Ableitung aufwendig , so ist folgende Extremwert-
                      untersuchung möglich:

$f'_+(x_0)$ für $x > x_0$	$f'_-(x_0)$ für $x < x_0$	
< 0	> 0	Maximum
> 0	< 0	Minimum
$> 0 \; (< 0)$	$> 0 \; (< 0)$	kein Extremum

Wendepunkte

Es sei f auf $[a, b] \subseteq R$ definiert und auf $U(x_0)$ k-mal stetig differenzierbar, $x_0 \in (a, b)$.

> Notwendige Bedingung: $f''(x_0) = 0$.
> Hinreichende Bedingung:
> $f''(x_0) = ... = f^{(k-1)}(x_0) = 0$, aber $f^{(k)} \neq 0$ mit $k = 2n+1$ $(n \geq 1)$
> $\implies$ (x_0, y_0) ist Wendepunkt.

Regeln von Bernoulli-de l'Hospital

Es seien g und h auf $U(x_0)$ differenzierbar, und es seien

$$\lim_{x \to x_0} g(x) = 0 \text{ und } \lim_{x \to x_0} h(x) = 0 \text{ bzw.}$$

$$\lim_{x \to x_0} g(x) = \pm\infty \text{ und } \lim_{x \to x_0} h(x) = \pm\infty \ .$$

Ist außerdem $\dfrac{g'(x)}{h'(x)}$ für $x \to x_0$ konvergent bzw. bestimmt divergent, so gilt:

$a := \lim\limits_{x \to x_0} \dfrac{g(x)}{h(x)}$	$"\dfrac{0}{0}"$ oder $"\dfrac{\infty}{\infty}"$	$a = \lim\limits_{x \to \infty} \dfrac{g'(x)}{h'(x)}$	(1)
$a := \lim\limits_{x \to x_0} [g(x) \cdot h(x)]$	$" \ 0 \cdot \infty \ "$ Rückführung auf (1)	$a = \begin{cases} \lim\limits_{x \to x_0} \dfrac{g'(x)}{\left(\frac{1}{h(x)}\right)'} \\ \lim\limits_{x \to x_0} \dfrac{h'(x)}{\left(\frac{1}{g(x)}\right)'} \end{cases}$	(2)
$a := \lim\limits_{x \to x_0} [g(x) - h(x)]$	$"\infty - \infty"$ Rückführung auf (1)	$a = \lim\limits_{x \to x_0} \dfrac{\frac{1}{h(x)} - \frac{1}{g(x)}}{\frac{1}{h(x)g(x)}}$	(3)
$a := \lim\limits_{x \to x_0} [g(x)]^{h(x)}$ $g(x) > 0$	$"0^0"$, $"\infty^0"$, $"1^\infty"$ Rückführung auf (3) $\to$ (1)	$\ln a = \lim\limits_{x \to x_0} [h(x) \cdot \ln g(x)]$ $a = e^{\ln a}$	(4)

Fragen 2.3

21. Wie kann man mit Hilfe der Ableitung nachprüfen, ob eine Funktion $y = f(x)$ auf einem Intervall $[x_0, x_1]$ monoton wachsend ist?

22. Welche Eigenschaft hat eine Funktion f, wenn auf dem Intervall (a, b) $f''(x) \geq 0$ gilt?

23. Wie nennt man die Punkte, in denen der Graph einer Funktion sein Konvexitätsverhalten ändert?
    Wie kann man diese berechnen?

24. a)   Welche Lage nimmt eine Tangente an einer stationären Stelle ein?

     b)   Wie kann man die stationären Stellen einer Funktion berechnen?

     c)   Welche markanten Punkte eines Graphen können an einer stationären Stelle einer Funktion auftreten?

25. Welcher Unterschied besteht zwischen einem lokalen und einem globalen Maximum auf einem Intervall $[a, b]$?

26. Welche Stellen eines Intervalls $[a, b]$ sind potentielle Extremstellen?

27. Gegeben ist folgende Skizze:

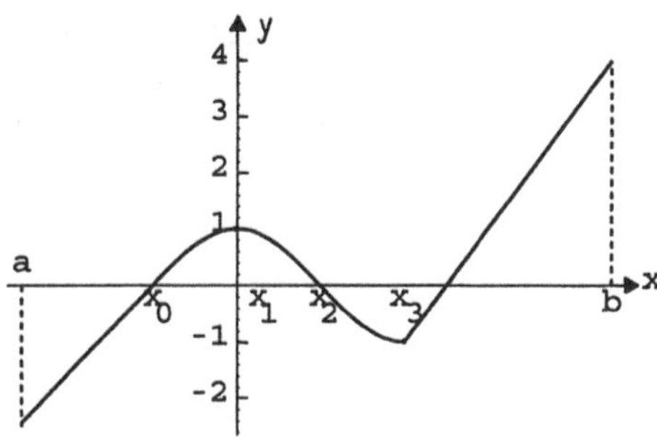

Abb. 2.8

Welche charakteristischen Punkte liegen an den angegebenen Stellen vor?

28. Welches Monotonie- und Konvexitätsverhalten zeigt die Funktion f, die in Abb. 2.8 graphisch dargestellt wurde?

29. Was läßt sich über die Existenz von Extremum und Wendepunkt für die Funktion $y = x^n$, $n \in \mathbb{N}$ aussagen?

30. a)   Welche unbestimmten Ausdrücke gibt es?
     b)   Wie kann man ihre Grenzwerte berechnen?
         Was ist dabei zu beachten?

Aufgaben zu 2.3

43. Man berechne folgende Grenzwerte:

a) $\lim\limits_{x \to 0} \dfrac{\sin^2(a + x) - \sin^2 a}{(a + x)^2 - a^2}$, a konstant ;

b) $\displaystyle\lim_{x\to 0}\frac{\ln\cos 2x}{\ln\cos 3x}$;

c) $\displaystyle\lim_{x\to\infty}\frac{\ln(2+3e^{ax})+e^{a}}{5+7x}$;

d) $\displaystyle\lim_{x\to\infty}\frac{\cosh^2 x}{\sinh x+\cosh 2x}$;

e) $\displaystyle\lim_{x\to a+}\left[(a-x)\ln\frac{x^2-a^2}{x+a}\right]$;

f) $\displaystyle\lim_{x\to\infty} 2^x\tan\frac{a}{2^x}$;

g) $\displaystyle\lim_{x\to 1}\left(\frac{x\ln x-1}{\ln x}-\frac{x-2}{x-1}\right)$;

h) $\displaystyle\lim_{x\to 0}\left(\frac{1}{\sin^2 x}-\frac{1}{x^2}\right)$;

i) $\displaystyle\lim_{x\to 0+}\left(\frac{1}{\sin x}\right)^{\frac{1}{\ln x}}$;

j) $\displaystyle\lim_{x\to 1} x^{\frac{1}{x-1}}$;

k) $\displaystyle\lim_{x\to\infty}\left(1+\frac{c}{x}\right)^x$, c konstant ;

l) $\displaystyle\lim_{x\to c}\left[\left(2-\frac{x}{c}\right)^{\frac{1}{\cos\frac{\pi x}{2c}}}\right]$, c konstant ;

m) $\displaystyle\lim_{x\to\infty}\left(\frac{\pi}{2}-\arctan x\right)^{\frac{1}{\ln x}}$;

n) $\displaystyle\lim_{x\to 0+0}\left(\arcsin x\right)^{\tan x}$.

44. Von der Funktion $y=-\dfrac{x^2+x-6}{(x-1)^2}$ bestimme man Nullstellen, Polstellen, die Gleichung der Asymptote sowie die Schnittpunkte zwischen Funktion und Asymptote.
Außerdem berechne man die lokalen Extrema, die Wendepunkte und die Gleichung der Wendetangente. Der Graph der Funktion ist zu skizzieren.

45. Man ermittle die lokalen Extrema und die Wendepunkte der Funktion $y=2x-5\arctan 2x$.

46. Für die Funktion $y=(x^2-3)e^{-x}$ berechne man Nullstellen, lokale Extrema und das Verhalten der Funktion für $x\to\pm\infty$.
Für das Intervall $[-3,5]$ ist eine Skizze anzufertigen.

47. Gegeben ist die Funktion $y=e^x(b-e^x)$ mit $b>0$. Man berechne Nullstellen, lokale Extrema, Wendepunkte sowie den Anstieg der Wendetangente.
Wie verhält sich die Funktion für $x\to\pm\infty$?
Für $b=2$ ist der Graph zu skizzieren.

48. Man untersuche die Funktion $y=xe^{ax}$, $a\in\mathbb{R}$, auf lokale Extremwerte.
(Fallunterscheidung für a !)

49. Gegeben ist die Funktion $y = \dfrac{\ln(ax) + 1}{x}$ mit $a \neq 0$. Man bestimme den
Definitionsbereich der Funktion und untersuche die Funktion auf Nullstellen, lokale Extrema und Wendepunkte.
Welches Verhalten zeigt die Funktion für $x \to 0$ und für $x \to \pm\infty$?

50. Für die Funktion $y = f(x) = x + \sqrt{-4x}$ bestimme man Definitionsbereich, Nullstellen, Extrempunkte und Wendepunkte. Man berechne $\lim\limits_{x \to -\infty} f(x)$ und skizziere den Graph der Funktion.

51. Man bestimme die lokalen und globalen Extrema von
$$y = f(x) = \arcsin\left|\frac{2x}{x^2 + 2}\right| .$$

52. Gegeben ist die Funktion $y = f(x) = \sqrt{2(x^2 - x^4)}$.
Man berechne den Definitionsbereich, die Nullstellen und die Extrema. Der Graph der Funktion ist zu skizzieren.

53. Man diskutiere die Funktion $y = f(x) = \mathrm{e}^{\arctan x^2}$.
Man bestimme den Definitionsbereich und den Wertebereich der Funktion und untersuche sie auf Nullstellen, Asymptoten, Extrema, Wendepunkte, Monotonieverhalten und Konvexität. (Skizze).

54. Man bestimme $x_0 \in [0, 1]$ so, daß die Tangente an den Graph der Funktion $f(x) = (x - 1)^2$ im Punkt $P(x_0, y_0)$ vom 1.Quadranten $(x > 0, y > 0)$ ein Dreieck mit maximalem Flächeninhalt abschneidet.
Wie groß ist der Flächeninhalt?

55. Zur wirtschaftlichen und industriellen Erschließung eines bestimmten Gebietes wird ein Kanalbau geplant. Der Verlauf dieses Kanals kann durch die Gerade $2x - y - 11 = 0$ beschrieben werden.
Ein in der Nähe befindlicher Fluß kann für das in Frage kommende Gebiet durch die Parabel $y = x^2$ annähernd beschrieben werden.
Zwischen Fluß und Kanal soll ein geradliniger Verbindungskanal kürzester Länge angelegt werden.

a)   Man fertige eine Skizze an.

b)   Man berechne die Koordinaten der Einmündungen des Verbindungskanals in Fluß und Kanal.

56. Ein Tunnel von skizzierter Form soll eine Querschnittsfläche von 50 m² haben. Wie sind die Abmessungen x und y zu wählen, wenn der armiert auszubauende Umfang des Querschnitts ein Minimum werden soll?

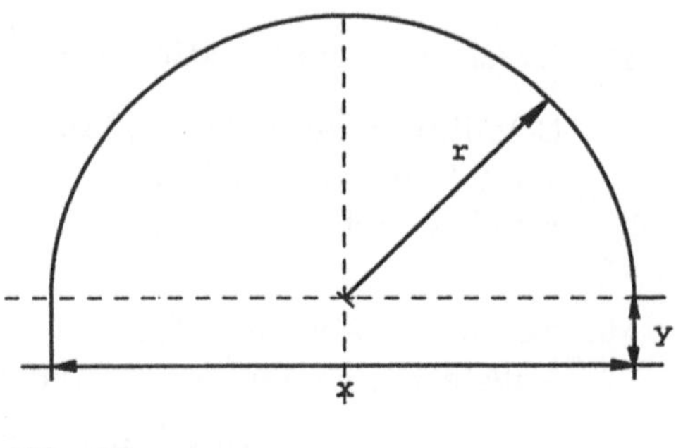

Abb. 2.9

57. Zwei Flugzeuge fliegen in gleicher Höhe mit den Geschwindigkeiten

$|\vec{v_1}| = 850$ km/h in Richtung Nordost,

$|\vec{v_2}| = 500$ km/h in Richtung Ost.

Zur Zeit t_0 befindet sich Flugzeug A im Punkt $(0;0)$ und Flugzeug B im Punkt $(0;200)$.

Welches ist die kürzeste Entfernung e zwischen den beiden Flugzeugen und zu welchem Zeitpunkt t_e wird sie erreicht ?

(Die Koordinaten von $\vec{v_1}$ runde man auf volle Hundert.)

58. Gegeben ist der skizzierte Kurbeltrieb:

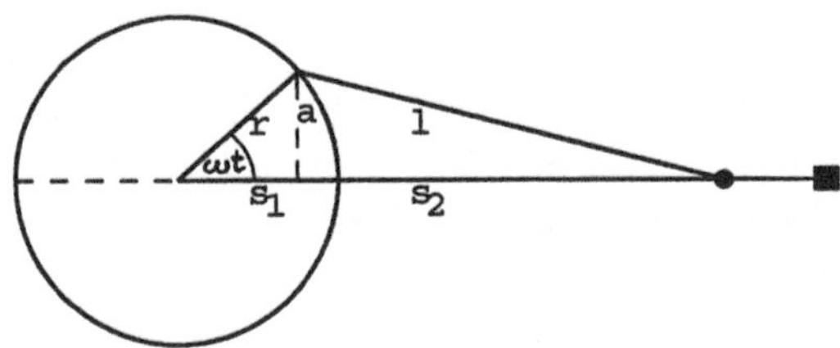

Abb. 2.10

Um die mechanischen Belastungen von Pleuel- und Kolbenstangen zu ermitteln, benötigt man u.a. die maximale Kolbenbeschleunigung b.

Aus der Skizze erhält man mit $l = 5r$ (r konstant) für den Weg s die Beziehung:

$$s = s_1 + s_2 = (0,2 \cos \omega t + \sqrt{1 - 0,04 \sin^2 \omega t})l \,.$$

Zur Berechnung der Beschleunigung b approximiere man $\sqrt{1 - 0,04 \sin^2 \omega t}$ durch das Taylor-Polynom 1.Grades in $\sin^2 \omega t$.

Antworten zu 2

1. Ist $f(x)$ in $x = x_0$ stetig und existieren linksseitiger und rechtsseitiger Grenzwert des Differenzenquotienten

$$\lim_{\triangle x \to 0^-} \frac{f(x_0 + \triangle x) - f(x_0)}{\triangle x} \quad \text{und} \quad \lim_{\triangle x \to 0^+} \frac{f(x_0 + \triangle x) - f(x_0)}{\triangle x}$$

und sind beide gleich, so ist die Funktion $f(x)$ an der Stelle x_0 differenzierbar. Sind diese Bedingungen für jede Stelle $x_i \in (a, b)$ erfüllt, so ist f differenzierbar auf dem Intervall (a, b). Den Grenzwert des Differenzenquotienten

$$\lim_{\triangle x \to 0} \frac{f(x_0 + \triangle x) - f(x_0)}{\triangle x} = \frac{dy}{dx}\bigg|_{x=x_0}$$

nennt man Differentialquotient an der Stelle x_0 .

2. Differenzenquotient $\dfrac{\triangle y}{\triangle x}$:
Anstieg der Sekante in
$x_0 < x < x_0 + \triangle x$;

Differentialquotient $\dfrac{dy}{dx}\bigg|_{x=x_0}$:
Anstieg der Tangente in $x = x_0$.

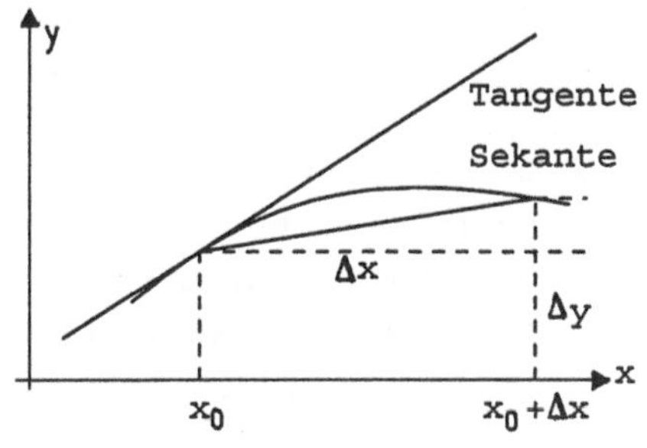

Abb. 2.11

3. Gleichung der Tangente: $y - f(x_0) = f'(x_0)(x - x_0)$.

4. Die Stetigkeit einer Funktion $f(x)$ an einer Stelle x_0 ist eine notwendige aber nicht hinreichende Bedingung für die Differenzierbarkeit von $f(x)$ an der Stelle x_0, d.h.:
Ist $f(x)$ an der Stelle x_0 differenzierbar, so ist sie dort auch stetig; die Umkehrung gilt nicht. Ist $f(x)$ jedoch an der Stelle x_0 nicht stetig, so ist sie dort auch nicht differenzierbar.

5. Eine Funktion $f(x)$ ist an einer Knickstelle stetig aber nicht differenzierbar. Es existieren der rechtsseitige und der linksseitige Grenzwert des Differenzenquotienten für $\triangle x \to \pm 0$. Sie sind jedoch nicht gleich. Die

Funktion ist rechtsseitig bzw. linksseitig differenzierbar. Sie besitzt in x_0 zwei Tangenten. (Siehe Beispiel in Abb.2.12 $y = |\sin x|$.)

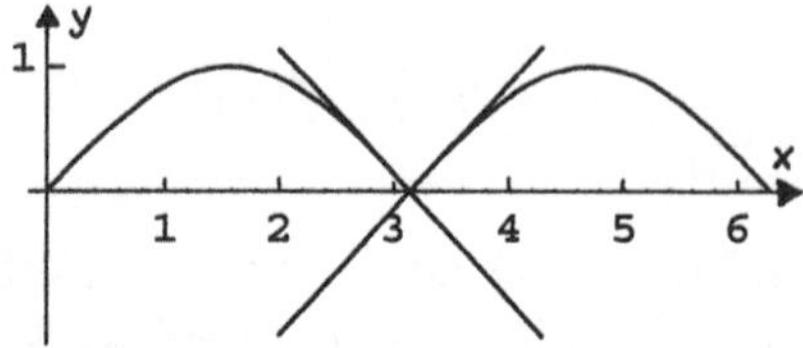

Abb. 2.12

6. $y = f(x) = 2x - 1$.

7. In (a, b) unterscheiden sich die beiden Funktionen nur durch eine Konstante: $f(x) = g(x) + c$.

8. a)   Produktregel: $(uvw)' = u'vw + v'uw + w'uv$;

b)   Kettenregel: $[f(g(\varphi(x)))]' = f'(g(\varphi(x)))\, g'(\varphi(x))\, \varphi'(x)$.

9. Es gibt Funktionen, die man leichter differenzieren kann, wenn man sie vorher logarithmiert. Das beruht auf den Logarithmengesetzen, durch die höhere Rechnungsarten auf die nächst niedrigeren zurückgeführt werden. Dadurch vereinfacht sich die Anwendung der Differentiationsregeln .

a)   Auf $f(x)$ *kann* das Verfahren der logarithmischen Differentiation angewendet werden: $\ln f(x) = \ln u(x) + \ln v(x) + \ln w(x)$,

$$f'(x) = \left(\frac{u'(x)}{u(x)} + \frac{v'(x)}{v(x)} + \frac{w'(x)}{w(x)}\right) f(x).$$

b)   Auf $f(x)$ *muß* das Verfahren der logarithmischen Differentiation angewendet werden:
$\ln f(x) = x \ln u(x)$,

$$f'(x) = \left[\ln u(x) + \frac{x\, u'(x)}{u(x)}\right] f(x).$$

10. a) $y' = a[f(x)]^{a-1} f'(x)$;

b) $y' = a[f(g(x))]^{a-1} f'(g(x)) g'(x)$;

c) $y' = a^{g(x)} g'(x) \ln a$;

d) $y' = a^{f(g(x))} \cdot f'(g(x)) \cdot g'(x) \ln a$;

e) $\ln y = g(x)\ln f(h(x))$;

$$y' = \left(g'(x)\ln f(h(x)) + \frac{g(x)\cdot f'(h(x))\cdot h'(x)}{f(h(x))}\right)\left[f(h(x))\right]^{g(x)} .$$

11. f muß auf $[a,b]$ stetig und auf (a,b) differenzierbar sein.

12. In einem abgeschlossenen Intervall $[a,b]$ gibt es mindestens eine Stelle $\xi \in (a,b)$, an der die Tangente parallel zur Sekante zwischen $P_0(a,f(a))$ und $P_1(b,f(b))$ ist.

Gilt zusätzlich $f(a) = f(b)$, so sind Tangente und Sekante parallel zur x-Achse (Satz von Rolle).

13. $\dfrac{s(t_1) - s(t_0)}{t_1 - t_0} = \dot{s}\,(t_m)$.

In $t_0 \leq t \leq t_1$ gibt es mindestens eine Stelle $t_m \in (t_0, t_1)$, an der die Momentangeschwindigkeit $\dot{s}\,(t_m)$ mit der Durchschnittsgeschwindigkeit übereinstimmt.

14. a) f_1 ist in $x_0 = 0$ nicht differenzierbar (Knickstelle).

     b) f_2 ist in $x_0 = 0$ nicht stetig und damit auch nicht differenzierbar.

     c) f_3 ist in $[-1,0]$ nicht definiert.

15. f muß an der Entwicklungsstelle x_0 (n+1)mal differenzierbar sein.

16. Nur für ganze rationale Funktionen gilt: $f(x) = T_n(x, x_0)$.

17.

$$f(x) = \sum_{k=0}^{n} \frac{f^{(k)}(0)}{k!} x^k + R_n \; ; \; R_n = \frac{f^{(n+1)}(\vartheta x)}{(n+1)!}\, x^{n+1} , \; 0 < \vartheta < 1 .$$

18.

$$f(x) = e^{2x} = \sum_{k=0}^{n} \frac{2^k\, x^k}{k!} + \frac{2^{n+1}e^{2\vartheta x}}{(n+1)!}\, x^{n+1} , \; 0 < \vartheta < 1 .$$

19. Für die Abweichung gilt: $|f(x) - T_n(x, x_0)| = |R_n(x, x_0)|$. Da $R_n(x, x_0)$ von $x_0 + \vartheta h$ abhängt und die Ungleichung $x_0 < x_0 + \vartheta h < x$ mit $h = x - x_0$ und $0 < \vartheta < 1$ erfüllt, wird das Restglied nach oben abgeschätzt.

20. Bei vorgegebenem x_0 ist in der Restgliedabschätzung die Ordnung n so zu wählen, daß die gewünschte Genauigkeit erreicht wird.

21. Man weist nach, daß $f'(x) \geq 0$ für jedes $x \in (a, b)$ gilt. Ist $f'(x) > 0$ für jedes $x \in (a, b)$, so ist f streng monoton wachsend.

22. Die Funktion $y = f(x)$ ist auf (a, b) konvex.
Gilt für jedes $x \in (a, b)$ $f''(x) > 0$, so ist f auf (a, b) streng konvex.

23. Punkte, in denen der Graph sein Konvexitätsverhalten ändert, nennt man Wendepunkte.
Die Lösungen x_i (i=1,2,...,n) der Gleichung $f''(x) = 0$ sind mögliche Wendestellen.
Ist $f'''(x_i) \neq 0$, so liegt ein Wendepunkt vor.
Ist $f'''(x_i) = 0$, so müssen Ableitungen höherer Ordnung gebildet werden. Ist die erste nicht verschwindende Ableitung in x_i von ungerader Ordnung, so ist (x_i, y_i) Wendepunkt.

24. a) Die Tangente verläuft parallel zur x-Achse.
b) Stationäre Stellen erhält man als Lösungen der Gleichung $f'(x) = 0$.
c) An einer stationären Stelle kann ein lokales Maximum, ein lokales Minimum oder ein Horizontalwendepunkt auftreten.

25. Ein globales Maximum ist der größte Funktionswert für die Funktion f im Intervall $[a, b]$.
Ein lokales Maximum in x_0 ist der größte Funktionswert, der in einer Umgebung von x_0 , die als Teilmenge eines Intervalls aufgefaßt wird, auftritt.

26. Potentielle Extremstellen sind:
- die Intervallgrenzen von $[a, b]$;
- die Stellen auf (a, b) , an denen f nicht differenzierbar ist;
- die stationären Stellen: $f'(x_i) = 0$ $(i = 1, 2, ..., n)$.

27. a : Randpunkt, lokales Minimum;
x_0 : Nullstelle;
x_1 : stationäre Stelle, lokales Maximum;
x_2 : Nullstelle, Wendepunkt;
x_3 : f ist in x_3 nicht differenzierbar, globales Minimum;
b : globales Maximum .

28. f ist auf (a, x_1) und auf (x_3, b) streng monoton wachsend, auf (x_1, x_3) streng monoton fallend.
f ist auf (a, x_2) konkav und auf (x_2, b) konvex.

29. Ist $n \in N$ eine gerade Zahl, so besitzt $y = x^n$ an der Stelle $x_0 = 0$ ein lokales Minimum, ist n ungerade einen Horizontalwendepunkt.

30. a) $\quad \left[\frac{0}{0}\right] , \left[\frac{\infty}{\infty}\right]$ (1); $\quad [0 \cdot \infty] , [\infty - \infty]$ (2); $\quad [0^0] , [\infty^0] , [1^\infty]$ (3) .

b) Die Grenzwerte berechnet man, indem man im Fall

(1) Zähler und Nenner differenziert: $\lim\limits_{x \to x_0} \frac{f_1(x)}{f_2(x)} = \lim\limits_{x \to x_0} \frac{f_1'(x)}{f_2'(x)}$,

(2) die unbestimmten Ausdrücke durch elementare Umformungen auf den Fall (1) zurückführt,

(3) durch Anwendung der Logarithmengesetze die unbestimmten Ausdrücke auf den Fall (2) und anschließend auf den Fall (3) zurückführt.

Man beachte: Die L'Hospitalsche Regel ist auf $\lim\limits_{x \to x_0} \frac{f_1(x)}{f_2(x)}$ nur anzuwenden, wenn $f_1(x_0) = f_2(x_0) = 0$ bzw. $f_1(x_0) \longrightarrow \pm\infty$ und $f_2(x_0) \longrightarrow \pm\infty$.

Lösungen zu 2

1. $f(x) = |\cos x|$. $x_i = \frac{\pi}{2} \pm \frac{k\pi}{2}$ mit $k = 1, ..., n$:
Knickstelle $\Longrightarrow f$ stetig, aber nicht differenzierbar.

2. Stetigkeit in

$$x_0 = -2 : \quad \lim_{x \to -2-0} 1 = 1 , \quad \lim_{x \to -2+0} 2e^{-x} = 2e^2 \Longrightarrow f \text{ nicht stetig;}$$

$$x_1 = 0 : \quad \lim_{x \to 0-0} 2e^{-x} = \lim_{x \to 0+0} (x^2 - 2x + 2) = f(0) = 2$$
$$\Longrightarrow f \text{ stetig;}$$

$$x_2 = 1 : \quad \lim_{x \to 1-0} (x^2 - 2x + 2) = \lim_{x \to 1+0} (x^2 + 2x - 2) = f(1) = 1$$
$$\Longrightarrow f \text{ stetig.}$$

Differenzierbarkeit in

$$x_0 = -2 : \quad f \text{ nicht differenzierbar;}$$

$$x_1 = 0 : \quad \lim_{\Delta x \to 0-0} \frac{2e^{-\Delta x} - 2}{\Delta x} = \lim_{\Delta x \to 0+0} \frac{2e^{\Delta x} - 2}{-\Delta x} = -2 ,$$

$$\lim_{\Delta x \to 0+0} \frac{(\Delta^2 x - 2\,\Delta x)}{\Delta x} = -2 \Longrightarrow f \text{ differenzierbar;}$$

$$x_2 = 1 : \quad f \text{ nicht differenzierbar.}$$

(Abb. 2.13)

3. Rechtsseitige Ableitung: $f'_+(x) = \frac{1}{3}x^{-\frac{2}{3}}$, $f'_+(0) = \infty$,

linksseitige Ableitung: $f'_-(0) = \infty$

$\Longrightarrow f$ besitzt in $x_0 = 0$ eine uneigentliche Ableitung.

4. Aus der Stetigkeitsuntersuchung folgt $a = \frac{9}{2}$.
Für $a = \frac{9}{2}$ ist f in $x_0 = 3$ auch differenzierbar.

5. a) $x_0 = 0 : f$ ist weder stetig noch differenzierbar in x_0 ($f(0)$ ist nicht definiert) .

b)   Stetigkeit in $x_1 = 2$:

$$f(2) = \lim_{x \to 2-0} f(x) = \frac{b}{2} \,, \quad \lim_{x \to 2+0} f(x) = 1 \implies b = 2.$$

Differenzierbarkeit in $x_1 = 2 : f'_+(2) = a \,, \quad f'_-(2) = -\frac{1}{2}$

$\implies a = -\frac{1}{2}.$

6. <u>1.Fall:</u> $y = \ln x$ für $0 < x \leq 1$, also $y - b = (x - a)^2$ rechtsanschließend.
Stetigkeit in $x_0 = 1$:
$f(1) = 0 \,, \; \lim\limits_{x \to 1-0} \ln x = 0 \,, \quad \lim\limits_{x \to 1+0} \left((x-a)^2 + b\right) = a^2 - 2a + b - 1 = 0$.
Differenzierbarkeit in $x_0 = 1$:
$f'_-(1) = 1 \,, \; f'_+(1) = 2(1-a) \Longrightarrow a = \frac{1}{2}$, eingesetzt in $a^2 - 2a + b - 1 = 0$
liefert $b = -\frac{1}{4}$, d.h.

$$f(x) = \begin{cases} \ln x & \text{für } 0 < x \leq 1 \\ (x - \frac{1}{2})^2 - \frac{1}{4} & \text{für } x > 1 \end{cases}$$

ist stetig und differenzierbar in $x_0 = 1$.

<u>2.Fall:</u> $y = \ln x$ für $x \geq 1$, also $y - b = (x - a)^2$ linksanschließend, ist analog.

7. Stetigkeit in $x_0 = -\frac{\pi}{2}$:

$$\left.\begin{array}{l} f(-\frac{\pi}{2}) = 2 \,, \quad \lim\limits_{x \to -\frac{\pi}{2}-0} (-2\sin x) = 2 \\[2mm] \lim\limits_{x \to -\frac{\pi}{2}+0} (a\sin x + b) = -a + b \end{array}\right\} \implies b - a = 2 \,;$$

Stetigkeit in $x_1 = \frac{\pi}{2}$:

$$\left.\begin{array}{l} f(\tfrac{\pi}{2}) = 0\,, \quad \lim\limits_{x \to \frac{\pi}{2}-0}(a \sin x + b) = a + b \\[2mm] \lim\limits_{x \to \frac{\pi}{2}+0} \cos x = 0 \end{array}\right\} \Longrightarrow a + b = 0\,.$$

Aus $b - a = 2$ und $a + b = 0$ folgt $a = -1$, $b = 1$.

Differenzierbarkeit für $a = -1$ und $b = 1$ in

$x_0 = -\frac{\pi}{2}:$ $\quad f'_-(-\frac{\pi}{2}) = -2\cos(-\frac{\pi}{2}) = 0$, $\ f'_+(-\frac{\pi}{2}) = -\cos(-\frac{\pi}{2}) = 0$

$\qquad\qquad \Longrightarrow f$ differenzierbar;

$x_0 = \frac{\pi}{2}:$ $\quad f'_-(\frac{\pi}{2}) = -\cos\frac{\pi}{2} = 0$, $\ f'_+(\frac{\pi}{2}) = -\sin(\frac{\pi}{2}) = -1$

$\qquad\qquad \Longrightarrow f$ nicht differenzierbar. $\hfill$ (Abb. 2.14)

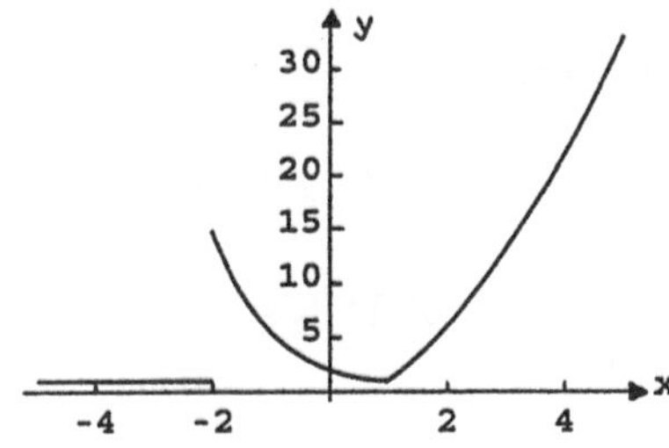

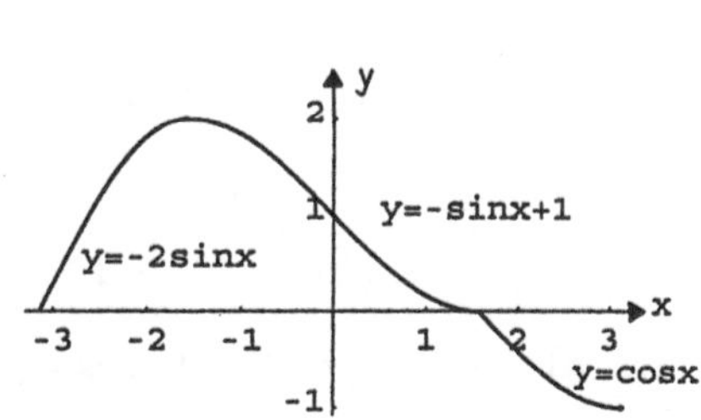

Abb. 2.13 $\hspace{6cm}$ Abb. 2.14

8. a) $\quad y' = -\frac{1}{x^3}$; $\hspace{4cm}$ b) $\quad y' = \frac{15}{4}x^2\sqrt[4]{x^3}$;

c) $\quad y' = -4x^{-2} + x(1 + 2\ln x)$; d) $\quad y' = a^x x^{a-1}(x \ln a + a)$;

e) $\quad y' = \arctan\dfrac{x}{a} + \dfrac{ax}{a^2 + x^2}$; f) $\quad y' = 3x\,\mathrm{e}^{-x}(2\ln x - x\ln x + 1)$;

g) $\quad y' = -\dfrac{a}{\sqrt{x}(a + \sqrt{x})^2}$; $\hspace{1cm}$ h) $\quad y' = -\dfrac{\arccos x + \arcsin x}{\sqrt{1 - x^2}\,(\arcsin x)^2}$;

i) $\quad y' = \dfrac{1 + x + \ln x}{(1 + x)^2}$;

j) $\quad y' = \dfrac{x^2(\cosh^2 x - \sinh^2 x)}{(x\cosh x - \sinh x)^2} = \dfrac{x^2}{(x\cosh x - \sinh x)^2}$;

k) $\quad y' = -6x^2\sin(2x^3)$; $\hspace{2cm}$ l) $\quad y' = \dfrac{2x + 3}{\sqrt[4]{(4x^2 + 12x + 7)^3}}$;

m) $\quad y' = (\pi x^2 + \ln a)\cosh(\tfrac{\pi}{3}x^3 + x\ln a)$;

n) $y' = -\dfrac{\sin\sqrt{x}}{2\sqrt{x}}\,\mathrm{e}^{\cos\sqrt{x}}$;

o) $y' = -a\sin(2ax) - 2a^2 x\sin(ax)^2$;

p) $y' = \dfrac{x^2 + 2}{(x^3 + 6x + 4)\ln a}$;   q) $y' = \dfrac{1}{x\sqrt{a^2 - x^2}}$;

r) $y' = \dfrac{1}{\sqrt{a}} \cdot \dfrac{1}{\sqrt{\frac{(ax+b)^2}{b^2-ac} + 1}} \cdot \dfrac{a}{\sqrt{b^2 - ac}} = \dfrac{1}{\sqrt{ax^2 + 2bx + c}}$;

s) $y' = \dfrac{1}{1 + \frac{(ex-1)^2}{x^2}} \cdot \dfrac{ex - (ex - 1)}{x^2} = \dfrac{1}{x^2 + (ex - 1)^2}$;

t) $y = f(x) = \mathrm{e}^{\ln\cosh^2(ax)} = \cosh^2(ax)$, $y' = a\sinh(2ax)$.

9. a) $y = \mathrm{e}^{\ln(1-\sin^2 x)} = 1 - \sin^2 x = \cos^2 x$, $y' = -\sin 2x$, $y'(\frac{\pi}{4}) = -1$;

  b) $y = x\,\mathrm{artanh}\,x + \frac{1}{2}\ln(1 - x^2)$ mit $|x| < 1$,

$$y' = \mathrm{artanh}\,x + \frac{x}{1 - x^2} + \frac{-2x}{2(1 - x^2)} = \mathrm{artanh}\,x , \quad y'(0) = 0 ;$$

  c) $y' = \dfrac{1}{\sqrt{x} + \sqrt{x^2 + 1}}\left(\dfrac{1}{2\sqrt{x}} + \dfrac{x}{\sqrt{x^2 + 1}}\right)$, $y'(1) = \frac{1}{2}$.

10. a) $\ln y = (x^2 + 4)\ln\cos x$,

$$\frac{y'}{y} = 2x\ln\cos x - \frac{(x^2 + 4)\sin x}{\cos x} , \text{ multipliziert mit } y = (\cos x)^{x^2+4}$$

ergibt: $y' = [2x\ln\cos x - (x^2 + 4)\tan x](\cos x)^{x^2+4}$;

  b) $\ln y = a\ln x + x\ln a + \ln x \cdot \ln x$, $y' = (a + x\ln a + 2\ln x)x^{a-1}a^x x^{\ln x}$;

  c) $\ln y = \frac{1}{x}\Big[\ln(x - 1) - \ln(x + 1)\Big]$,

$$y' = \left\{-\frac{1}{x^2}\Big(\ln(x - 1) - \ln(x + 1)\Big) + \frac{1}{x}\Big(\frac{1}{x - 1} - \frac{1}{x + 1}\Big)\right\}\left(\frac{x - 1}{x + 1}\right)^{\frac{1}{x}} ,$$

$$y' = \frac{1}{x^2}\left(\ln\frac{x + 1}{x - 1} + \frac{2x}{x^2 - 1}\right)\left(\frac{x - 1}{x + 1}\right)^{\frac{1}{x}} ;$$

  d) $\ln y = 4\ln x\,(\ln a + n\ln x)$, $y' = \left(\frac{4}{x}\ln(ax^n) + \frac{4n\ln x}{x}\right)\left(ax^n\right)^{\ln x^4}$.

11. $y' = \dfrac{1}{2\cos x \cdot \tan\frac{x}{2} \cdot \cos^2\frac{x}{2}} + \dfrac{\sin x \cdot \ln\tan\frac{x}{2}}{\cos^2 x}$,

unter Verwendung von $\tan\alpha = \frac{\sin\alpha}{\cos\alpha}$ und $\sin 2\alpha = 2\sin\alpha\cos\alpha$ folgt:

$$y' = \frac{1}{\sin x \cos x} + \frac{\tan x \ln \tan \frac{x}{2}}{\cos x} \,, \text{ eingesetzt in die Differentialgleichung}$$

ergibt: $0 \equiv 0$.

12. Für $f(x) \equiv c$ gilt: $f'(x) = 0$.

$$f'(x) = \frac{1}{1 + \frac{1-x}{1+x}} \cdot \frac{\sqrt{1+x}}{2\sqrt{1-x}} \cdot \frac{-2}{(1+x)^2} + \frac{1}{2\sqrt{1-x^2}}.$$

Unter Verwendung der Wurzelgesetze und der binomischen Formeln erhält man:

$$f'(x) = -\frac{1}{2\sqrt{1-x^2}} + \frac{1}{2\sqrt{1-x^2}} = 0.$$

13. $f'(x) = \dfrac{-4 \sin x \cos x}{(1+\sin^2 x)^2}$, eingesetzt in $f(x_0) - \frac{1}{2} f'(x_0) = 1$:

$\sin^4 x_0 + \sin^2 x_0 = \sin x_0 \cos x_0$. Mit $z = \sin^2 x_0$ und

$\cos x_0 = \sqrt{1 - \sin^2 x_0} = \sqrt{1-z}$ erhält man:

$z(z^3 + 2z^2 + 2z - 1) = 0 \implies z_1 = 0 \,, \ z_2 = 0,3532$.

$\sin x_0 = \pm\sqrt{z} \implies$

I. $\sin x_0 = 0 \implies x_{01} = 0$ und

II. $\sin x_0 = \pm 0,5943 \implies \left. \begin{array}{l} x_{02} = 0,6364 \pm k\pi \\ x_{03} = 3,778 \pm k\pi \end{array} \right\} k = 1, ..., n$.

14. Koordinaten des Schnittpunktes: $x_s = 3 \,, \ y_s = 0$;

Schnittwinkel: $\tan \alpha = y'(3) \,, \ y' = \dfrac{x-1}{2\sqrt{x}} \,, \ \alpha = \frac{\pi}{6}$;

Gleichung der Tangente: $y = \frac{1}{3}\sqrt{3}x + n \,, \ P_s(3,0)$ eingesetzt: $n = -\sqrt{3}$,

also $y = \frac{1}{3}\sqrt{3}x - \sqrt{3}$.

15. Es gilt: $m = f'(x_0) = 2$.

Aus $f(x) = \ln \tan x$ erhält man: $f'(x_0) = \dfrac{2}{\sin 2x_0} \,, \ \sin 2x_0 = 1$.

Daraus folgt: $x_0 = \frac{\pi}{4} \,, \ y_0 = 0 \,, \ a = -\frac{\pi}{2}$.

Tangentengleichung: $y = 2x - \frac{\pi}{2}$.

16. Bedingung für die Parallelität: $f'(x_0) = h'(x_0)$,

also $2x_0 + 1 = \dfrac{2x_0}{x_0^2 + 1} \implies x_0 = -1 \,, \ f(-1) = 0 \,, \ h(-1) = \ln 2$.

Tangentengleichungen: $y_1 = -x - 1$ an $f(x)$,
$$y_2 = -x + \ln 2 - 1 \text{ für } h(x) \,.$$

17. Es gilt: $m = f'(x_0) = 1$ und $f(x_0) = y(x_0)$.

Aus $f(x_0) = y(x_0) \Longrightarrow a = x_0^3 + \frac{3}{2}x_0^2 + \frac{3}{2}$ (1).

Aus $f'(x_0) = 1 \Longrightarrow x_0(x_0^3 + 3x_0 + 2a) = 0 \Longrightarrow x_0 = 0$

und damit $y_0 = 1,5$ und $a = 1,5$. Das Nullsetzen des 2. Faktors liefert $a = -\frac{1}{2}x_0^3 - \frac{3}{2}x_0$, eingesetzt in (1), ergibt $x_1 = -1$, $y_1 = 0,5$, $a = 2$.

Berührungspunkte: $P_0(0; 1,5)$ für $f_1(x) = \dfrac{x + 1,5}{x^2 + 1}$

$$P_1(-1; 0,5) \text{ für } f_2(x) = \dfrac{x + 2}{x^2 + 1}.$$

18. Ganze rationale Funktion 2. Grades: $y = ax^2 + bx + c$
oder $2p(y - y_0) = (x - x_0)^2$.

Aus $y'(-1) = 0 \Longrightarrow P_0(-1, 1)$ ist der Scheitelpunkt der Parabel.

Aus der Parabelgleichung $y = \dfrac{x^2 + 2x + 1 + 2p}{2p}$ erhält man

$y'(2) = \frac{6}{2p} = 36 \Longrightarrow p = \frac{1}{12}$.

$y = 6x^2 + 12x + 7$.

19. a) $dy = \dfrac{1}{\sqrt{4x^2 - x}}\, dx$;   b) $dy = \dfrac{2\cosh 2x}{1 + \sinh^2 2x}dx = \dfrac{2}{\cosh 2x}\, dx$;

   c) $dy = \dfrac{x^3 + 8}{x(x^3 - 4)}\, dx$;   d) $dy = 3e^{\cosh 3x} \sinh 3x\, dx$.

20. $\triangle y = f(\frac{\pi}{12}) - f(0);$ $dy = 2^{\sin x} \ln 2 \cos x\, dx$;
$|\triangle y - dy| = 0,015$.

21. $V = \frac{4}{3}\pi r^3$, $dV = 4\pi r^2 dr$, $|\triangle V| \approx |dV| \leq 4\pi \cdot 25^2 \cdot 0,1$;
absoluter Fehler: $|\triangle V| \leq 785,40 \text{cm}^3$;
relativer Fehler: $\left|\dfrac{\triangle V}{V}\right| \leq 0,012;$ prozentualer Fehler: 1,2%.

22. $dT = \dfrac{\pi}{\sqrt{980}}\dfrac{1}{\sqrt{l}}\, dl;$ $dl = \dfrac{\sqrt{980l}}{\pi}\, dT;$ $dl = -3,15$ cm.

23. a) $\sqrt[7]{129} \approx y(128) + dy;$ $y = x^{\frac{1}{7}},$ $dy = \frac{1}{7}x^{-\frac{6}{7}}dx,$ $dx = 1$;
   $\sqrt[7]{129} \approx 2,0002$.

   b) $\sqrt[4]{622} \approx y(625) + dy;$ $y = x^{\frac{1}{6}},$ $dy = \frac{1}{6}x^{-\frac{5}{6}}dx,$ $dx = -3$;
   $\sqrt[4]{622} \approx 4,9940$.

c) $\sqrt[5]{242,5} \approx y(243) + \mathrm{d}y$; $y = x^{\frac{1}{5}}$, $\mathrm{d}y = \frac{1}{5}x^{-\frac{4}{5}}\mathrm{d}x$, $\mathrm{d}x = -0,5$;

$\sqrt[5]{242,5} \approx 2,9988$.

24. $y = x^{\frac{1}{6}}$, $\mathrm{d}y = \frac{1}{6}x^{-\frac{5}{6}}\mathrm{d}x \le 10^{-3}$, $\mathrm{d}x = 2$,

$x \ge \sqrt[5]{\frac{10^{18}}{3^6}} = 1065,26$, $a \ge 3,19$, $a_{\min} = 4$.

25. $|\frac{1}{6}x^{-\frac{5}{6}}\mathrm{d}x| \le 10^{-3}$, $|\mathrm{d}x| \le 6 \cdot 10^{-3}x^{\frac{5}{6}}$.

Für $x = 4096$ ist $|\mathrm{d}x| \le 6,14$; für $x = 64$ ist $|\mathrm{d}x| \le 0,014$.

26. Sekantenanstieg: $\dfrac{f(b) - f(a)}{b - a} = \frac{1}{3}(e^{\frac{3}{2}} - 1)$;

Tangentenanstieg: $f'(\xi) = \frac{1}{2}e^{\frac{\xi}{2}}$;

Gleichsetzen: $e^{\frac{\xi}{2}} = \frac{2}{3}(e\sqrt{e} - 1)$; $\xi = 1,6841$.

27.

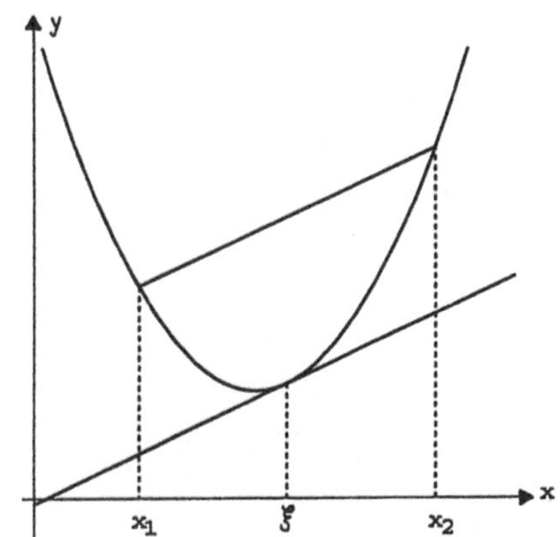

Sekantenanstieg:
$$\frac{a(x_2^2 - x_1^2) + b(x_2 - x_1)}{(x_2 - x_1)};$$

Tangentenanstieg: $2a\xi + b$,

$\xi = \dfrac{x_1 + x_2}{2}$;

Gleichsetzen: $0 = 0$.

Abb. 2.15

28. $f(x_0 + h) = f(x_0) + hf'(x_0 + \vartheta h)$, $0 < \vartheta < 1$;

$f(x) = \sqrt{x}$, $x_0 = 1024$, $h = 1$; $\sqrt{1025} = \sqrt{1024} + \dfrac{1}{2\sqrt{1024 + \vartheta}}$;

$\vartheta = 0$: $\sqrt{1025} \approx 32,0156$.

29. $f(x) = \ln x$, $x_0 = 1$, $h = 0,5$; $\ln 1,5 = \dfrac{0,5}{1 + 0,5\vartheta}$.

Für $\vartheta = 0$: $\ln 1,5 \approx 0,5$; für $\vartheta = 1$: $\ln 1,5 \approx 0,3\overline{3}$;
also gilt: $0,3\overline{3} < \ln 1,5 < 0,5$.

30. $\ln(1 + x) - \ln 1 = \dfrac{x}{1 + \vartheta x}$. Für $x \ge 0$: $\ln(1 + x) = \dfrac{x}{1 + \vartheta x} \le x$, da $1 + \vartheta x \geq 1$; für $x < 0$: $\ln(1+x) < x$, da $0 < 1 + \vartheta x < 1$.

31. $e^{a(x_0+h)+b} - e^{a\,x_0+b} = h\,a\,e^{a(x_0+\vartheta h)+b}$.

Anwendung der Potenzgesetze und Division durch $e^{a\,x_0}e^b$ liefert:

$$e^{a\,\vartheta\,h} = \tfrac{1}{h}(e^{ah} - 1)\,, \quad \vartheta = \frac{1}{ah}\ln\frac{e^{ah}-1}{h}.$$

32. $f(\tfrac{\pi}{6}) = \tfrac{1}{4}\,, \quad f'(\tfrac{\pi}{6}) = \tfrac{1}{2}\sqrt{3}\,, \quad f''(\tfrac{\pi}{6}) = 1\,, \quad f'''(\tfrac{\pi}{6}) = -2\sqrt{3}\,,$

$f^{(4)}(\tfrac{\pi}{6}) = -4\,, \quad f^{(5)}(\tfrac{\pi}{6}) = 8\sqrt{3}\,, \quad f^{(6)}(\tfrac{\pi}{6}) = 16\,;$

$$T_6(x,\tfrac{\pi}{6}) = \tfrac{1}{4} + \tfrac{1}{2}\sqrt{3}\sum_{k=0}^{2}(-1)^k\frac{4^k}{(2k+1)!}(x-\tfrac{\pi}{6})^{2k+1} + \tfrac{1}{2}\sum_{k=0}^{3}\frac{2^{2k-1}}{(2k)!}(x-\tfrac{\pi}{6})^{2k}.$$

33. a) $\quad T_{n1}(x,0) = \displaystyle\sum_{k=0}^{n}\frac{x^k}{k!}$

b) $\quad f_2(x) = \cosh x = \tfrac{1}{2}(e^x + e^{-x})\,, \quad f_3(x) = \tfrac{1}{2}(e^x - e^{-x})$

$$T_{n2}(x,0) = \sum_{k=0}^{\nu_1}\frac{x^{2k}}{(2k)!}\,, \quad T_{n3}(x,0) = \sum_{k=1}^{\nu_2}\frac{x^{2k-1}}{(2k-1)!}\,, \quad \nu_1 + \nu_2 = n$$

34. $(1+x)f(x) = \cosh(x)\,, \qquad\qquad\qquad f(0) = 1\,,$

$f(x) + (1+x)f'(x) = \sinh x\,, \qquad\qquad f'(0) = -1\,,$

$2f'(x) + (1+x)f''(x) = \cosh x\,, \qquad\quad f''(0) = 3\,,$

$3f''(x) + (1+x)f'''(x) = \sinh x\,, \qquad\quad f'''(0) = -9\,;$

eingesetzt: $T_3(x,0) = 1 - x + \tfrac{3}{2!}x^2 - \tfrac{9}{3!}x^3$.

35. Ableitungen bilden wie bei Aufgabe 34.

$T_3(x,0) = 2 - x - \tfrac{1}{2}x^2 + \tfrac{1}{3}x^3$.

36. $T_3(x,\tfrac{\pi}{4}) = 1 - 2(x - \tfrac{\pi}{4}) + \tfrac{4}{2!}(x - \tfrac{\pi}{4})^2 - \tfrac{16}{3!}(x - \tfrac{\pi}{4})^3$;

$f(\tfrac{\pi}{4} + 0,1) \approx 1 - 2 \cdot 0,1 + 2 \cdot 0,1^2 - \tfrac{8}{3} \cdot 0,1^3 = 0,817\overline{3}$.

37. $T_5(x,1) = \tfrac{1}{1!}(x-1) + \tfrac{1}{2!}(x-1)^2 - \tfrac{1}{3!}(x-1)^3 + \tfrac{2}{4!}(x-1)^4 - \tfrac{6}{5!}(x-1)^5$;

$\ln \sqrt[3]{\tfrac{1}{3}} = \tfrac{1}{3}\ln\tfrac{1}{3}$, $x = \tfrac{1}{3}$ und damit:

$\tfrac{1}{3}\ln\tfrac{1}{3} \approx -\tfrac{2}{3} + \tfrac{1}{2} \cdot \tfrac{4}{9} + \tfrac{1}{6} \cdot \tfrac{8}{27} + \tfrac{1}{12} \cdot \tfrac{16}{81} + \tfrac{1}{20} \cdot \tfrac{32}{243}$

$\qquad = -0,3720$.

38. $f(0) = 1$, $f'(0) = 0$, $f''(0) = -2$, $f'''(0) = -4$;

$T_3(x,0) = 1 - x^2 - \frac{4}{3!}x^3$;

$\sqrt[5]{0,8} = (1 - \frac{1}{5})^{\frac{1}{5}} \approx 0,9546\overline{6}$.

39. $\ln\frac{x}{e^{2x}} = \ln x - 2x$, $x > 0$;

$f(x) = T_n(x,1) + R_3 = -2 - (x-1) - \frac{1}{2}(x-1)^2 + \frac{1}{3}(x-1)^3 + R_3$;

$f(1,2) \approx -2,2173$;

$|R_3(x,1)| = \left| -\frac{6h^4}{4!(1+\vartheta h)^4} \right| < \frac{0,2^4}{4} = 0,0004$.

40. Man setze $x = \frac{2h}{s}$.

$\arctan\frac{2h}{s} = \arctan x = x - \frac{1}{3}x^3 + R_3 = \frac{2h}{s} - \frac{1}{3}\left(\frac{2h}{s}\right)^3 + R_3$,

$l \approx s\left(1 + \frac{8\,h^2}{3\,s^2} - \frac{16\,h^4}{3\,s^4}\right) = 153,9200$,

$|R_3| = \left|\frac{24\vartheta x - 24\vartheta^3 x^3}{4!(1+\vartheta^2 x^2)^4}x^4\right| < 0,0003$.

$l = (153,92000 \pm 0,3 \cdot 10^{-3})\mathrm{m}$.

41. $f(x) = e^x$, $x_0 = 0$, $x = \frac{1}{2}$,

$T_n(x,0) = \sum_{k=0}^{n}\frac{x^k}{k!}$; $\quad R_n(x,0) = \frac{e^{\vartheta x}x^{n+1}}{(n+1)!}$, $\quad 0 < \vartheta < 1$,

$R_n(\tfrac{1}{2},0) = \frac{e^{\frac{1}{2}\vartheta}}{(n+1)!\,2^{n+1}} \leq \frac{2}{(n+1)!\,2^{n+1}} \Longrightarrow n \geq 8$.

42. $f(x) = \ln(1+x)$, $x_0 = 0$, $x_1 = 1$,

$|R_n(x,0)| = \left|\frac{(-1)^n x^{n+1}}{(1+\vartheta x)^{n+1}(n+1)}\right|$, $\quad 0 < \vartheta < 1$,

$|R_n(1,0)| = \left|\frac{(-1)^n}{(1+\vartheta)^{n+1}(n+1)}\right| < \frac{1}{n+1} \leq 5 \cdot 10^{-3} \Longrightarrow n \geq 1999$.

43. a) Unbestimmter Ausdruck "$\frac{0}{0}$"; also sofortige Anwendung der Regel von Bernoulli-de l'Hospital nach (1):

$g = \lim_{x \to 0}\frac{2\sin(a+x)\cos(a+x)}{2(a+x)} = \frac{\sin 2a}{2a}$.

b) $"\frac{0}{0}"$; $g = \lim\limits_{x \to 0} \dfrac{-\frac{2\sin 2x}{\cos 2x}}{-\frac{3\sin 3x}{\cos 3x}}$;

mit $\tan\alpha = \frac{\sin\alpha}{\cos\alpha}$ erhält man:

$$g = \frac{2}{3}\lim\limits_{x \to 0} \frac{\tan 2x}{\tan 3x} = \frac{2}{3}\lim\limits_{x \to 0} \frac{2(1 + \tan^2 2x)}{3(1 + \tan^2 3x)} = \frac{4}{9} \; .$$

c)   Unbestimmter Ausdruck $"\frac{\infty}{\infty}"$; also direkte zweimalige Anwendung der l'Hospitalschen Regel nach (1):

$$g = \lim\limits_{x \to \infty} \frac{\frac{3ae^{ax}}{2+3e^{ax}}}{7} = \frac{1}{7}a \; .$$

d) $"\frac{\infty}{\infty}"$; $g = \lim\limits_{x \to \infty} \dfrac{2\sinh x \cosh x}{\cosh x + 2\sinh 2x}$;

mit $\sinh 2\alpha = 2\sinh\alpha\cosh\alpha$ folgt: $g = \lim\limits_{x \to \infty} \dfrac{2\sinh x}{1 + 4\sinh x} = \dfrac{1}{2} \; .$

e)   Unbestimmter Ausdruck $"0 \cdot \infty"$; die Anwendung der l'Hospitalschen Regel erfordert die Darstellung der Funktion als Quotient nach (2); unter Verwendung der 3. binomischen Formel und mit (1) folgt:

$$g = \lim\limits_{x \to a+0} \frac{\ln(x - a)}{(a - x)^{-1}} = -\lim\limits_{x \to a+0}(a - x) = 0 \; .$$

f) $"0 \cdot \infty"$; $g = \lim\limits_{x \to \infty} \dfrac{\tan \frac{a}{2^x}}{2^{-x}}$; mit (1) erhält man:

$$g = \lim\limits_{x \to \infty} \frac{(1 + \tan^2 \frac{a}{2^x})(-a \ln 2 \cdot 2^{-x})}{-2^{-x}\ln 2} = a \; .$$

g)   Unbestimmter Ausdruck $"\infty - \infty"$; durch Bildung des Hauptnenners stellt man die Funktion nach (3) in Form <u>eines</u> Quotienten dar:

$$\begin{aligned} g &= \lim\limits_{x \to 1} \frac{(x \ln x - 1)(x - 1) - (x - 2)\ln x}{(x - 1)\ln x} \\ &= \lim\limits_{x \to 1} \frac{(4x - 2)\ln x + 4x - 5}{\ln x + 2} = -\frac{1}{2} \; . \end{aligned}$$

h) $"\infty - \infty"$; $g = \lim\limits_{x \to 0} \dfrac{x^2 - \sin^2 x}{x^2 \sin^2 x}$; die mehrmalige Anwendung der l'Hospitalschen Regel liefert:

$$g = \lim\limits_{x \to 0} \frac{8\cos 2x}{(24 - 8x^2)\cos 2x - 32x\sin 2x} = \frac{1}{3} \; .$$

i)   Unbestimmter Ausdruck $"\infty^0"$;

nach (4) gilt: $a = \ln g = \lim\limits_{x \to 0+0} \dfrac{1}{\ln x} \cdot \ln \dfrac{1}{\sin x}$ $("0 \cdot \infty")$;

die Anwendung der Logarithmengesetze liefert

$$a = \lim_{x \to 0+0} \frac{-\ln \sin x}{\ln x} \quad \left("\frac{\infty}{\infty}"\right) ,$$

mit (1) wird $a = -1$ und damit $g = e^a = e^{-1}$.

j)   Unbestimmter Ausdruck $"1^\infty"$; die Anwendung von (4) liefert

$$a = \ln g = \lim_{x \to 1} \frac{1}{x-1} \ln x = \lim_{x \to 1} \frac{\ln x}{x-1} \quad \left("\frac{0}{0}"\right) ,$$

$$a = 1 \ , \ g = e^a = 1 \ .$$

k) $"\, 1^\infty"$; $a = \lim\limits_{x \to \infty} x \ln(1 + \tfrac{c}{x})$ $("0 \cdot \infty")$,

nach (2): $a = \lim\limits_{x \to \infty} \dfrac{\ln(1 + \frac{c}{x})}{x^{-1}} = c$, $g = e^a = e^c$.

l) $"1^\infty"$; $a = \lim\limits_{x \to c} \dfrac{\ln(2 - \frac{x}{c})}{\cos \frac{\pi x}{2c}}$ $\left("\frac{0}{0}"\right)$,

$$a = \lim_{x \to c} \frac{\frac{\frac{1}{c}}{2 - \frac{x}{c}}}{\frac{\pi}{2c} \sin \frac{\pi x}{2c}} = \frac{2}{\pi} \ , \ g = e^a = e^{\frac{2}{\pi}} \ .$$

m) $"0^0"$; nach (4) setze man $a = \lim\limits_{x \to \infty} \dfrac{\ln(\frac{\pi}{2} - \arctan x)}{\ln x}$ $\left("\frac{\infty}{\infty}"\right)$,

$$a = \lim_{x \to \infty} \frac{-\frac{x}{1+x^2}}{\frac{\pi}{2} - \arctan x} = \lim_{x \to \infty} \frac{-\frac{1}{\frac{1}{x}+x}}{\frac{\pi}{2} - \arctan x} \quad \left("\frac{0}{0}"\right) ,$$

$$a = \lim_{x \to \infty} \frac{\left(\frac{1}{x} + x\right)^{-2}\left(-\frac{1}{x^2} + 1\right)}{-\frac{1}{1+x^2}} = \lim_{x \to \infty} \frac{1 - x^2}{x^2 + 1} = -1 \ , \ g = e^a = e^{-1} \ .$$

n) $"0^0"$; $a = \lim\limits_{x \to 0+0} \tan x \cdot \ln \arcsin x$ $("0 \cdot \infty")$,

$$a = \lim_{x \to 0+0} \frac{\ln \arcsin x}{\cot x} = 0 \ , \ g = e^a = 1 \ .$$

44. $y = f(x)$ ist eine unecht gebrochene rationale Funktion.

Nullstellen: $f(x) = 0$, $x^2 + x - 6 = 0 \implies x_1 = 2$, $x_2 = -3$.

Polstellen: $(x - 1)^2 = 0 \implies x_{3,4} = 1$.

Durch Polynomdivision kann $f(x)$ in eine Summe zerlegt werden, wobei der eine Summand ganz rational und der andere echt gebrochen rational ist.

Die Asymptote ist gegeben durch den ganzen rationalen Anteil dieser Summe.

$$y = -\frac{x^2 + x - 6}{(x-1)^2} = -(x^2 + x - 6) : (x^2 - 2x + 1) = -1 + \frac{3x - 7}{(x-1)^2} \,,$$

Asymptotengleichung ist damit $y_A = -1$.

Schnittpunkt: $y = y_A$, also $-1 + \dfrac{3x-7}{(x-1)^2} = -1 \implies \mathrm{P_S}(\tfrac{7}{3}; -1)$.

Ableitungen: $y' = \dfrac{3x - 11}{(x-1)^3}$, $y'' = \dfrac{-6x + 30}{(x-1)^4}$, $y''' = \dfrac{18x - 114}{(x-1)^5}$;

Extrempunkte:

$y' = 0 \implies x = \tfrac{11}{3}$ (stationäre Stelle); $y''(\tfrac{11}{3}) = \dfrac{3^4}{8^3} > 0$;

in $x_\mathrm{E} = \tfrac{11}{3}$ existiert ein lokales Minimum mit $y_\mathrm{E} = -\tfrac{25}{16}$.

Wendepunkte:

$y'' = 0 \implies x = 5$, $y'''(5) = -\tfrac{24}{4^5} \neq 0$;
$(5; -\tfrac{3}{2})$ ist Wendepunkt.

Gleichung der Wendetangente:

$y'(5) = \tfrac{1}{16}$, $y + \tfrac{3}{2} = \tfrac{1}{16}(x - 5)$, $y = \tfrac{1}{16}x - \tfrac{29}{16}$.   (Abb. 2.16)

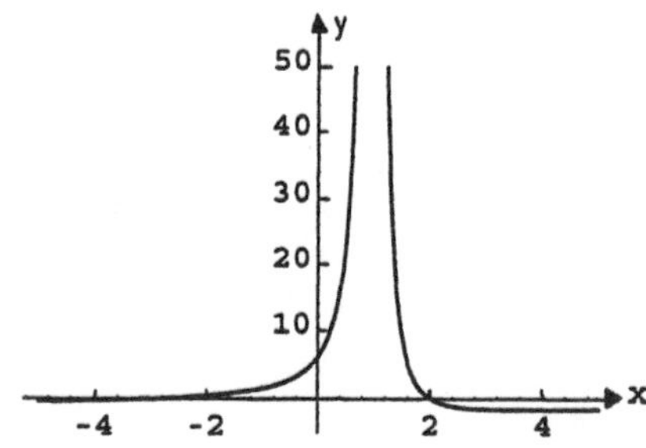

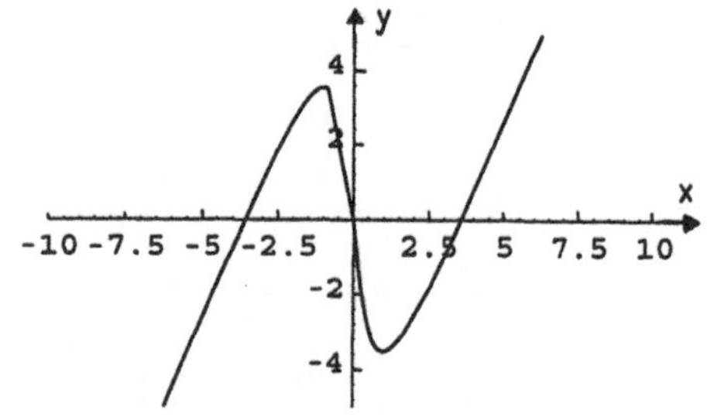

Abb. 2.16   Abb. 2.17

45. Ableitungen:

$$y' = \frac{8(x^2 - 1)}{1 + 4x^2} \,, \quad y'' = \frac{80x}{(1 + 4x^2)^2} \,, \quad y''' = \frac{80}{(1 + 4x^2)^2} - \frac{1280x^2}{(1 + 4x^2)^3} \,;$$

Extrema:

$x_{E1} = 1$ ist lokale Minimumstelle mit $y_{E1} = -3,54$,

$x_{E2} = -1$ ist lokale Maximumstelle mit $y_{E2} = 3,54$.

Wendepunkt: $x_W = 0$, $y_W = 0$.   (Abb. 2.17)

46. Nullstellen: $x_{1,2} = \pm\sqrt{3}$.

Ableitungen: $y' = -\mathrm{e}^{-x}(x^2 - 2x - 3)$, $y'' = \mathrm{e}^{-x}(x^2 - 4x - 1)$. Extrema:

$x_{E1} = 3$ ist lokale Maximumstelle mit $y_{E1} = 0,30$,

$x_{E2} = -1$ ist lokale Minimumstelle mit $y_{E2} = -5,44$.

$$\lim_{x \to \infty} (x^2 - 3)\mathrm{e}^{-x} = \lim_{x \to \infty} \frac{x^2 - 3}{\mathrm{e}^x} = \lim_{x \to \infty} \frac{2x}{\mathrm{e}^x} = 0 \ .$$

$$\lim_{x \to -\infty} (x^2 - 3)\mathrm{e}^{-x} = \infty \ .$$ (Abb. 2.18)

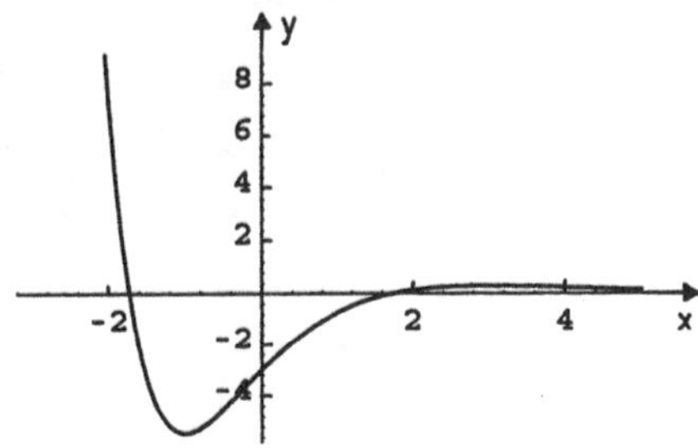

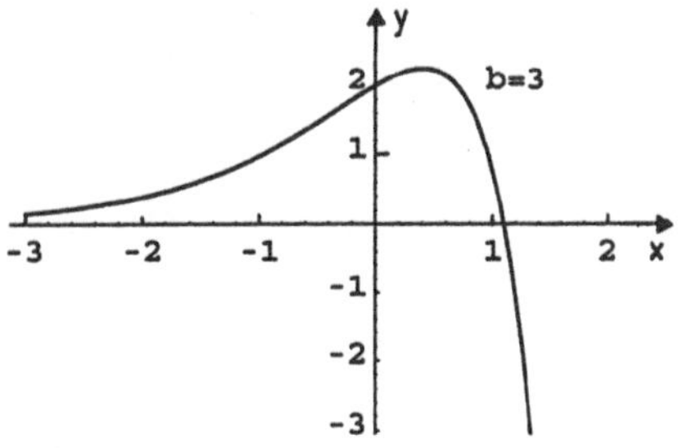

Abb. 2.18   Abb. 2.19

47. Nullstellen: $\mathrm{e}^x(b - \mathrm{e}^x) = 0$, $\mathrm{e}^x \neq 0$ für alle $x \in \mathbb{R}$,

$b - \mathrm{e}^x = 0 \implies x = \ln b \quad (b > 0)$.

Ableitungen: $y = \mathrm{e}^x(b - \mathrm{e}^x) = b\,\mathrm{e}^x - \mathrm{e}^{2x}$, $y' = b\,\mathrm{e}^x - 2\mathrm{e}^{2x}$,

$y'' = b\,\mathrm{e}^x - 4\mathrm{e}^{2x}$, $y''' = b\,\mathrm{e}^x - 8\mathrm{e}^{2x}$.

Extrema: $y' = \mathrm{e}^x(b - 2\mathrm{e}^x) = 0 \implies \mathrm{e}^x = \frac{b}{2}$,

(durch Logarithmieren und $\mathrm{e}^{\ln a} \equiv a$) $\quad x = \ln \frac{b}{2}$;

$y''(\ln \frac{b}{2}) = b\,\mathrm{e}^{\ln \frac{b}{2}} - 4\mathrm{e}^{2\ln \frac{b}{2}} = \frac{b^2}{2} - 4\frac{b^2}{4} = -\frac{b^2}{2} < 0$;

$E\left(\frac{b}{2}; \frac{b^2}{4}\right)$: lokales Maximum.

Wendepunkt: $y'' = \mathrm{e}^x(b - 4\mathrm{e}^x) = 0 \implies x = \ln \frac{b}{4}$;

$y'''(\ln \frac{b}{4}) = -\frac{b^2}{4}$, $W(\ln \frac{b}{4}; \frac{3}{16}b^2)$.

Anstieg der Wendetangente: $y'(\ln \frac{b}{4}) = \frac{b^2}{8}$,

$$\lim_{x \to -\infty} e^x(b - e^x) = 0 ,$$

$$\lim_{x \to \infty} e^x(b - e^x) = \infty(-\infty) = -\infty .$$ (Abb. 2.19)

48. Ableitungen: $y' = e^{ax}(1 + ax)$, $y'' = ae^{ax}(2 + ax)$,

Extrema: $y' = 0 \implies x = -\frac{1}{a}$, $a \neq 0$;

$$y''(-\tfrac{1}{a}) = \frac{a}{e}\begin{cases} > 0 & \text{für } a > 0 \\ < 0 & \text{für } a < 0 \end{cases} .$$

Für $a > 0$ existiert in $x = -\frac{1}{a}$ ein lokales Minimum,

für $a < 0$ existiert in $x = -\frac{1}{a}$ ein lokales Maximum.

$y(-\frac{1}{a}) = -\frac{1}{ae}$.   (Abb. 2.20, Abb. 2.21)

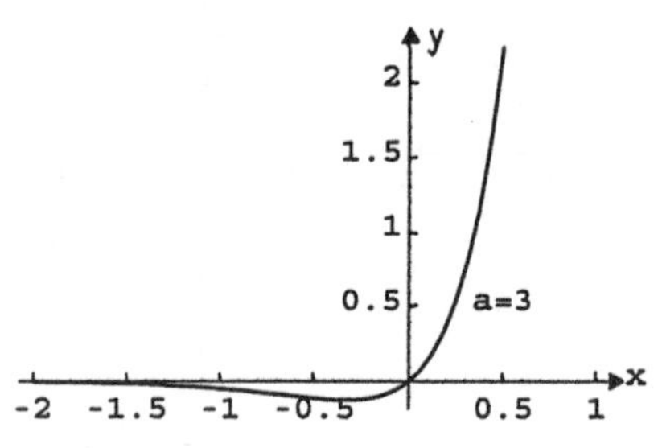

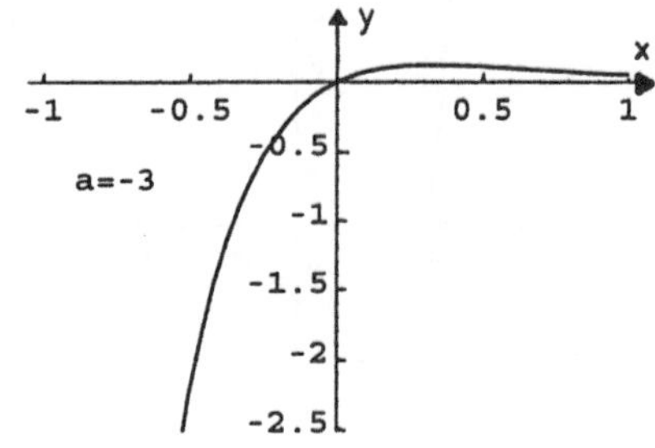

Abb. 2.20   Abb. 2.21

49.

$$D_f = \begin{cases} \{x | x > 0\} & \text{für } a > 0 \\ \{x | x < 0\} & \text{für } a < 0 \end{cases} .$$

Nullstellen: $\ln(ax) = -1$, $x = \frac{1}{a}e^{-1}$ (vergl. Aufg. 47).

Ableitungen:

$$y' = \frac{-\ln(ax)}{x^2} , \quad y'' = \frac{2\ln(ax) - 1}{x^3} , \quad y''' = \frac{5 - 6\ln(ax)}{x^4} .$$

Extrema: $y' = 0$, $\ln(ax) = 0 \implies ax = 1 \implies x = \frac{1}{a}$;

$$y''(\tfrac{1}{a}) = -a^3\begin{cases} < 0 & \text{für } a > 0 \\ > 0 & \text{für } a < 0 \end{cases} ;$$

$$E(\tfrac{1}{a};a) \; : \; \begin{cases} \text{Maximum} & \text{für} \quad a > 0 \\ \text{Minimum} & \text{für} \quad a < 0 \end{cases} .$$

Wendepunkte: $y'' = 0$, $2\ln(ax) - 1 = 0 \implies x = \tfrac{1}{a}\sqrt{e}$;

$y'''(\tfrac{1}{a}\sqrt{e}) = \frac{(5 - \ln\sqrt{e})}{e^2}a^4 \neq 0$, $W(\tfrac{1}{a}\sqrt{e}; \tfrac{3}{2}a\sqrt{e})$.

$a > 0$, $x > 0$: $\lim\limits_{x \to 0+} f(x) = -\infty$, $\lim\limits_{x \to \infty} f(x) = 0$.

$a < 0$, $x < 0$: $\lim\limits_{x \to 0-} f(x) = \infty$, $\lim\limits_{x \to -\infty} f(x) = 0$.

(Abb. 2.22 , Abb. 2.23)

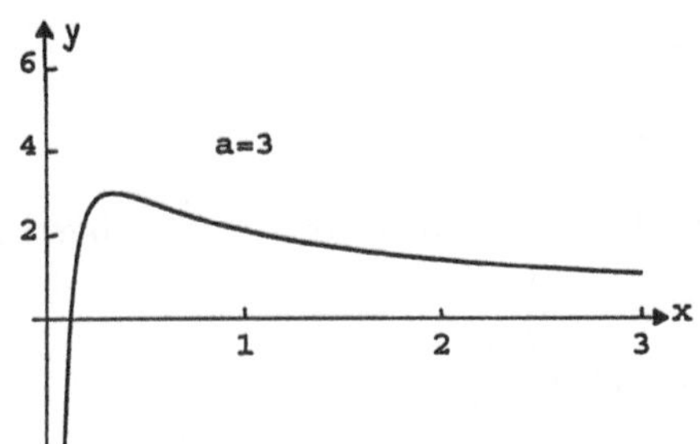

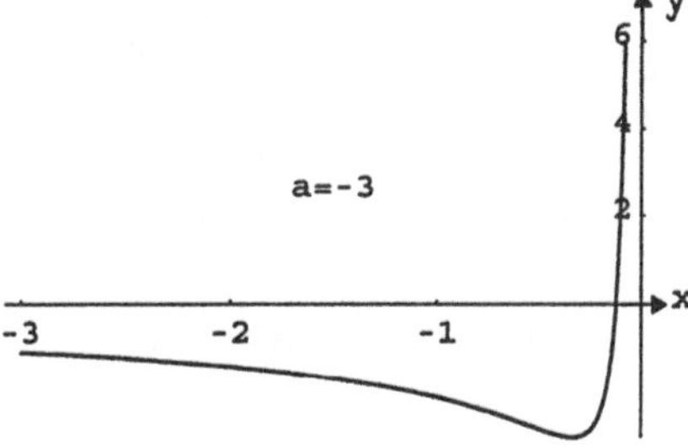

Abb. 2.22   Abb. 2.23

50. $D_f = \{x \,|\, x \leq 0\}$.

Nullstellen: $x + \sqrt{-4x} = 0$, $x^2 = -4x \implies x_1 = 0$, $x_2 = -4$.

Ableitungen: $y = x + \sqrt{-4x} = x + 2\sqrt{-x}$,

$$y' = 1 - \frac{1}{\sqrt{-x}}, \quad y'' = -\frac{1}{2\sqrt{(-x)^3}}, \quad y''' = -\frac{3}{4x^2\sqrt{-x}}.$$

Extrema: $y' = 0$, $1 - \frac{1}{\sqrt{-x}} = 0 \implies x = -1$; $y''(-1) = -\tfrac{1}{2} < 0$;

$E(-1; 1)$: globales Maximum.

Randpunkt $(0,0)$: $x_{E2} = 0$ ist lokale Minimumstelle, da

$$\lim_{x \to -\infty} (x + \sqrt{-4x}) = \lim_{x \to -\infty} \frac{(x + \sqrt{-4x})(x - \sqrt{-4x})}{x - \sqrt{-4x}}$$

$$= \lim_{x \to -\infty} \frac{x^2(1 - \frac{4}{x})}{x(1 - \sqrt{-\frac{4}{x}})} = -\infty .$$

Keine Wendepunkte, da $y'' \neq 0$ für alle $x \in D_f$.   (Abb. 2.24)

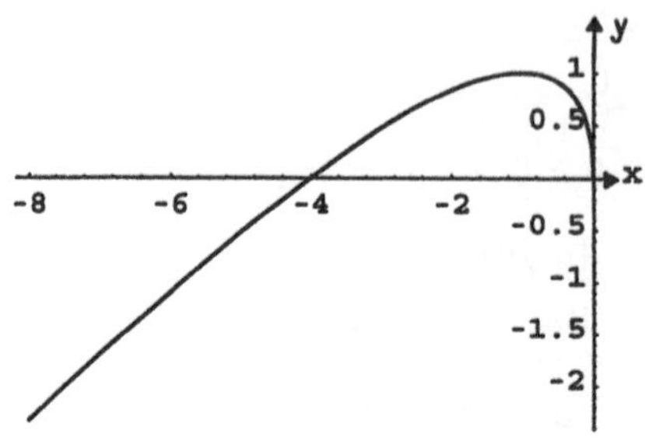

Abb. 2.24

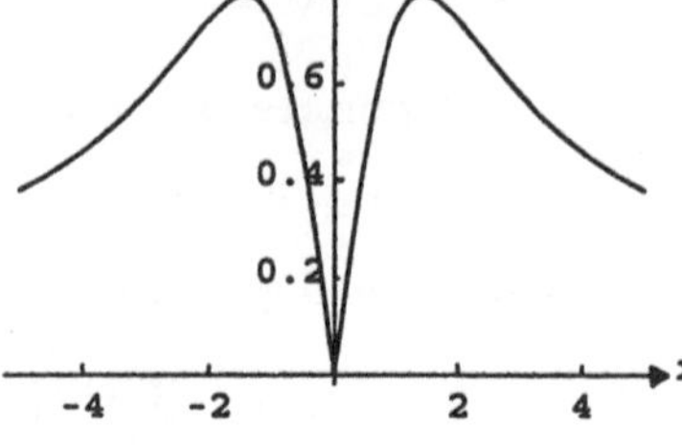

Abb. 2.25

51. $y = \begin{cases} \arcsin \dfrac{2x}{x^2 + 2} & \text{für} \quad x \geq 0 \\ -\arcsin \dfrac{2x}{x^2 + 2} & \text{für} \quad x < 0 \end{cases}$.

$y = f(x)$ ist gerade; es genügt die Extremstellen für $x \geq 0$ zu bestimmen.

Ableitungen $(x \geq 0)$: $y' = \dfrac{-2(x^2 - 2)}{(x^2 + 2)\sqrt{x^4 + 4}}$

$$y'' = \frac{2x}{x^2 + 2}\left(\frac{-2}{\sqrt{x^4 + 4}} + \frac{2(x^2 - 2)}{(x^2 + 2)\sqrt{x^4 + 4}} + \frac{2(x^2 - 2)x^2}{(x^4 + 4)\sqrt{x^4 + 4}}\right) .$$

Extrema: $y' = 0 \implies x_1 = \sqrt{2}$, $x_2 = -\sqrt{2}$ (s. Voraussetzung);

$y''(\sqrt{2}) = -\frac{1}{2}$,

$E_1(\sqrt{2}; \frac{\pi}{4})$: globales Maximum.

$E_2(-\sqrt{2}; \frac{\pi}{4})$: globales Maximum ($f(x)$ ist eine gerade Funktion).

$E_3(0; 0)$: globales Minimum.   (Abb. 2.25)

52. Definitionsbereich: $x^2 - x^4 = x^2(1 - x^2) \geq 0 \implies |x| \leq 1$.

Nullstellen: $x^2(1 - x^2) = 0 \implies x_1 = 0$, $x_{2/3} = \pm 1$.

1. Ableitung: $y' = \dfrac{2(x - 2x^3)}{\sqrt{2(x^2 - x^4)}}$.

y' existiert nicht für $x_1 = -1$, $x_2 = 1$, $x_3 = 0$ (extremwertverdächtige Stellen).

Extrema: $y' = 0 \implies x_4 = \frac{1}{2}\sqrt{2}$, $x_5 = -\frac{1}{2}\sqrt{2}$ (stationäre Stellen);

$E_1(-1; 0)$ und $E_2(+1; 0)$: globale Minima.

Vorzeichen der 1. Ableitung:

$y'(U(0)):\ y'(-0;1) < 0\,,\ y'(+0,1) > 0\,,\ E_3(0;0):$ globales Minimum.

$y'(U(\tfrac{1}{2}\sqrt{2})):\ y'(0,6) > 0\,,\ y'(0,8) < 0\,,$

$E_4(\tfrac{1}{2}\sqrt{2};\tfrac{1}{2}\sqrt{2}):$ globales Maximum.

$y'(U(-\tfrac{1}{2}\sqrt{2})):\ y'(-0,8) > 0\,,\ y'(-0,6) < 0\,,$

$E_5(-\tfrac{1}{2}\sqrt{2};\tfrac{1}{2}\sqrt{2}):$ globales Maximum.   (Abb. 2.26)

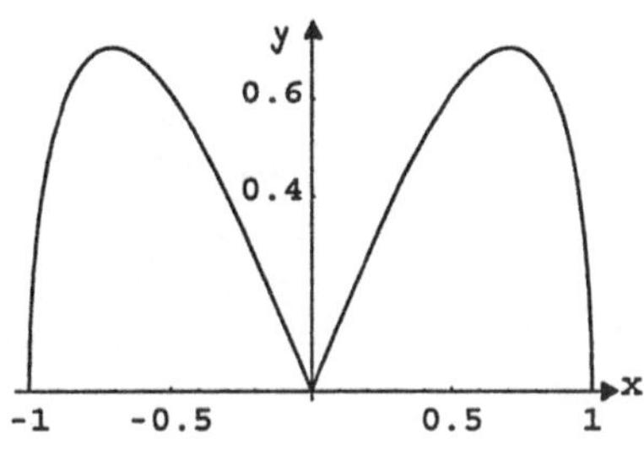
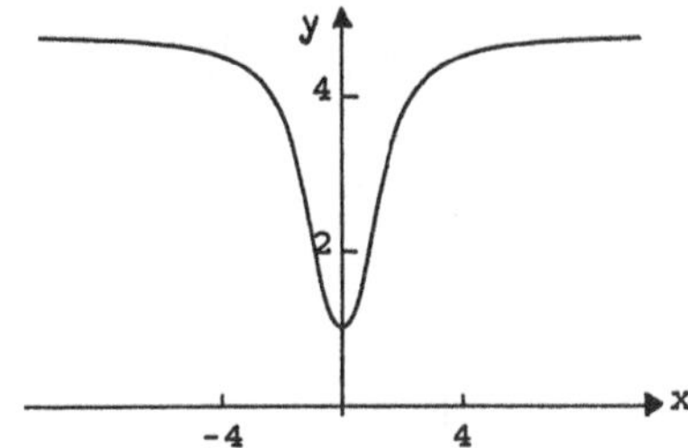

Abb. 2.26   Abb. 2.27

53. Definitionsbereich: $D_f = \{x \mid x \in \mathrm{R}\}$;

Wertebereich: $0 \le \arctan x^2 \le \tfrac{\pi}{2}$; $y = e^a$ mit $0 \le a < \tfrac{\pi}{2}$ ist monoton wachsend und damit $W_f = \{y \mid 1 \le y < e^{\frac{\pi}{2}}\}$.

Nullstellen: keine .

Asymptoten: $\displaystyle\lim_{x \to \pm\infty} e^{\arctan x^2} = e^{\frac{\pi}{2}}$.

Ableitungen:

$$y' = \frac{2x\,e^{\arctan x^2}}{1 + x^4}\,,\quad y'' = \frac{2(-3x^4 + 2x^2 + 1)e^{\arctan x^2}}{(1 + x^4)^2}$$

$$y''' = \frac{-4x(6x^6 - 11x^4 + 13x^2 + 1)e^{\arctan x^2}}{(1 + x^4)^3}$$

Extrema: $E(0;1)$ ist globales Minimum.

Wendepunkte: $W_1(1; e^{\frac{\pi}{4}})\,,\ W_2(-1; e^{\frac{\pi}{4}})$.

Monotonieverhalten:

Für $x > 0$ ist $x^2 < (x + 1)^2$, $\arctan x^2 < \arctan(x + 1)^2$,

$e^{\arctan x^2} < e^{\arctan(x+1)^2} \implies f(x)$ monoton wachsend,

für $x < 0$ ist $x^2 > (x+1)^2$, $\arctan x^2 > \arctan(x+1)^2$,

$e^{\arctan x^2} > e^{\arctan(x+1)^2} \implies f(x)$ monoton fallend.

Konvexitätsbereiche:

$$x \ < -1 : \quad f''(x) < 0 , \quad f(x) \text{ konkav} ;$$
$$|x| \leq 1 : \quad f''(x) \geq 0 , \quad f(x) \text{ konvex} ;$$
$$x \ > 1 : \quad f''(x) < 0 , \quad f(x) \text{ konkav.} \qquad \text{(Abb.2.27)}$$

54.

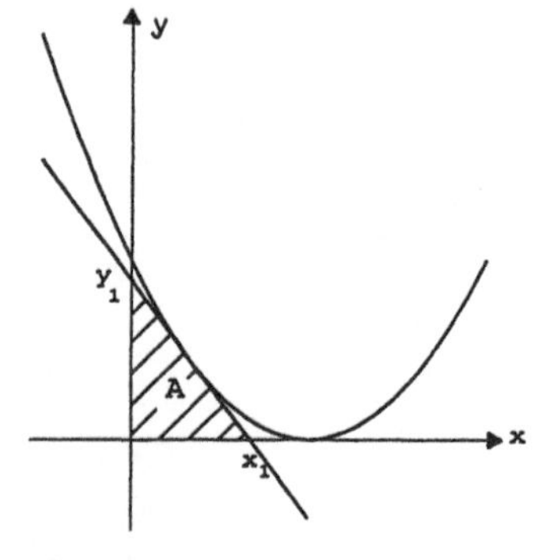

Abb. 2.28

Gleichung der Tangente:

$$y = 2(x_0 - 1)x + 1 - x_0^2 \ ;$$

Schnittpunkt der Tangente mit den Achsen:

$$x = 0 : \quad y_1 = 1 - x_0^2 \ ;$$
$$y = 0 : \quad 2(x_0 - 1)x_1 + 1 - x_0^2 = 0$$
$$x_1 = \tfrac{1}{2}(x_0 + 1) \ .$$

(Abb. 2.28)

Maximierung des Inhaltes:

$$A = \tfrac{1}{2}x_1 y_1 = \tfrac{1}{4}(1 + x_0)(1 - x_0^2) = \tfrac{1}{4}(-x_0^3 - x_0^2 + x_0 + 1) ,$$

aus $A' = 0$ folgt $x_0 = \tfrac{1}{3}$, $A''(x_0 = \tfrac{1}{3}) < 0$;

$x_1 = \tfrac{2}{3}$, $y_1 = \tfrac{8}{9}$, $A_{max} = \tfrac{8}{27}$.

55.

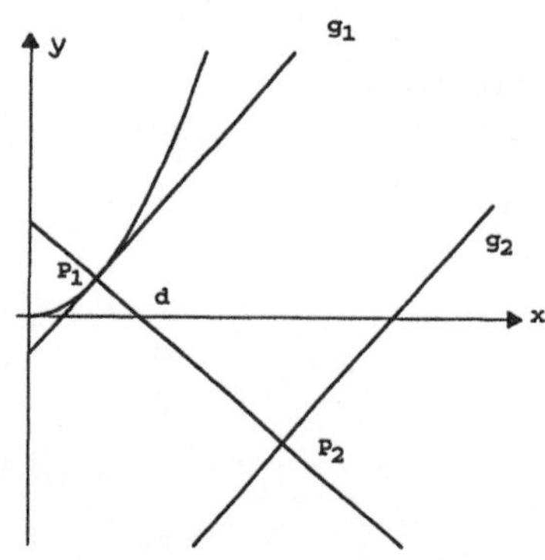

Abb. 2.29

Es sei d der Abstand der Punkte $P_1(x_1, y_1)$ und $P_2(x_2, y_2)$. Steht die Gerade g_3 senkrecht auf der Geraden g_1 und senkrecht auf der Geraden g_2, so ist d minimal. Es gilt $g_1 \| g_2$.

$$d = \sqrt{(x_2 - x_1)^2 + (y_2 - y_1)^2} = f(x_1, x_2, y_1, y_2) \qquad (1)$$

Man stelle d als Funktion von x_2 dar.

$$g_2 : \quad y = 2x - 11 \qquad\qquad\qquad\qquad (2)$$

$g_1 :$ $y = 2x + n$, g_1 ist Tangente an $y = x^2$, d.h. $P_1(x_1, y_1)$ liegt sowohl auf der Parabel als auch auf der Geraden g_2. Man erhält $x_1 = y_1 = 1$ (3).
(2) und (3) eingesetzt in (1):

$$d = \sqrt{(x_2 - 1)^2 + (2y_2 - 12)^2} = f(x_2) \longrightarrow \text{min.}$$

Koordinaten der Einmündung in den Fluß: $x_1 = y_1 = 1$
Koordinaten der Einmündung in den Kanal: $x_2 = 10$, $y_2 = -1$.

56. Für den Umfang U gilt: $U = 2y + (1 + \frac{\pi}{2})x$.   (1)
Die Variable y wird ausgedrückt durch die Querschnittsfläche A und die Variable x.

$$A = \tfrac{1}{8}\pi x^2 + xy \quad \Longrightarrow \quad y = \frac{A}{x} - \frac{\pi}{8}x = \frac{50}{x} - \frac{\pi}{8}x \ . \qquad (2)$$

(2) eingesetzt in (1) liefert $U = \frac{100}{x} + (1 + \frac{\pi}{4})x = f(x)$.
Aus $f'(x) = 0$ erhält man $x_0 = 7,48$, eingesetzt in (2): $y_0 = 3,75$.
$f''(7,48) < 0$, also ist U minimal.

57. Die Entfernung e der beiden Flugzeuge wird dargestellt als Funktion der Zeit t.

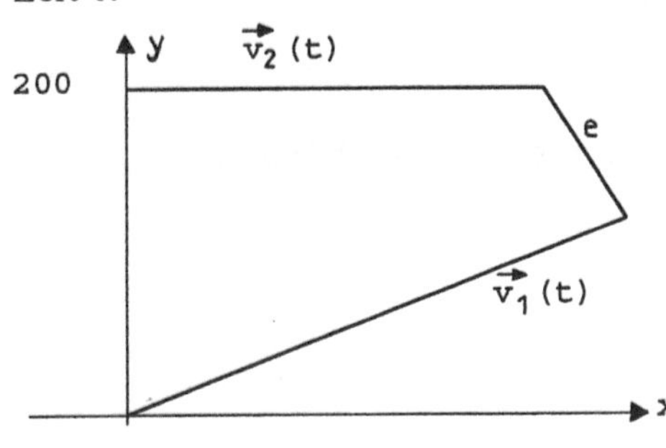

$$e = |\vec{v_1} - \vec{v_2}|$$
$$e = \sqrt{(v_{11} - v_{21})^2 + (v_{12} - v_{22})^2}$$
$$\vec{v_2} = \begin{pmatrix} 0 \\ 200 \end{pmatrix} + t\begin{pmatrix} 500 \\ 0 \end{pmatrix} \ .$$

Abb. 2.30

$\vec{v_1} = \begin{pmatrix} v_{11} \\ v_{12} \end{pmatrix} t$ mit $v_{11} = v_{12}$, also $850 = \sqrt{2v_{11}^2} \ \Longrightarrow \ v_{11} \approx 600$, $\vec{v_1} = \begin{pmatrix} 600 \\ 600 \end{pmatrix} t$.

Damit erhält man $e = \sqrt{(600 - 500)t^2 + (600t - 200)^2}$,

$$e = 100\sqrt{37t^2 - 24t + 4} \ .$$

Da die Funktionen e und e^2 an der gleichen Stelle t_0 ein Minimum besitzen, minimiert man $f(t) = [e(t)]^2$.

$$f(t) = 100^2(37t^2 - 24t + 4) \ ,$$

$f'(t) = 100^2(74t - 24) = 0 \quad \Longrightarrow t_e = \frac{12}{37}$.

$f''(\frac{12}{37}) < 0$; t_0 ist Minimumstelle.

Der minimale Abstand e beträgt $e \approx 33\text{km}$ zur Zeit $t_e = 0,324\text{h}$.

58. $f(t) = \sqrt{1 - 0,04 \sin^2 \omega t}$, Substitution: $z = 0,04 \sin^2 \omega t$.

$f(z) = \sqrt{1 - z}$, $f(0) = 1$;

$f'(z) = \frac{-1}{2\sqrt{1-z}}$, $f'(0) = -\frac{1}{2}$;

$f(z) \approx 1 - \frac{1}{2}z$, $f(t) \approx 1 - 0,02 \sin^2 \omega t$,

eingesetzt in die Gleichung des Weges liefert:

$s \approx \bar{s} = (0,2 \cos \omega t + 1 - 0,02 \sin^2 \omega t)l$,

$\dot{\bar{s}} = (-0,2 \sin \omega t - 0,02\omega \sin 2\omega t)l$,

$\ddot{\bar{s}} = \bar{b} = -0,2\omega^2(\cos \omega t + 0,2 \cos 2\omega t)l \quad \longrightarrow \text{max.}$.

Notwendige Bedingung:

$\dot{\bar{b}} = +0,2\omega^3 l \sin \omega t(1 + 0,8 \cos \omega t) = 0$

$\Longrightarrow \quad \sin \omega t = 0 \quad \Longrightarrow \omega t_1 = 0 \quad \text{und} \quad \omega t_2 = \pi$.

Hinreichende Bedingung:

$\ddot{\bar{b}} = 0,2\omega^4(\cos \omega t + 0,8 \cos 2\omega t)l$,

$\ddot{\bar{b}} > 0$ und $\ddot{\bar{b}}(\pi) < 0$.

Die maximale Beschleunigung beträgt $b \approx \bar{b} = 0,16\omega^2 l$.

3 Integralrechnung für Funktionen einer Variablen

3.1 Das unbestimmte Integral

Schwerpunkte: Substitution, partielle Integration, Integration durch Partialbruchzerlegung, Nutzung von Integraltafeln

$F(x)$ heißt *Stammfunktion* von $f(x)$ im Intervall I, wenn

$$\boxed{F'(x) = f(x)}$$

für jedes $x \in I$ gilt.

Unbestimmtes Integral: $\qquad \boxed{\int f(x)\mathrm{d}x = F(x) + C}$

Menge aller Stammfunktionen

Aus der Umkehrung der Differentiation der elementaren Funktionen ergeben sich die *Grundintegrale*. Dazu siehe Integraltafeln in Formelsammlungen.

Eigenschaften:

$$\int (c_1 f_1(x) + c_2 f_2(x))\mathrm{d}x = c_1 \int f_1(x)\mathrm{d}x + c_2 \int f_2(x)\mathrm{d}x,$$

$$c_1, c_2 \in \mathrm{R} \quad \text{Konstanten}$$

Substitution: $f(t)$ sei stetig in $[\alpha, \beta]$ und $t = \varphi(x)$ habe in $[a, b]$ eine stetige Ableitung.

$$\boxed{\int f(t)\mathrm{d}t = \int f(\varphi(x))\varphi'(x)\mathrm{d}x_{|x=\psi(t)}}$$

$t = \varphi(x), \mathrm{d}t = \varphi'(x)\mathrm{d}x$ und $x = \psi(t)$ Umkehrfunktion von $t = \varphi(x)$.

Partielle Integration:

$$\boxed{\int u(x)v'(x)\mathrm{d}x = u(x)v(x) - \int u'(x)v(x)\mathrm{d}x}$$

oder mit $\mathrm{d}v = v'(x)\mathrm{d}x, \mathrm{d}u = u'(x)\mathrm{d}x$

$$\boxed{\int u(x)\mathrm{d}v = u(x)v(x) - \int v(x)\mathrm{d}u}$$

Partialbruchzerlegung:
Sei $f(x)$ eine echt gebrochen rationale Funktion

$$f(x) = \frac{P_n(x)}{Q_m(x)} = \frac{a_n x^n + a_{n-1}x^{n-1} + \dots + a_1 x + a_0}{b_m x^m + b_{m-1}x^{m-1} + \dots + b_1 x + b_0}$$

Zerlegung von $Q_m(x)$:

$$Q_m(x) = (x - x_1)^{\alpha_1} \cdot \dots \cdot (x - x_k)^{\alpha_k}(x^2 + p_1 x + q_1)^{\beta_1} \cdot \dots \cdot (x^2 + p_l x + q_l)^{\beta_l},$$

wobei $x_i, i = 1, \dots, k$, die reellen Nullstellen von $Q_m(x)$ sind und $p_j^2 - 4q_j < 0$, $j = 1, \dots, l$, ist.

Ansatz für die Partialbruchzerlegung:

$$
\begin{aligned}
\frac{P_n(x)}{Q_m(x)} &= \frac{A_{11}}{x - x_1} + \frac{A_{12}}{(x - x_1)^2} + \dots + \frac{A_{1\alpha_1}}{(x - x_1)^{\alpha_1}} + \\
&+ \dots \\
&+ \frac{A_{k1}}{x - x_k} + \frac{A_{k2}}{(x - x_k)^2} + \dots + \frac{A_{k\alpha_k}}{(x - x_k)^{\alpha_k}} \\
&+ \frac{B_{11}x + C_{11}}{x^2 + p_1 x + q_1} + \frac{B_{12}x + C_{12}}{(x^2 + p_1 x + q_1)^2} + \dots + \frac{B_{1\beta_1}x + C_{1\beta_1}}{(x^2 + p_1 x + q_1)^{\beta_1}} + \\
&+ \dots \\
&+ \frac{B_{l1}x + C_{l1}}{x^2 + p_l x + q_l} + \frac{B_{l2}x + C_{l2}}{(x^2 + p_l x + q_l)^2} + \dots + \frac{B_{l\beta_l}x + C_{l\beta_l}}{(x^2 + p_l x + q_l)^{\beta_l}}
\end{aligned}
$$

Aus diesem Ansatz können die unbekannten Koeffizienten $A_{i\nu}, B_{j\mu}, C_{j\mu}$ durch Koeffizientenvergleich bestimmt werden.

Integration der Partialbrüche:

$$\int \frac{A}{x - a}\mathrm{d}x = A \ln |x - a| + C, \quad x \neq a;$$

$$\int \frac{A}{(x - a)^\nu}\mathrm{d}x = -\frac{A}{(\nu - 1)(x - a)^{\nu-1}} + C, \quad x \neq a, \nu = 2, 3, \dots;$$

$$\int \frac{Bx + C}{x^2 + px + q}\,\mathrm{d}x = \frac{B}{2}\ln|x^2 + px + q| + \left(C - \frac{Bp}{2}\right)\int \frac{\mathrm{d}x}{x^2 + px + q}\,,$$
$$x^2 + px + q \neq 0;$$

$$\int \frac{\mathrm{d}x}{x^2 + px + q} = \frac{2}{\sqrt{4q - p^2}}\arctan\frac{2x + p}{\sqrt{4q - p^2}} + C\,,\ p^2 - 4q < 0;$$

$$\int \frac{Bx + C}{(x^2 + px + q)^\mu}\,\mathrm{d}x = -\frac{B}{2(\mu - 1)(x^2 + px + q)^{\mu - 1}}$$
$$+\left(C - \frac{Bp}{2}\right)\int \frac{\mathrm{d}x}{(x^2 + px + q)^\mu}\,,\ \mu = 2, 3, ...;$$

$$\int \frac{\mathrm{d}x}{(x^2 + px + q)^\mu} = \frac{2x + p}{(\mu - 1)(4q - p^2)(x^2 + px + q)^{\mu - 1}}$$
$$+\frac{4\mu - 6}{(\mu - 1)(4q - p^2)}\int \frac{\mathrm{d}x}{(x^2 + px + q)^{\mu - 1}}\,,\ \mu = 2, 3, ...$$

Siehe auch entsprechende Integraltafeln.

Fragen zu 3.1

1. Was versteht man unter einer Stammfunktion?

2. Vorausgesetzt, zu gegebenem $f(x)$ existiere eine Stammfunktion $F(x)$. Welche Beziehung besteht zum unbestimmten Integral?

3. Welches Ergebnis erhält man bei der sogenannten "logarithmischen Integration" $\int \frac{f'(x)}{f(x)}\mathrm{d}x$?

4. Welche allgemeine Formel ergibt sich durch Anwendung der Substitutionsmethode auf das Integral $\int (f(x))^n f'(x)\mathrm{d}x$, $n \neq -1$? Wie lautet speziell die Formel für $n = 1$?

5. Wie lautet der Ansatz für die Substitutionsmethode bei folgenden Integralen

   a) $\int \mathrm{e}^{\sin x}\cos x\,\mathrm{d}x$;

   b) $\int \sqrt{1 - x^2}\mathrm{d}x$?

6. In welchen Fällen empfiehlt sich die Anwendung der Methode der partiellen Integration?

7. a) Auf welche Klasse von Funktionen läßt sich die Methode der Integration durch Partialbruchzerlegung unmittelbar anwenden?

b) Welche Schritte sind bei der Integration durch Partialbruchzerlegung auszuführen?

c) Wie verfährt man bei der Integration unecht gebrochen rationaler Funktionen?

8. Welche Stammfunktionen können im Ergebnis einer Integration rationaler Funktionen auftreten?

9. Welche allgemeine Lösung hat die Differentialgleichung $y' = f(x)$, wenn $f(x)$ eine stetige Funktion ist?

10. Welche der Funktionen e^{-x^2} , $x^2 \sin x$, $\dfrac{e^x}{x}$, $\dfrac{\sin x}{x}$, $\dfrac{\ln x}{x}$, $\dfrac{1}{\ln x}$, $\sqrt{ax^4 + bx^3 + cx^2 + ex + f}$, xe^{-x^2} sind nicht in geschlossener Form integrierbar?

Aufgaben zu 3.1

Berechnen Sie die folgenden unbestimmten Integrale:

1. $\displaystyle\int e^{\sqrt{x}}\,dx$;

2. $\displaystyle\int \sqrt{1 - \cos 4x}\,dx$;

3. $\displaystyle\int \tan^2 x\,dx$;

4. $\displaystyle\int x^2 \cos 3x\,dx$;

5. $\displaystyle\int \frac{dx}{x \ln x}$;

6. $\displaystyle\int \ln x\,dx$;

7. $\displaystyle\int \frac{e^x - 1}{xe^x + 1}\,dx$;

8. $\displaystyle\int \sin x e^x\,dx$;

9. $\displaystyle\int \frac{dx}{\sin x + \cos x}$;

10. $I_n(x) = \displaystyle\int \frac{dx}{(x^2 + a^2)^n}$

durch Entwicklung einer Rekursionsformel.

11. $\displaystyle\int \frac{\sin^3 x}{\cos^4 x}\,dx$;

12. $\displaystyle\int \frac{x}{(x + 1)^4}\,dx$;

13. $\displaystyle\int \frac{dx}{e^x + e^{-x}}$;

14. $\displaystyle\int \sqrt{4 - x^2}\,dx$;

15. $\displaystyle\int \frac{2x^2}{\sqrt{1 + x^2}}\,dx$;

16. $\displaystyle\int \frac{dx}{\sqrt{-x^2 + 6x - 5}}$;

17. $\displaystyle\int \frac{\sin x}{\cos^3 x}\mathrm{d}x$ auf verschiedenen Wegen.

18. $\displaystyle\int \frac{\mathrm{d}x}{(x^2 - 2x + 1)(x^2 + 1)};$ **19.** $\displaystyle\int \frac{\mathrm{d}x}{\sqrt{x^2 - 4x + 8}};$

20. $\displaystyle\int x^2\sqrt{1 + x^2}\,\mathrm{d}x;$ **21.** $\displaystyle\int \frac{e^{3x}}{e^x + 1}\mathrm{d}x;$

22. $\displaystyle\int \frac{\mathrm{d}x}{\sin x};$ **23.** $\displaystyle\int (1 - \cot^2 x)\mathrm{d}x;$

24. $\displaystyle\int \tan^3 x\,\mathrm{d}x;$ **25.** $\displaystyle\int \frac{x^4 + 6x^2 - x - 1}{x^3 - x^2 + 4x - 4}\mathrm{d}x;$

26. $\displaystyle\int \frac{9x^2 - 2x + 9}{(x - 1)^2(x^2 + 2x + 5)}\mathrm{d}x.$

3.2 Das bestimmte Integral

Schwerpunkte: Eigenschaften und Rechenregeln, Mittelwertsatz, Hauptsatz der Differential- und Integralrechnung, Flächeninhalt unter einer Kurve, Leibnizsche Sektorformel, Raum- und Mantelflächeninhalt bei Rotationskörpern, näherungsweise Berechnung bestimmter Integrale

Bestimmtes Integral:
$$\int_a^b f(x)\mathrm{d}x$$

Eigenschaften und Rechenregeln:
Sind $f_1(x)$ und $f_2(x)$ auf $[a; b]$ integrierbar, so gilt:

$$\int_a^b (c_1 f_1(x) + c_2 f_2(x))\mathrm{d}x = c_1 \int_a^b f_1(x)\mathrm{d}x + c_2 \int_a^b f_2(x)\mathrm{d}x, \quad c_1, c_2 \in \mathrm{R};$$

$$\int_a^a f(x)\mathrm{d}x = 0;$$

$$\int_a^b f(x)\mathrm{d}x = -\int_b^a f(x)\mathrm{d}x;$$

$$\int\limits_a^b f(x)\mathrm{d}x = \int\limits_a^c f(x)\mathrm{d}x + \int\limits_c^b f(x)\mathrm{d}x\ ,\quad a < c < b;$$

$$\left|\int\limits_a^b f(x)\mathrm{d}x\right| \leq \int\limits_a^b |f(x)|\mathrm{d}x.$$

Sei $a < b$, dann gilt:

$$f(x) \geq 0:\ \int\limits_a^b f(x)\mathrm{d}x \geq 0\ ;\qquad f(x) > 0:\ \int\limits_a^b f(x)\mathrm{d}x > 0;$$

$$f(x) \leq 0:\ \int\limits_a^b f(x)\mathrm{d}x \leq 0\ ;\qquad f(x) < 0:\ \int\limits_a^b f(x)\mathrm{d}x < 0;$$

$$f_2(x) \geq f_1(x)\ \text{für alle}\ x \in [a;b]:\ \int\limits_a^b f_2(x)\mathrm{d}x \geq \int\limits_a^b f_1(x)\mathrm{d}x$$

$$\frac{\mathrm{d}}{\mathrm{d}x}\int\limits_a^x f(t)\mathrm{d}t = f(x).$$

Mittelwertsatz:

Ist $f(x)$ auf $[a;b]$ stetig, so existiert ein $\xi \in (a;b)$ mit

$$\boxed{\int\limits_a^b f(x)\mathrm{d}x = (b-a)f(\xi)\ ,\ a < \xi < b}$$

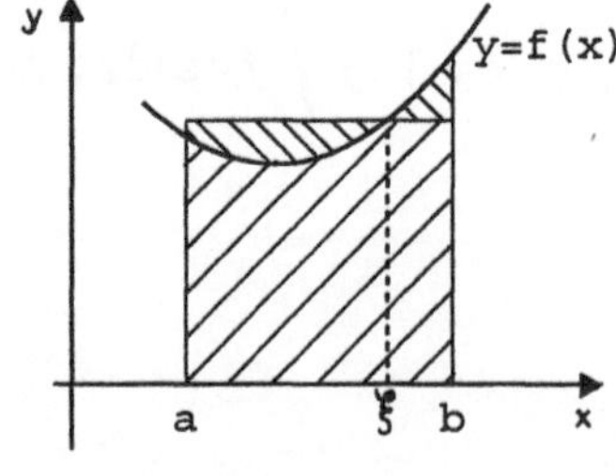

$(b-a)f(\xi)$: Flächeninhalt
   des Rechtecks

$\int\limits_a^b f(x)\mathrm{d}x$:   Flächeninhalt unterhalb

   der Kurve

Abb. 3.1

Hauptsatz der Differential- und Integralrechnung:

Sei $f(x)$ auf $[a; b]$ stetig und $F(x)$ eine Stammfunktion (unbestimmtes Integral) von $f(x)$. Dann gilt:

$$\int\limits_a^b f(x)\mathrm{d}x = [F(x)]_a^b = F(b) - F(a)$$

Flächeninhalt unter einer Kurve:

$a < b, f(x) \geq 0$:

$$A = \int\limits_a^b f(x)\mathrm{d}x \geq 0$$

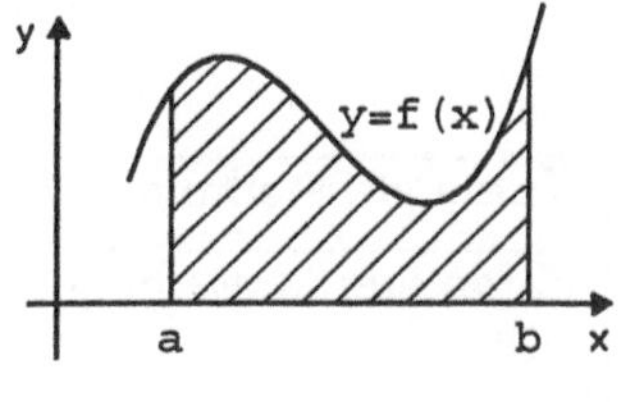

Abb. 3.2

Verläuft die Kurve sowohl ober- als auch unterhalb der x-Achse, so sind die Nullstellen des Integranden zu bestimmen, das Integrationsintervall demgemäß zu unterteilen und die Beträge der Integrale über die unterhalb der x-Achse liegenden Bereiche zu nehmen.

Flächeninhalt eines Normalbereiches B bezüglich der x-Achse:

$$B = \{(x,y)\,|\,a \leq x \leq b\,,\ f_1(x) \leq y \leq f_2(x)\}$$

$$A = \int\limits_a^b (f_2(x) - f_1(x))\mathrm{d}x$$

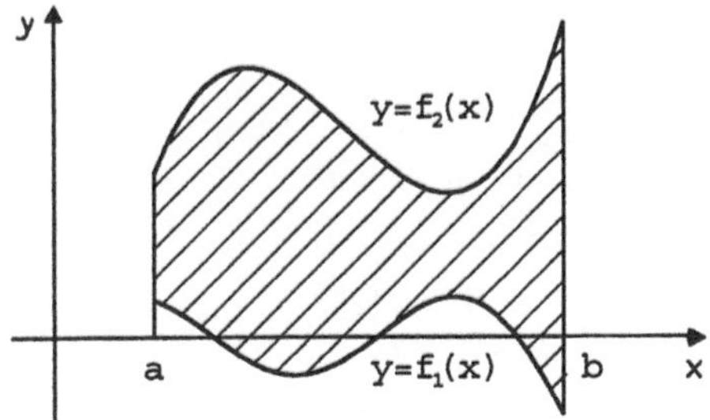

Abb. 3.3

Leibnizsche Sektorformel

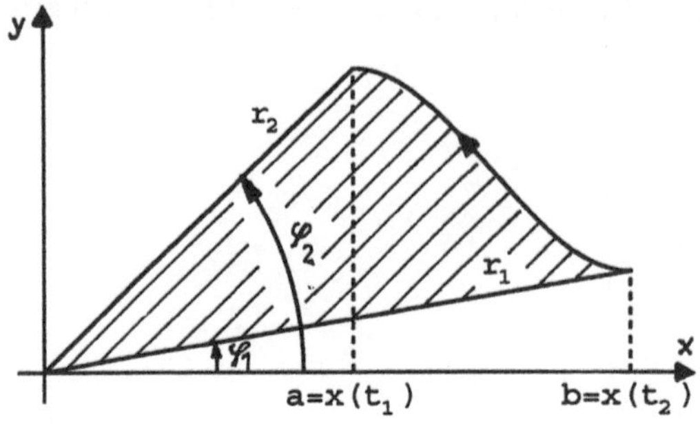

Abb. 3.4

Kurvendarstellung	Sektorfläche
Parameterdarstellung $x = x(t),\ y = y(t)$, stückweise stetig differenzierbar für $t_1 \leq t \leq t_2$	$A = \dfrac{1}{2}\left\| \displaystyle\int_{t_1}^{t_2} (x(t)\dot{y}(t) - y(t)\dot{x}(t))\,\mathrm{d}t \right\|$
kartesische Koordinaten $t = x,\ y = f(t) \Rightarrow y = f(x)$ $t = t_1 \Rightarrow x = a,\ t = t_2 \Rightarrow x = b,\ a \leq x \leq b$	$A = \dfrac{1}{2}\left\| \displaystyle\int_{a}^{b} (x\,\mathrm{d}y - y\,\mathrm{d}x) \right\|$
Polarkoordinaten $r = r(\varphi)$ stückweise stetig für $\varphi_1 \leq \varphi \leq \varphi_2$	$A = \dfrac{1}{2}\left\| \displaystyle\int_{\varphi_1}^{\varphi_2} r^2(\varphi)\,\mathrm{d}\varphi \right\|$

Volumen von Rotationskörpern:

$y = f(x) \geq 0$, stetig auf $[a; b]$
rotiere um die x-Achse

$x = g(y) \geq 0$ stetig auf $[c; d]$
rotiere um die y-Achse

$$V = \pi \int_{a}^{b} (f(x))^2\,\mathrm{d}x \qquad\qquad V = \pi \int_{c}^{d} (g(y))^2\,\mathrm{d}y$$

Mantelflächeninhalt von Rotationskörpern:

$y = f(x) \geq 0$, stetig differenzierbar $x = g(y) \geq 0$, stetig differenzierbar

auf $[a; b]$, rotiere um die x-Achse   auf $[c; d]$, rotiere um die y-Achse

$$A = 2\pi \int\limits_{a}^{b} y\sqrt{1 + (y')^2}\,\mathrm{d}x \qquad\qquad A = 2\pi \int\limits_{c}^{d} x\sqrt{1 + \left(\frac{\mathrm{d}x}{\mathrm{d}y}\right)^2}\,\mathrm{d}y$$

Näherungsweise Berechnung bestimmter Integrale

Simpsonsche Regel:

Zerlegung von $[a; b] = [x_0; x_{2m}]$ in gerade Anzahl von Teilintervallen der Länge $h = \dfrac{b-a}{2m}$

$$\int\limits_{a}^{b} f(x)\mathrm{d}x \approx \frac{h}{3}[y_0 + y_{2m} + 4(y_1 + y_3 + \dots + y_{2m-1}) + 2(y_2 + y_4 + \dots + y_{2m-2})]$$

mit $y_i = f(x_i)$, $i = 0, \dots, 2m$.

Fragen zu 3.2

11. Worin bestehen die Unterschiede zwischen einem unbestimmten und einem bestimmten Integral?

12. Wie berechnet man ein bestimmtes Integral?

13. Ist das bestimmte Integral von der Bezeichnung der Integrationsvariablen abhängig?

14. Ist ein bestimmtes Integral vorzeichenbehaftet?

15. In welchen Fällen macht sich bei einer Flächenberechnung eine Unterteilung des Integrationsintervalles $[a; b]$ notwendig?

16. Wie berechnet man den Flächeninhalt innerhalb einer geschlossenen Kurve?

17. Wie erfolgt die Substitutionsmethode bei der Berechnung bestimmter Integrale?

18. Welcher Sachverhalt wird durch die Formel

$$\frac{\mathrm{d}}{\mathrm{d}x}\int\limits_a^x f(t)\mathrm{d}t = f(x) = F'(x)$$

ausgedrückt?

19. In welcher Form läßt sich die Funktion des natürlichen Logarithmus für $x > 0$ durch ein bestimmtes Integral definieren, und welche Erklärung für die Zahl e folgt hieraus?

20. Worin besteht die Grundidee bei der näherungsweisen Berechnung bestimmter Integrale?

Aufgaben zu 3.2

27. Man berechne die folgenden Integrale:

a) $\displaystyle\int\limits_1^9 \frac{\sqrt{x}}{1+\sqrt{x}}\mathrm{d}x;$ b) $\displaystyle\int\limits_{\frac{1}{e}}^{e} \left|\frac{\ln x}{x}\right|\,\mathrm{d}x;$

c) $\displaystyle\int\limits_{-1}^1 \frac{\mathrm{e}^x}{\mathrm{e}^x - 1}\mathrm{d}x;$ d) $\displaystyle\int\limits_1^2 x\,\mathrm{e}^{\sqrt{x^2-1}}\,\mathrm{d}x.$

28. Berechnen Sie

a) $\displaystyle\int\limits_0^5 (x^3 - 7x^2 + 10x)\mathrm{d}x;$

b) den von der Kurve $f(x) = x^3 - 7x^2 + 10x$ und der x-Achse eingeschlossenen Flächeninhalt.

Interpretieren Sie die Ergebnisse.

29. Berechnen Sie den von den Kurven $y = 2\sqrt{x}$ und $y = \sqrt{1-x}$ eingeschlossenen Flächeninhalt.

30. Man berechne den Flächeninhalt unter der Kurve $y = \cos x \cosh x$ zwischen $x = 0$ und ihrem ersten Schnittpunkt mit der positiven x-Achse.

31. Die Fläche unter der Kurve $y = e^{\frac{x}{2}}$ zwischen $x = 0$ und $x = 3$ soll durch eine Senkrechte zur x-Achse halbiert werden. An welcher Stelle schneidet diese die x-Achse?

32. Welchen Flächeninhalt schließen die Sinus- und die Kosinuskurve zwischen zwei benachbarten Schnittpunkten ein?

33. Gegeben ist die Kurve $y^2 - 4x - 16y + 76 = 0$. Es ist der Inhalt des Flächenstückes innerhalb der Kurve bis zur Abszisse $x = 12$ zu berechnen.

34. Berechnen Sie den Flächeninhalt unter der Viertelellipse $\dfrac{x^2}{a^2} + \dfrac{y^2}{b^2} = 1$, $x \geq 0, y \geq 0$ mit der Leibnizschen Sektorformel.

35. Berechnen Sie den Inhalt der von der Astroide $x = a\cos^3 t, y = a\sin^3 t$, $a > 0$, umschlossenen Fläche mit der Leibnizschen Sektorformel.

36. Ermitteln Sie mit der Leibnizschen Sektorformel den von der Kardioide $r = 2a(1 + \cos\varphi), a > 0$, begrenzten Flächeninhalt.

37. Berechnen Sie den Mittelwert der Ordinaten der gespitzten Zykloide $x = a(t - \sin t), y = a(1 - \cos t), a > 0$, für einen vollen Umlauf des erzeugenden Kreises.

38. Berechnen Sie die nach dem Mittelwertsatz der Integralrechnung existierenden Stellen ξ, an denen die Funktion $y = 1 - (x - 1)^2$ im Intervall $[0; 2]$ den entsprechenden Mittelwert annimmt. Fertigen Sie eine Skizze an, und heben Sie die inhaltsgleichen Flächenstücke hervor.

39. Die Kurve $y = e^x, 0 \leq x \leq 2$ rotiere

 a) um die x-Achse;

 b) um die y-Achse.

Man berechne die Volumina beider Rotationskörper.

40. Man berechne das Volumen eines Rotationskörpers, der durch Rotation einer Parabel 3. Ordnung um die x-Achse im Intervall $[0; 4]$ entsteht. Die Parabel soll die Punkte $P_0(0; 1), P_1(1; \frac{3}{2}), P_2(2; 3)$ enthalten und an der Stelle $x = 2$ den Anstieg 1 haben.

41. Der Astroidenbogen $x = a\cos^3 t, y = a\sin^3 t, a > 0, t \in [0; \pi]$ rotiere um die x-Achse. Berechnen Sie

 a) das eingeschlossene Volumen;

 b) den Inhalt der Rotationsfläche.

42. Der Kreis $(x-a)^2+y^2 = R^2$ mit $a > R$ rotiere um die y-Achse. Berechnen Sie für den entstehenden Torus

    a) das eingeschlossene Volumen;

    b) den Inhalt der Rotationsfläche.

43. Berechnen Sie näherungsweise den Flächeninhalt unter der Kurve $y = \frac{\sin x}{x}$ zwischen $x = 0$ und $x = 2$ mit Hilfe der Simpsonschen Regel. Wählen Sie die Schrittweite $h = 0,1$.

3.3   Uneigentliche Integrale

Schwerpunkte: Integrale über unbeschränkte Integrationsintervalle, Integrale mit unbeschränktem Integranden, Cauchyscher Hauptwert

Integrale über unbeschränkte Integrationsintervalle
$F(x)$ sei Stammfunktion von $f(x)$. $f(x)$ sei beschränkt und in jedem beschränkten Intervall $a \leq x \leq b$ integrierbar. Dann wird definiert:

$$\int_a^\infty f(x)\mathrm{d}x = \lim_{b\to\infty} \int_a^b f(x)\mathrm{d}x = \lim_{b\to\infty} F(b) - F(a)$$

$$\int_{-\infty}^b f(x)\mathrm{d}x = \lim_{a\to-\infty} \int_a^b f(x)\mathrm{d}x = F(b) - \lim_{a\to-\infty} F(a)$$

$$\int_{-\infty}^\infty f(x)\mathrm{d}x = \int_{-\infty}^c f(x)\mathrm{d}x + \int_c^\infty f(x)\mathrm{d}x$$

$$= \lim_{a\to-\infty} \int_a^c f(x)\mathrm{d}x + \lim_{b\to\infty} \int_c^b f(x)\mathrm{d}x = \lim_{b\to\infty} F(b) - \lim_{a\to-\infty} F(a)$$

Das uneigentliche Integral heißt konvergent, falls die obigen Grenzwerte existieren, anderenfalls divergent. Man beachte, daß in der dritten Beziehung beide

Integrale konvergieren müssen, damit das Integral $\int\limits_{-\infty}^{\infty} f(x)\mathrm{d}x$ konvergiert. Die Grenzübergänge haben daher unabhängig voneinander zu erfolgen.

Cauchyscher Hauptwert bei Existenz des rechtsstehenden Grenzwertes:

$$\mathrm{V.p.}\ \int\limits_{-\infty}^{\infty} f(x)\mathrm{d}x = \lim_{c\to\infty}\int\limits_{-c}^{c} f(x)\mathrm{d}x$$

Konvergiert das uneigentliche Integral, so existiert auch der Hauptwert, und beide Werte sind gleich. Die Umkehrung gilt i.a. nicht.

Integrale mit unbeschränktem Integranden

$F(x)$ sei Stammfunktion von $f(x)$.
$f(x)$ sei für jedes ε mit $0 < \varepsilon < b - a$ auf dem Teilintervall $[a; b - \varepsilon]$ von $[a; b)$ integrierbar und für $x \to b - 0$ nicht beschränkt. Dann wird definiert:

$$\int\limits_{a}^{b} f(x)\mathrm{d}x = \lim_{\varepsilon\to+0}\int\limits_{a}^{b-\varepsilon} f(x)\mathrm{d}x = \lim_{\varepsilon\to+0} F(b-\varepsilon) - F(a)$$

$f(x)$ sei für jedes ε mit $0 < \varepsilon < b - a$ auf dem Teilintervall $[a + \varepsilon; b]$ von $(a; b]$ integrierbar und für $x \to a + 0$ nicht beschränkt. Dann wird definiert:

$$\int\limits_{a}^{b} f(x)\mathrm{d}x = \lim_{\varepsilon\to+0}\int\limits_{a+\varepsilon}^{b} f(x)\mathrm{d}x = F(b) - \lim_{\varepsilon\to+0} F(a+\varepsilon)$$

Ist $c \in (a; b)$ und $f(x)$ auf den Teilintervallen $[a; c - \varepsilon_1]$ und $[c + \varepsilon_2; b]$ von $[a; b]$ integrierbar und für $x \to c$ nicht beschränkt, dann wird definiert:

$$\int\limits_{a}^{b} f(x)\mathrm{d}x = \lim_{\varepsilon_1\to+0}\int\limits_{a}^{c-\varepsilon_1} f(x)\mathrm{d}x + \lim_{\varepsilon_2\to+0}\int\limits_{c+\varepsilon_2}^{b} f(x)\mathrm{d}x$$

Die uneigentlichen Integrale heißen konvergent, falls die Grenzwerte existieren, anderenfalls divergent. In der dritten Beziehung müssen beide Integrale konvergieren, damit das Integral $\int_a^b f(x)\mathrm{d}x$ konvergiert. Die Grenzübergänge haben daher unabhängig voneinander zu erfolgen.

Fragen zu 3.3

21. In welchen Fällen nennt man ein Integral uneigentlich?

22. Wann nennt man ein uneigentliches Integral divergent?

23. Warum kann man nicht formal über eine Unendlichkeitsstelle des Integranden hinwegintegrieren?

24. Was versteht man unter dem Cauchyschen Hauptwert eines uneigentlichen Integrals?

25. Wann stimmt der Cauchysche Hauptwert mit dem Wert des uneigentlichen Integrals $\int_{-\infty}^{\infty} f(x)\mathrm{d}x$ überein?

26. Läßt sich bei Existenz eines uneigentlichen Integrals der errechnete Wert als Flächeninhalt unter einer Kurve interpretieren?

Aufgaben zu 3.3

44. Für welche $\alpha \in \mathrm{R}$ ist $\int_1^{\infty} \dfrac{\mathrm{d}x}{x^{\alpha}}$ konvergent bzw. divergent?

45. Bestimmen Sie im Falle der Existenz den Wert der folgenden uneigentlichen Integrale:

a) $\displaystyle\int_{-\infty}^{\infty} \frac{\mathrm{d}x}{1+x^2}$;

b) $\displaystyle\int_{0}^{\infty} \frac{\mathrm{d}x}{1+e^{\lambda x}}, \lambda > 0$;

c) $\displaystyle\int_{-\infty}^{\infty} \frac{\mathrm{d}x}{\cosh^2 x}$;

d) $\displaystyle\int_{-\infty}^{\infty} \frac{\mathrm{d}x}{x^2+4x+9}$;

e) $\displaystyle\int_{e}^{\infty} \frac{\mathrm{d}x}{x \ln x}, x > 0$;

f) $\displaystyle\int_{0}^{\infty} \cos n\, x\, \mathrm{d}x$;

g) $\displaystyle\int_{3}^{\infty} \frac{x^2+3}{x^2(x^2-1)} \mathrm{d}x$;

h) $\displaystyle\int_{0}^{\infty} \frac{\mathrm{d}x}{(1+x)\sqrt{x}}$.

46. Untersuchen Sie die folgenden uneigentlichen Integrale auf Konvergenz bzw. Divergenz. Im Falle der Divergenz untersuche man, ob der Cauchysche Hauptwert existiert.

a) $\displaystyle\int_{-\infty}^{\infty} \sinh x\, \mathrm{d}x$;

b) $\displaystyle\int_{-\infty}^{\infty} \frac{x}{1+x^2} \mathrm{d}x$.

47. Für welche $\alpha \in \mathrm{R}$ ist $\displaystyle\int_{0}^{1} \frac{\mathrm{d}x}{x^2}$ konvergent bzw. divergent? (Vgl. Aufgabe 44.).

48. Bestimmen Sie im Falle der Existenz den Wert der folgenden uneigentlichen Integrale:

a) $\displaystyle\int_{0}^{a} \frac{\mathrm{d}x}{\sqrt{a^2-x^2}}, a > 0$;

b) $\displaystyle\int_{0}^{\frac{\pi}{2}} \tan x\, \mathrm{d}x$;

c) $\displaystyle\int_{-1}^{1} \frac{\mathrm{d}x}{\sqrt{|x|}}$;

d) $\displaystyle\int_{0}^{\frac{\pi}{2}} \frac{\cos x}{1-\sin x} \mathrm{d}x$;

e) $\displaystyle\int_{0}^{9} \frac{\mathrm{d}x}{\sqrt[3]{(x-1)^2}}$;

f) $\displaystyle\int_{0}^{9} \frac{\mathrm{d}x}{\sqrt[3]{(x-1)^4}}$.

49. Untersuchen Sie, ob die unter der Kurve $y = \dfrac{x}{\sqrt{4-x^2}}$ im Intervall $[0;2]$ liegende Fläche einen endlichen Flächeninhalt besitzt.

50. Untersuchen Sie die folgenden uneigentlichen Integrale auf Konvergenz bzw. Divergenz. Im Falle der Divergenz untersuche man, ob der Cauchysche Hauptwert existiert.

a) $\displaystyle\int_{-1}^{1}\frac{\mathrm{d}x}{x^3};$

b) $\displaystyle\int_{-1}^{1}\frac{e^x}{e^x-1}\mathrm{d}x;$

c) $\displaystyle\int_{1}^{4}\frac{4}{x^2(x-2)}\mathrm{d}x.$

Antworten zu 3

1. Eine in einem Intervall I differenzierbare Funktion $F(x)$ heißt Stammfunktion der Funktion $f(x)$, falls $F'(x) = f(x)$ für alle $x \in I$ gilt.

2. Mit $F(x)$ ist auch $F(x) + C, C \in \mathbb{R}$ Stammfunktion von $f(x)$. Die Menge aller Stammfunktionen ist das unbestimmte Integral $\int f(x)\mathrm{d}x$. Verschiedene Stammfunktionen unterscheiden sich höchstens um eine additive Konstante.

3. Substitution: $z = f(x)$, $\mathrm{d}z = f'(x)\mathrm{d}x$,
$$\int \frac{f'(x)}{f(x)}\mathrm{d}x = \int \frac{dz}{z} = \ln|z| + C = \ln|f(x)| + C.$$

4. Substitution: $z = f(x), \mathrm{d}z = f'(x)\mathrm{d}x$,
$$\int (f(x))^n f'(x)\mathrm{d}x = \int z^n \mathrm{d}z = \frac{z^{n+1}}{n+1} + C = \frac{1}{n+1}(f(x))^{n+1} + C;$$
$n = 1$:
$$\int (f(x))f'(x)\mathrm{d}x = \frac{1}{2}(f(x))^2 + C.$$

5. a) Das Integral hat die Form $\int f(\varphi(x))\varphi'(x)\mathrm{d}x$.

Substitution: $t = \varphi(x) = \sin x, \mathrm{d}t = \varphi'(x)\mathrm{d}x = \cos x\,\mathrm{d}x, f(t) = e^t$;
$$\int e^{\sin x}\cos x\,\mathrm{d}x = \int e^t \mathrm{d}t.$$

b) Das Integral hat in diesem Falle nicht die Form $\int f(\varphi(x))\varphi'(x)\mathrm{d}x$.

Substitution: $x = \sin t, \mathrm{d}x = \cos t\,\mathrm{d}t$;
$$\int \sqrt{1-x^2}\mathrm{d}x = \int \sqrt{1-\sin^2 t}\cos t\,\mathrm{d}t = \int \cos^2 t\,\mathrm{d}t.$$

Nach erfolgter Integration ist die Substitution rückgängig zu machen, d.h.
$t = \arcsin x, -\dfrac{\pi}{2} \le t \le \dfrac{\pi}{2}$ zu setzen.

6. Läßt sich der Integrand als Produkt einer Funktion $u(x)$ und der Ableitung $v'(x)$ einer Funktion $v(x)$ darstellen, so ist die Anwendung der Methode dann zweckmäßig, wenn sich das Integral $\int u'(x)v(x)\mathrm{d}x$ berechnen läßt. Aus der Formel ist ersichtlich, daß man $u(x)$ differenzieren und $v'(x)$ integrieren muß. Es ist für die Anwendungen nicht gleichgültig, welche der Funktionen gleich $u(x)$ bzw. $v'(x)$ gesetzt wird. Eine allgemeine Regel gibt es nicht.

Beispiele:

a) $\int P_n(x)\sin x\,\mathrm{d}x$, $P_n(x)$ Polynom, $u = P_n(x)$, $v'(x) = \sin x$. Wiederholte Anwendung reduziert den Grad des Polynoms.

b) Zerlegung des Integranden, Zurückführung auf $\int x^n \sin x\,\mathrm{d}x$, $u = x^n$, $v'(x) = \sin x$. Wiederholte Anwendung baut den Exponenten von x^n ab. Auch anwendbar, wenn $\cos x, a^x, \sinh x$ oder $\cosh x$ an Stelle von $\sin x$ auftreten.

c) $\int P_n(x)\ln x\,\mathrm{d}x$ (auch für $P_n(x) \equiv 1$), $u(x) = \ln x$, $v'(x) = P_n(x)$. Führt auf die Integration einer rationalen Funktion. Auch anwendbar, wenn $\arctan x, \operatorname{arccot} x, \operatorname{artanh} x$ oder $\operatorname{arcoth} x$ an Stelle von $\ln x$ auftreten.

d) $\int \sin a\,x\,\mathrm{e}^{bx}\mathrm{d}x, u(x) = \sin a\,x, v'(x) = \mathrm{e}^{bx}$ (oder umgekehrt). Nach zweimaliger Anwendung der partiellen Integration können die auftretenden Integrale zusammengefaßt werden. Auch anwendbar, wenn im Integranden $\cos ax, \sinh ax$ bzw. $\cosh ax$ auftreten.

7. a) Auf die Integration echt gebrochen rationaler Funktionen.

b) • Bestimmung der Nullstellen der Nennerfunktion

    • Ansatz für Partialbrüche nach Art (reell, komplex) und Vielfachheit (einfach, mehrfach) der Nullstellen gemäß angegebener Formel

    • Bildung des Hauptnenners und Multiplikation des Ansatzes mit dem Hauptnenner. Bestimmung der Koeffizienten, etwa durch Koeffizientenvergleich oder Einsetzen spezieller Werte (z.B. der Nullstellen)

    • Integration der Partialbrüche

c) Zerlegung der unecht gebrochen rationalen Funktion durch Polynomdivision in einen ganzen rationalen und einen echt gebrochen rationalen Anteil. Integration des Polynoms über Grundintegrale, Integration der echt gebrochen rationalen Funktion nach 7.b).

8. Die Stammfunktionen rationaler Funktionen sind eine Linearkombination rationaler Funktionen, des Logarithmus linearer bzw. quadratischer Funktionen und des Arkustangens linearer Funktionen.

9. Durch beidseitiges Integrieren erhält man die allgemeine Lösung $y = \int f(x)\mathrm{d}x = F(x) + C$.

10. $e^{-x^2}, \dfrac{e^x}{x}, \dfrac{\sin x}{x}, \dfrac{1}{\ln x}, \sqrt{ax^4 + bx^3 + cx^2 + ex + f}$

11. Das unbestimmte Integral stellt die Menge aller Stammfunktionen $F(x)$ von $f(x)$ dar. Alle aus der Kurve $y = F(x)$ durch Parallelverschiebung in y-Richtung hervorgehenden Kurven haben dieselbe Ableitung $y' = f(x)$.

Das bestimmte Integral stellt bei festen Grenzen einen Zahlenwert (z.B. eine Flächen- oder Längenmaßzahl), bei variabler oberer Grenze eine Funktion der oberen Grenze dar.

12. Nach dem Hauptsatz der Differential- und Integralrechnung berechnet man zunächst eine Stammfunktion $F(x)$ von $f(x)$, setzt die obere und untere Grenze in $F(x)$ ein und bildet die Differenz

$$\int\limits_a^b f(x)\mathrm{d}x = [F(x)]_a^b = F(b) - F(a) \ .$$

13. Nein. Für die Berechnung des Integrals (siehe Antwort zu Frage 12) ist es belanglos wie die Abszisse des Koordinatensystems, d.h. die unabhängige Variable, bezeichnet wird.

14. Ja. Sei z.B. $a < b$. Dann gilt:

$$\int\limits_a^b f(x)\mathrm{d}x \begin{cases} > 0 & , \quad \text{falls } f(x) > 0 \, , \ x \in [a;b] \\ < 0 & , \quad \text{falls } f(x) < 0 \, , \ x \in [a;b] \end{cases}$$

15. Eine Unterteilung des Integrationsintervalls macht sich z.B. notwendig, wenn

a) der Integrand nur stückweise stetig ist und in den Unstetigkeitsstellen endliche Sprünge aufweist,

b) die zu berechnende Fläche sich oberhalb und unterhalb der x-Achse befindet,

c) der Integrand im Intervall $[a; b]$ durch unterschiedliche Funktionen erklärt ist.

16. Man zerlegt den von der Kurve K eingeschlossenen Bereich S in geeigneter Weise in Normalbereiche z.B. bezüglich der x-Achse

$B = \{(x,y)\,|\,a \leq x \leq b, g(x) \leq y \leq f(x)\}$ und bildet nach Integration über alle Teilbereiche die Summe der Flächeninhalte (s. Abb. 3.5).

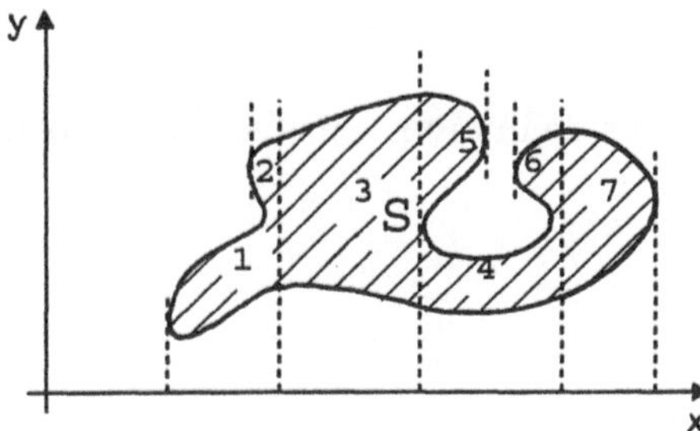

Abb. 3.5

Eine zweite Möglichkeit ergibt sich nach der Leibnizschen Sektorformel gemäß

$$A = \frac{1}{2} \int\limits_{t_a}^{t_b} (x\dot{y} - y\dot{x})\mathrm{d}t = \frac{1}{2} \oint\limits_{K} (x\mathrm{d}y - y\mathrm{d}x)$$

$\oint$ bezeichnet das Umlaufintegral. Die Kurve K wird dabei im mathematisch positiven Sinne durchlaufen, d.h. der Bereich S liegt zur Linken.

17. Es ergeben sich zwei Möglichkeiten:

a) Man transformiert nach der Substitutionsgleichung den Integranden, das Differential sowie die Grenzen und berechnet das so entstandene Integral mit den neuen Grenzen. Ein Rückgängigmachen der Substitution ist nicht erforderlich.

b) Werden die Grenzen nicht mit substituiert, so ist nach der unbestimmten Integration die Substitution rückgängig zu machen. Danach werden die Grenzen in die Stammfunktion eingesetzt.

18. a) $F(x)$ ist differenzierbar und damit auch stetig.

b) Die Ableitung des bestimmten Integrals einer stetigen Funktion $f(x)$ nach der oberen Grenze x ist gleich dem Integranden, genommen an der oberen Grenze.

c) Die Integralrechnung ist die Umkehrung der Differentialrechnung.

19. Da $\int \frac{1}{x}dx = \ln x + C$ für $x > 0$ gilt, führt hier die Integration aus der Klasse der rationalen Funktionen heraus und erzeugt eine transzendente Funktion. Durch das bestimmte Integral mit variabler oberer Grenze

$$\int\limits_{t=1}^{x} \frac{1}{t}dt = [\ln t]_{t=1}^{x} = \ln x - \ln 1 = \ln x$$

läßt sich der natürliche Logarithmus definieren. Für die Zahl e folgt hieraus

$$\ln e = 1 = \int\limits_{t=1}^{e} \frac{1}{t}dt \ .$$

20. Man zerlegt das Integrationsintervall $[a;b]$ in eine endliche Anzahl von Stützstellen $x_i \in [a;b]$ mit bestimmter Schrittweite. Die Berechnung des Integrals wird dann auf die Berechnung der Funktionswerte $y_i = f(x_i)$ des Integranden an diesen Stützstellen zurückgeführt. Die einzelnen Formeln zur näherungsweisen Berechnung bestimmter Integrale unterscheiden sich im wesentlichen durch die Anzahl und die Lage der Stützstellen sowie durch die Wichtung der Funktionswerte in der das Integral näherungsweise ersetzenden Summe.

21. Im Unterschied zum "eigentlichen" Integral bei dem sowohl das Integrationsintervall als auch der Integrand über dem Integrationsintervall beschränkt ist, nennt man ein Integral uneigentlich, falls mindestens eine der obigen Voraussetzungen verletzt ist. D.h. ein Integral heißt uneigentlich, wenn das Integrationsintervall nicht beschränkt oder/und der Integrand über dem Integrationsintervall eine Unendlichkeitsstelle besitzt.

22. Ein uneigentliches Integral heißt divergent, wenn die in den Formeln auf der rechten Seite stehenden Grenzwerte nicht existieren.

23. Es kann möglich sein, daß in

$$\int\limits_a^b f(x)\mathrm{d}x = \lim_{\varepsilon_1 \to +0} \int\limits_a^{c-\varepsilon_1} f(x)\mathrm{d}x + \lim_{\varepsilon_2 \to +0} \int\limits_{c+\varepsilon_2}^b f(x)\mathrm{d}x$$

die beiden rechts stehenden Grenzwerte nicht existieren, das uneigentliche Integral also divergiert, andererseits aber formales Integrieren von $\int\limits_a^b f(x)\mathrm{d}x$ einen endlichen Wert ergibt.

24. Falls der Grenzwert

$$\text{V.p.} \int\limits_{-\infty}^{\infty} f(x)\mathrm{d}x = \lim_{\varepsilon \to \infty} \int\limits_{-\varepsilon}^{\varepsilon} f(x)\mathrm{d}x$$

bzw.

$$\text{V.p.} \int\limits_a^b f(x)\mathrm{d}x = \lim_{\varepsilon \to +0} \left[\int\limits_a^{c-\varepsilon} f(x)\mathrm{d}x + \int\limits_{c+\varepsilon}^b f(x)\mathrm{d}x \right]$$

existiert, so heißt er Cauchyscher Hauptwert des uneigentlichen Integrals. Wie man aus den Formeln erkennt, sind die rechts stehenden Grenzübergänge nicht mehr unabhängig voneinander. Es handelt sich jetzt um dasselbe ε.

25. Der Cauchysche Hauptwert stimmt mit dem Wert des uneigentlichen Integrals $\int\limits_{-\infty}^{\infty} f(x)\mathrm{d}x$ überein, wenn dieses konvergiert, d.h. es ist

$$\text{V.p.} \int\limits_{-\infty}^{\infty} f(x)\mathrm{d}x = \int\limits_{-\infty}^{\infty} f(x)\mathrm{d}x.$$

26. Ja. Im Falle der Konvergenz (Existenz) eines uneigentlichen Integrals läßt sich auch bei nicht beschränkter Ordinatenmenge der (endliche) Grenzwert als Flächeninhalt interpretieren.

Lösungen zu 3

1. $I = \displaystyle\int e^{\sqrt{x}}\,\mathrm{d}x$

Substitution : $\sqrt{x} = t$, $x = t^2$, $\mathrm{d}x = 2t\mathrm{d}t$

$I = 2\displaystyle\int te^t\mathrm{d}t = 2(te^t - \int e^t\mathrm{d}t) = 2(te^t - e^t) + C$

partielle Integration : $u = t$ $\mathrm{d}v = e^t\mathrm{d}t$

                             $\mathrm{d}u = \mathrm{d}t$ $v = e^t$

$I = 2e^{\sqrt{x}}(\sqrt{x} - 1) + C$.

2. $I = \displaystyle\int \sqrt{1 - \cos 4x}\,\mathrm{d}x = \int \sqrt{2\sin^2 2x}\,\mathrm{d}x$

$\sin^2 x = \dfrac{1}{2}(1 - \cos 2x) \Rightarrow 1 - \cos 4x = 2\sin^2 2x$

$I = \sqrt{2}\displaystyle\int \sin 2x\,\mathrm{d}x = -\dfrac{\sqrt{2}}{2}\cos 2x + C$.

3. $I = \displaystyle\int \tan^2 x\,\mathrm{d}x = \int (1 + \tan^2 x - 1)\,\mathrm{d}x$

      $= \displaystyle\int (1 + \tan^2 x)\,\mathrm{d}x - \int \mathrm{d}x = \int \dfrac{\mathrm{d}x}{\cos^2 x} - x = \tan x - x + C$.

4. $I = \displaystyle\int x^2 \cos 3x\,\mathrm{d}x = \dfrac{1}{3}x^2 \sin 3x - \dfrac{2}{3}\int x \sin 3x\,\mathrm{d}x$

partielle Integration, Erniedrigung des Exponenten der Potenzfunktion

$$
\begin{array}{ll|ll}
u = x^2 & \mathrm{d}v = \cos 3x\,\mathrm{d}x & u = x & \mathrm{d}v = \sin 3x\,\mathrm{d}x \\
\mathrm{d}u = 2x\mathrm{d}x & v = \tfrac{1}{3}\sin 3x & \mathrm{d}u = \mathrm{d}x & v = -\tfrac{1}{3}\cos 3x
\end{array}
$$

$I = \dfrac{1}{3}x^2 \sin 3x - \dfrac{2}{3}\Big[-\dfrac{1}{3}x\cos 3x + \dfrac{1}{3}\displaystyle\int \cos 3x\,\mathrm{d}x\Big]$

   $= \dfrac{1}{3}\sin 3x\Big(x^2 - \dfrac{2}{9}\Big) + \dfrac{2}{9}x\cos 3x + C$.

5. $I = \displaystyle\int \dfrac{\mathrm{d}x}{x\ln x} = \int \dfrac{\tfrac{1}{x}}{\ln x}\,\mathrm{d}x = \ln|\ln x| + C$.

6.
$$I = \int \ln x \, \mathrm{d}x = x \ln x - \int x \, \frac{1}{x} \, \mathrm{d}x = x \ln x - \int \mathrm{d}x$$

partielle Integration : $\quad u = \ln x \quad \mathrm{d}v = 1 \cdot \mathrm{d}x$

$$\mathrm{d}u = \frac{1}{x}\mathrm{d}x \quad v = x$$

$$I = x \ln x - x + C = x(\ln x - 1) + C \,.$$

7.
$$I = \int \frac{\mathrm{e}^x - 1}{x\mathrm{e}^x + 1}\mathrm{d}x = \int \frac{\mathrm{e}^x + x\mathrm{e}^x - x\mathrm{e}^x - 1}{x\mathrm{e}^x + 1}\mathrm{d}x$$

$$= \int \frac{\mathrm{e}^x + x\mathrm{e}^x}{x\mathrm{e}^x + 1}\mathrm{d}x - \int \frac{x\mathrm{e}^x + 1}{x\mathrm{e}^x + 1}\mathrm{d}x = \ln|x\mathrm{e}^x + 1| - \int \mathrm{d}x$$

$$= \ln|x\mathrm{e}^x + 1| - x + C \,.$$

8.
$$I = \int \sin x\mathrm{e}^x\mathrm{d}x = \mathrm{e}^x \sin x - \int \cos x\mathrm{e}^x\mathrm{d}x$$

partielle Integration :

$$
\begin{array}{ll|ll}
u = \sin x & \mathrm{d}v = \mathrm{e}^x\mathrm{d}x & u = \cos x & \mathrm{d}v = \mathrm{e}^x\mathrm{d}x \\
\mathrm{d}u = \cos x\mathrm{d}x & v = \mathrm{e}^x & \mathrm{d}u = \sin x\mathrm{d}x & v = \mathrm{e}^x
\end{array}
$$

$$\int \sin x\mathrm{e}^x\mathrm{d}x = \mathrm{e}^x \sin x - \left(\mathrm{e}^x \cos x + \int \sin x\mathrm{e}^x\mathrm{d}x\right)$$

$$= \mathrm{e}^x \sin x - \mathrm{e}^x \cos x - \int \sin x\mathrm{e}^x\mathrm{d}x$$

Obwohl es zunächst scheint als hätte die Methode versagt, ergibt sich

$$2\int \sin x\mathrm{e}^x\mathrm{d}x = \mathrm{e}^x(\sin x - \cos x) + C_1$$

$$\int \sin x\mathrm{e}^x\mathrm{d}x = \frac{1}{2}\mathrm{e}^x(\sin x - \cos x) + C$$

als die Lösung der Aufgabe.

9.
$$I = \int \frac{\mathrm{d}x}{\sin x + \cos x} = \int \frac{-2}{t^2 - 2t - 1}\mathrm{d}t$$

Substitution : $\quad t = \tan \dfrac{x}{2} \,, \quad \sin x = \dfrac{2t}{1 + t^2}$

$$\cos x = \frac{1 - t^2}{1 + t^2} \qquad \mathrm{d}x = \frac{2\mathrm{d}t}{1 + t^2}$$

Partialbruchzerlegung :

$$t^2 - 2t - 1 = 0 \qquad t_{1/2} = 1 \pm \sqrt{1+1}$$

$$t_1 = 1 + \sqrt{2}, \ t_2 = 1 - \sqrt{2}$$

$$\frac{-2}{t^2 - 2t - 1} = \frac{A}{t - 1 - \sqrt{2}} + \frac{B}{t - 1 + \sqrt{2}}$$

$$-2 = A(t - 1 + \sqrt{2}) + B(t - 1 - \sqrt{2})$$

Einsetzen der Wurzeln:

$$t_1 = 1 + \sqrt{2} : -2 = A(1 + \sqrt{2} - 1 - \sqrt{2}) = A \cdot 2\sqrt{2} \Rightarrow A = -\frac{1}{\sqrt{2}}$$

$$t_2 = 1 - \sqrt{2} : -2 = B(1 - \sqrt{2} - 1 - \sqrt{2}) = B(-2\sqrt{2}) \Rightarrow B = \frac{1}{\sqrt{2}}$$

$$I = \int \frac{\mathrm{d}x}{\sin x + \cos x} = -\frac{1}{\sqrt{2}} \int \frac{\mathrm{d}t}{t - 1 - \sqrt{2}} + \frac{1}{\sqrt{2}} \int \frac{\mathrm{d}t}{t - 1 + \sqrt{2}}$$

$$= -\frac{1}{\sqrt{2}} \ln|t - 1 - \sqrt{2}| + \frac{1}{\sqrt{2}} \ln|t - 1 + \sqrt{2}| + C$$

$$= \frac{1}{2} \sqrt{2} \ln \left| \frac{\tan \frac{x}{2} - 1 + \sqrt{2}}{\tan \frac{x}{2} - 1 - \sqrt{2}} \right| + C \ .$$

10. $\quad I_n(x) = \displaystyle\int \frac{\mathrm{d}x}{(x^2 + a^2)^n}$

partielle Integration

$$u = \frac{1}{(x^2 + q^2)^n} \qquad\qquad \mathrm{d}v = \mathrm{d}x$$

$$\mathrm{d}u = -\frac{2nx}{(x^2 + a^2)^{n+1}} \mathrm{d}x \qquad\qquad v = x$$

$$I_n(x) = \frac{x}{(x^2 + a^2)^n} + 2n \int \frac{x^2}{(x^2 + a^2)^{n+1}} \mathrm{d}x$$

$$= \frac{x}{(x^2 + a^2)^n} + 2n \int \frac{x^2 + a^2}{(x^2 + a^2)^{n+1}} \mathrm{d}x - 2n \int \frac{a^2}{(x^2 + a^2)^{n+1}} \mathrm{d}x$$

$$= \frac{x}{(x^2 + a^2)^n} + 2n \int \frac{\mathrm{d}x}{(x^2 + a^2)^n} - 2na^2 \int \frac{\mathrm{d}x}{(x^2 + a^2)^{n+1}}$$

$$\Rightarrow I_n(x) = \frac{x}{(x^2 + a^2)^n} + 2nI_n(x) - 2na^2 I_{n+1}(x)$$

$$\Rightarrow I_{n+1}(x) = \frac{x}{2na^2(x^2 + a^2)^n} + \frac{2n - 1}{2na^2} I_n(x) \ .$$

11. $\quad I = \displaystyle\int \frac{\sin^3 x}{\cos^4 x} \mathrm{d}x = \int \frac{\sin^2 x \sin x}{\cos^4 x} \mathrm{d}x = \int \frac{(1 - \cos^2 x) \sin x}{\cos^4 x} \mathrm{d}x$

Substitution: $\cos x = t$, $-\sin x\, dx = dt$

$$I = -\int \frac{1 - t^2}{t^4}dt = \int \frac{t^2 - 1}{t^4}dt = \int \frac{dt}{t^2} - \int \frac{dt}{t^4} = -\frac{1}{t} + \frac{1}{3t^3} + C$$

$$= -\frac{1}{\cos x} + \frac{1}{3\cos^3 x} + C.$$

12. $\quad I = \int \frac{x}{(x+1)^4}dx = \int \frac{t-1}{t^4}dt = \int \frac{dt}{t^3} - \int \frac{dt}{t^4}$

Substitution: $x + 1 = t$, $dx = dt$, $x = t - 1$

$$I = -\frac{1}{2t^2} + \frac{1}{3t^3} + C = \frac{2 - 3t}{6t^3} + C = \frac{2 - 3(x+1)}{6(x+1)^3} + C$$

$$= -\frac{3x + 1}{6(x+1)^3} + C.$$

13. $\quad I = \int \frac{dx}{e^x + e^{-x}} = \int \frac{1}{u + \frac{1}{u}}\frac{du}{u} = \int \frac{du}{u^2 + 1}$

Substitution: $u = e^x$, $du = e^x dx = u\, dx$

$I = \arctan u + C = \arctan e^x + C.$

14. $\quad I = \int \sqrt{4 - x^2}\, dx$

Substitution:

$$x = 2\sin t,\, dx = 2\cos t\, dt,\, \sin t = \frac{x}{2},\, t = \arcsin \frac{x}{2},\, \cos t = \sqrt{1 - \left(\frac{x}{2}\right)^2}$$

$$I = 2\int \sqrt{4 - 4\sin^2 t}\,\cos t\, dt = 4\int \sqrt{1 - \sin^2 t}\,\cos t\, dt$$

$$= 4\int \cos t \cos t\, dt = 4\int \cos^2 t\, dt$$

$$\cos^2 t = \frac{1}{2}(1 + \cos 2t)$$

$$I = 4\int \frac{1}{2}(1 + \cos 2t)dt = 2(t + \frac{1}{2}\sin 2t) + C$$

$$= 2t + \sin 2t + C = 2t + 2\sin t \cos t + C$$

$$= 2\arcsin \frac{x}{2} + \frac{x}{2}\sqrt{4 - x^2} + C.$$

15. $\quad I = \int \frac{2x^2}{\sqrt{1 + x^2}}dx$

Substitution: $x = \sinh t$, $dx = \cosh t\, dt$, $t = \operatorname{arsinh} x$

$$I = \int \frac{2\sinh^2 t}{\sqrt{1 + \sinh^2 t}}\cosh t\,\mathrm{d}t = \int \frac{2\sinh^2 t}{\cosh t}\cosh t\,\mathrm{d}t$$

$$= 2\int \sinh^2 t\,\mathrm{d}t$$

$$\sinh^2 t = \frac{1}{2}(\cosh 2t - 1)$$

$$I = 2\int \frac{1}{2}(\cosh 2t - 1)\mathrm{d}t = \frac{1}{2}\sinh 2t - t + C$$

$$= \sinh t \cosh t - t + C = \sinh t\sqrt{1 + \sinh^2 t} - t + C$$

$$= x\sqrt{1 + x^2} - \operatorname{arsinh} x + C \ .$$

16. $\displaystyle \int \frac{\mathrm{d}x}{\sqrt{-x^2 + 6x - 5}} = \int \frac{\mathrm{d}x}{\sqrt{-(x^2 - 6x) - 5}}$

quadratische Ergänzung für den Klammerausdruck

$$I = \int \frac{\mathrm{d}x}{\sqrt{-(x^2 - 6x + 9) - 5 + 9}} = \int \frac{\mathrm{d}x}{\sqrt{4 - (x - 3)^2}}$$

$$= \frac{1}{2}\int \frac{\mathrm{d}x}{\sqrt{1 - (\frac{x-3}{2})^2}}$$

Substitution: $\displaystyle \frac{x - 3}{2} = t \ , \ \frac{1}{2}\mathrm{d}x = \mathrm{d}t$

$$I = \int \frac{\mathrm{d}t}{\sqrt{1 - t^2}} = \arcsin t + C = \arcsin \frac{x - 3}{2} + C \ .$$

17. a) $\displaystyle I = \int \frac{\sin x}{\cos^3 x}\mathrm{d}x = -\int \frac{\mathrm{d}t}{t^3} = -\frac{t^{-2}}{-2} + C = \frac{1}{2t^2} + C$

Substitution: $\cos x = t, -\sin x\,\mathrm{d}x = \mathrm{d}t$

$$I = \frac{1}{2\cos^2 x} + C \ ;$$

b) $\displaystyle I = \int \frac{\sin x}{\cos^3 x}\mathrm{d}x = \int \frac{\tan x}{\cos^2 x}\mathrm{d}x = \int t\,\mathrm{d}t = \frac{t^2}{2} + C$

Substitution: $\tan x = t, \dfrac{1}{\cos^2 x}\mathrm{d}x = \mathrm{d}t$

$$I = \frac{1}{2}\tan^2 x + C \ ;$$

c)　　$I = \int \dfrac{\sin x}{\cos^3 x}\,\mathrm{d}x = \int \dfrac{\tan x}{\cos^2 x}\,\mathrm{d}x$

partielle Integration :　$u = \tan x$　　　　$\mathrm{d}v = \dfrac{1}{\cos^2 x}\,\mathrm{d}x$

$$\mathrm{d}u = \dfrac{1}{\cos^2 x}\,\mathrm{d}x \qquad v = \tan x$$

$$I = \tan^2 x - \int \dfrac{\tan x}{\cos^2 x}\,\mathrm{d}x$$

$$\int \dfrac{\tan x}{\cos^2 x}\,\mathrm{d}x = \tan^2 x - \int \dfrac{\tan x}{\cos^2 x}\,\mathrm{d}x$$

$$2 \int \dfrac{\tan x}{\cos^2 x}\,\mathrm{d}x = \tan^2 x + C_1$$

$$\int \dfrac{\tan x}{\cos^2 x}\,\mathrm{d}x = \dfrac{1}{2}\tan^2 x + C \ .$$

Das Ergebnis von a) stimmt offenbar nicht mit den Ergebnissen von b) und c) überein. Wenn beide richtig sein sollen, dürfen sie sich höchstens um eine additive Konstante unterscheiden. Wir bilden die Differenz:

$$\dfrac{1}{2\cos^2 x} - \dfrac{1}{2}\tan^2 x = \dfrac{1}{2\cos^2 x} - \dfrac{1}{2}\dfrac{1 - \cos^2 x}{\cos^2 x}$$

$$\left(\tan^2 x = \dfrac{\sin^2 x}{\cos^2 x} = \dfrac{1 - \cos^2 x}{\cos^2 x} \right)$$

$$= \dfrac{1}{2}\left(\dfrac{1 - 1 + \cos^2 x}{\cos^2 x} \right) = \dfrac{1}{2} \ .$$

d)　　Das Integral läßt sich auch direkt nach der in der Antwort zur Frage 4 angegebenen Formel für den Fall $n = 1$ berechnen:

$$I = \int \dfrac{\sin x}{\cos^3 x}\,\mathrm{d}x = \int \dfrac{\tan x}{\cos^2 x}\,\mathrm{d}x = \int \underbrace{\tan x}_{f(x)}\ \underbrace{\dfrac{1}{\cos^2 x}}_{f'(x)}\ \mathrm{d}x$$

$$= \dfrac{1}{2}\tan^2 x + C \ .$$

e)　　$I = \int \dfrac{\sin x}{\cos^3 x}\,\mathrm{d}x$

Substitution:　$t = \tan x, \quad \sin x = \dfrac{t}{\sqrt{1 + t^2}}$

$$\cos x = \dfrac{1}{\sqrt{1 + t^2}}, \quad \mathrm{d}x = \dfrac{\mathrm{d}t}{1 + t^2}$$

$$I = \int \frac{\dfrac{t}{\sqrt{1+t^2}}\dfrac{1}{1+t^2}}{\dfrac{1}{(\sqrt{1+t^2})^3}}\, dt = \int t\, dt = \frac{1}{2}t^2 + C = \frac{1}{2}\tan^2 x + C \; .$$

18. $I = \int \dfrac{dx}{(x^2 - 2x + 1)(x^2 + 1)}$

Partialbruchzerlegung:

$x^2 - 2x + 1 = 0$

$x_{1/2} = 1 \pm \sqrt{1 - 1} = 1 \qquad$ zweifache reelle Nullstelle

$x^2 + 1 = 0 \qquad\qquad\qquad$ komplexe Nullstellen

$$\frac{1}{(x^2 - 2x + 1)(x^2 + 1)} = \frac{A}{x - 1} + \frac{B}{(x - 1)^2} + \frac{Cx + D}{x^2 + 1}$$

$$1 = A(x - 1)(x^2 + 1) + B(x^2 + 1) + (Cx + D)(x - 1)^2$$

$$= (A + C)x^3 + (-A + B - 2C + D)x^2 + (A + C - 2D)x - A + B + D$$

Koeffizientenvergleich:

$$
\begin{aligned}
A \ + \ C \qquad\qquad &= 0 \quad \Rightarrow A = -C \\
-A + B - 2C + D &= 0 \quad \Rightarrow C + B - 2C + D = 0 \Rightarrow B - C + D = 0 \\
A \qquad + C - 2D &= 0 \quad \Rightarrow -C + C - 2D = 0 \Rightarrow 2D = 0 \Rightarrow D = 0 \\
-A + B \qquad\ + D &= 1 \quad \Rightarrow C + B = 1 \\
&\qquad\ \ \Rightarrow B - C = 0 \Rightarrow B = C = -A \\
&\qquad\ \ C + C = 1 \Rightarrow C = \frac{1}{2}, B = \frac{1}{2}, A = -\frac{1}{2}
\end{aligned}
$$

$$\int \frac{dx}{(x^2 - 2x + 1)(x^2 + 1)} = \underbrace{-\frac{1}{2}\int \frac{dx}{x - 1}}_{I_1} + \underbrace{\frac{1}{2}\int \frac{dx}{(x - 1)^2}}_{I_2} + \underbrace{\frac{1}{2}\int \frac{x}{x^2 + 1}\, dx}_{I_3}$$

$$I_1 = -\frac{1}{2}\int \frac{dx}{x - 1} = -\frac{1}{2}\ln|x - 1| + C_1$$

$$I_2 = \frac{1}{2}\int \frac{dx}{(x - 1)^2} = \frac{1}{2}\int \frac{dt}{t^2} = -\frac{1}{2t} + C_2 = -\frac{1}{2(x - 1)} + C_2$$

Substitution: $x - 1 = t$, $dx = dt$

$$I_3 = \frac{1}{2}\int \frac{x}{x^2 + 1}\, dx = \frac{1}{2}\cdot\frac{1}{2}\int \frac{dt}{t} = \frac{1}{4}\ln|t| + C_3 = \frac{1}{4}\ln(x^2 + 1) + C_3$$

Substitution: $x^2 + 1 = t$, $2x\mathrm{d}x = \mathrm{d}t$

$$I = I_1 + I_2 + I_3 = -\frac{1}{2}\ln|x-1| - \frac{1}{2(x-1)} + \frac{1}{4}\ln(x^2+1) + C \ .$$

19. $\quad I = \int \dfrac{\mathrm{d}x}{\sqrt{x^2 - 4x + 8}} = \int \dfrac{\mathrm{d}x}{\sqrt{x^2 - 4x + 4 + 4}} = \int \dfrac{\mathrm{d}x}{\sqrt{(x-2)^2 + 4}}$

quadratische Ergänzung

$$I = \int \dfrac{\mathrm{d}x}{2\sqrt{(\dfrac{x-2}{2})^2 + 1}}$$

$$= \frac{1}{2}\int \dfrac{2\mathrm{d}t}{\sqrt{t^2 + 1}} = \operatorname{arsinh} t + C = \operatorname{arsinh}\frac{x-2}{2} + C.$$

Substitution: $\quad \dfrac{x-2}{2} = t$, $\dfrac{1}{2}\mathrm{d}x = \mathrm{d}t$, $\mathrm{d}x = 2\mathrm{d}t$.

20. $\quad I = \displaystyle\int x^2 \sqrt{1 + x^2}\,\mathrm{d}x$

Substitution: $\quad x = \sinh t$, $\mathrm{d}x = \cosh t\,\mathrm{d}t$, $t = \operatorname{arsinh} x$

$$I = \int \sinh^2 t \sqrt{1 + \sinh^2 t}\,\cosh t\,\mathrm{d}t$$

$$= \int \sinh^2 t \cosh t \cosh t\,\mathrm{d}t = \int \sinh^2 t \cosh^2 t\,\mathrm{d}t$$

$$= \int (\sinh t \cosh t)^2\,\mathrm{d}t = \int (\frac{1}{2}\sinh 2t)^2\,\mathrm{d}t$$

$$= \frac{1}{4}\int \sinh^2 2t\,\mathrm{d}t = \frac{1}{4}\cdot\frac{1}{2}\int \sinh^2 u\,\mathrm{d}u$$

Substitution: $\quad 2t = u$, $2\mathrm{d}t = \mathrm{d}u$, $\mathrm{d}t = \dfrac{\mathrm{d}u}{2}$

$$\sinh^2 u = \frac{1}{2}(\cosh 2u - 1)$$

$$I = \frac{1}{8}\int \frac{1}{2}(\cosh 2u - 1)\mathrm{d}u = \frac{1}{16}(\frac{1}{2}\sinh 2u - u) + C$$

$$= \frac{1}{16}(\sinh u \cosh u - u) + C$$

$$= \frac{1}{16}(\sinh 2t \sqrt{1 + \sinh^2 2t} - 2t) + C$$

$$= \frac{1}{16}(2x\sqrt{1 + x^2}\sqrt{1 + (2x\sqrt{1+x^2})^2} - 2\operatorname{arsinh} x) + C$$

$$= \frac{1}{16}(2x\sqrt{1 + x^2}\sqrt{1 + 4x^2(1 + x^2)} - 2\operatorname{arsinh} x) + C \ .$$

21.
$$I = \int \frac{e^{3x}}{e^x + 1}\,dx = \int \frac{t^3}{(t+1)t}\,dt = \int \frac{t^2}{t+1}\,dt$$

Substitution: $e^x = t$, $e^x dx = dt$, $dx = \dfrac{1}{e^x}dt = \dfrac{1}{t}dt$

$$t^2 : (t+1) = t - 1 + \frac{1}{t+1}$$

$$I = \int \left(t - 1 + \frac{1}{t+1}\right)dt = \frac{1}{2}t^2 - t + \ln|t+1| + C$$

$$= \frac{1}{2}e^{2x} - e^x + \ln(e^x + 1) + C\,.$$

22.
$$I = \int \frac{dx}{\sin x}$$

Substitution: $\tan\dfrac{x}{2} = t$, $\sin x = \dfrac{2t}{1+t^2}$, $dx = \dfrac{2dt}{1+t^2}$

$$I = \int \frac{\frac{2dt}{1+t^2}}{\frac{2t}{1+t^2}} = \int \frac{dt}{t} = \ln|t| + C = \ln\left|\tan\frac{x}{2}\right| + C\,.$$

Dieses Integral läßt sich auch auf andere Weise berechnen, wenn wir zunächst berücksichtigen, daß $\sin x = 2\sin\frac{x}{2}\cos\frac{x}{2}$ gilt.

$$I = \int \frac{dx}{\sin x} = \int \frac{dx}{2\sin\frac{x}{2}\cos\frac{x}{2}} = \int \frac{1}{\sin\frac{x}{2}\cos\frac{x}{2}}\,d\left(\frac{x}{2}\right)\,.$$

Durch Erweiterung des Bruches mit $\dfrac{1}{\cos^2\frac{x}{2}}$ erhält man

$$I = \int \frac{dx}{\sin x} = \int \frac{\cos^2\frac{x}{2}}{\tan\frac{x}{2}}\,d\left(\frac{x}{2}\right)\,.$$

Dies ist ein Integral der Form $\int \dfrac{f'(x)}{f(x)}\,dx = \ln|f(x)| + C$.

$$I = \ln\left|\tan\frac{x}{2}\right| + C\,.$$

23.
$$I = \int (1 - \cot^2 x)\,dx$$

Substitution: $\tan\dfrac{x}{2} = t$, $\cot x = \dfrac{1-t^2}{2t}$, $dx = \dfrac{2dt}{1+t^2}$

$$I = \int \left[1 - \left(\frac{1-t^2}{2t}\right)^2\right]\frac{2dt}{1+t^2} = \int \frac{2}{1+t^2}\cdot\frac{4t^2 - (1 - 2t^2 + t^4)}{4t^2}\,dt$$

$$= \frac{1}{2}\int \frac{4t^2 - 1 + 2t^2 - t^4}{t^2(1-t^2)}\,dt = -\frac{1}{2}\int \frac{t^4 - 6t^2 + 1}{t^2(1+t^2)}\,dt$$

Der Integrand ist eine unecht gebrochen rationale Funktion. Nach Polynomdivision wird die Methode der Partialbruchzerlegung benutzt.

$$(t^4 - 6t^2 + 1) : (t^4 + t^2) = 1 + \frac{-7t^2 + 1}{t^4 + t^2} = 1 + \frac{-7t^2 + 1}{t^2(t^2 + 1)}$$

$$\frac{-7t^2 + 1}{t^2(t^2 + 1)} = \frac{A}{t} + \frac{B}{t^2} + \frac{Ct + D}{t^2 + 1}$$

$$-7t^2 + 1 = At(t^2 + 1) + B(t^2 + 1) + (Ct + D)t^2$$

$$= (A + C)t^3 + (B + D)t^2 + At + B$$

Koeffizientenvergleich: $A = 0$, $B = 1$, $C = 0$, $D = -8$

$$I = -\frac{1}{2} \int \frac{t^4 - 6t^2 + 1}{t^2(t^2 + 1)}\, dt = -\frac{1}{2}\left[\int dt + \int \frac{dt}{t^2} - 8 \int \frac{dt}{t^2 + 1}\right]$$

$$= -\frac{1}{2}\left[t - \frac{1}{t} - 8\arctan t\right] + C = -\frac{1}{2}\left[\tan \frac{x}{2} - \frac{1}{\tan \frac{x}{2}} - 8 \cdot \frac{x}{2}\right] + C$$

$$= \frac{-\tan^2 \frac{x}{2} + 1}{2\tan \frac{x}{2}} + 2x + C = \frac{1 - \tan^2 \frac{x}{2}}{2\tan \frac{x}{2}} + 2x + C$$

$$\left(\tan 2x = \frac{2\tan x}{1 - \tan^2 x}\right)$$

$$I = \frac{1}{\tan x} + 2x + C = \cot x + 2x + C \ .$$

24.
$$I = \int \tan^3 x\, dx = \int \frac{\sin^3 x}{\cos^3 x}\, dt$$

Substitution: $t = \tan \dfrac{x}{2}$, $\sin x = \dfrac{2t}{1 + t^2}$,

$$\cos x = \frac{1 - t^2}{1 + t^2}, \quad dx = \frac{2dt}{1 + t^2}$$

$$I = \int \frac{\left(\frac{2t}{1+t^2}\right)^3}{\left(\frac{1-t^2}{1+t^2}\right)^3} \cdot \frac{2dt}{1 + t^2} = 16 \int \frac{t^3}{(1 - t^2)^3(1 + t^2)}\, dt \ .$$

Die Substitution $t = \tan \frac{x}{2}$, die zwar immer zum Ziele führt, erweist sich hier als ungünstig, da ein relativ komplizierter Ausdruck für die Partialbruchzerlegung entsteht.

Substitution: $t = \tan x$, $dx = \dfrac{dt}{1 + t^2}$

$$I = \int \tan^3 x \, dx = \int t^3 \frac{dt}{1+t^2} = \int \frac{t^3}{1+t^2} \, dt$$

$$t^3 : (t^2 + 1) = t - \frac{t}{1+t^2}$$

$$I = \int \left(t - \frac{t}{1+t^2} \right) dt = \int t \, dt - \frac{1}{2} \int \frac{2t}{1+t^2} \, dt = \frac{t^2}{2} - \frac{1}{2} \ln(1+t^2) + C_1$$

$$= \frac{1}{2} \tan^2 x - \frac{1}{2} \ln(1 + \tan^2 x) + C_1 \ .$$

Eine weitere Substitutionsmöglichkeit ist:

$$t = \cos x \ , \ \sin x = \sqrt{1 - t^2} \ , \ dx = - \frac{dt}{\sqrt{1 - t^2}}$$

$$I = \int \frac{\sqrt{(1-t^2)^3}}{t^3} \left(- \frac{dt}{\sqrt{1-t^2}} \right) = \int \frac{-(1-t^2)}{t^3} \, dt$$

$$= \int \frac{t^2 - 1}{t^3} \, dt = \int \frac{dt}{t} - \int \frac{dt}{t^3} = \ln|t| + \frac{1}{2t^2} + C_2$$

$$= \ln|\cos x| + \frac{1}{2\cos^2 x} + C_2 \ .$$

Man erhält ein anderes Ergebnis als bei der Substitution $t = \tan x$. Beide Ergebnisse dürfen sich nur um eine additive Konstante unterscheiden. Es gilt:

$$1 + \tan^2 x = \frac{1}{\cos^2 x} \ , \ \tan^2 x = \frac{1}{\cos^2 x} - 1 \ .$$

Damit folgt:

$$\frac{1}{2} \tan^2 x - \frac{1}{2} \ln(1 + \tan^2 x) + C_1 = \frac{1}{2} \left(\frac{1}{\cos^2 x} - 1 \right) - \frac{1}{2} \ln \frac{1}{\cos^2 x} + C_1$$

$$= \frac{1}{2\cos^2 x} - \frac{1}{2} - \frac{1}{2} \ln \frac{1}{\cos^2 x} + C_1$$

$$= \frac{1}{2\cos^2 x} - \frac{1}{2} \ln 1 + \frac{1}{2} \ln \cos^2 x + C_1 - \frac{1}{2}$$

$$= \frac{1}{2\cos^2 x} + \ln|\cos x| + C_1 - \frac{1}{2} \ .$$

Das ist aber das Ergebnis nach der zweiten Variante, wenn $C_2 = C_1 - \frac{1}{2}$ gesetzt wird.

25. $\quad I = \displaystyle\int \frac{x^4 + 6x^2 - x - 1}{x^3 - x^2 + 4x - 4} \, dx$

Der Integrand ist eine unecht gebrochene rationale Funktion. Nach Polynomdivision erfolgt die Integration über Partialbruchzerlegung.

$$(x^4 + 6x^2 - x - 1) : (x^3 - x^2 + 4x - 4) = x + 1 + \frac{3x^2 - x + 3}{x^3 - x^2 + 4x - 4}$$

Wurzeln von $x^3 - x^2 + 4x - 4 = 0$ nach Wurzelsatz von Vieta: $x = 1$
Hornerschema zur Ermittlung des Restpolynoms:

$$\begin{array}{rrrr} 1 & -1 & 4 & -4 \\ & 1 & 0 & 4 \\ \hline 1 \quad 1 & 0 & 4 & 0 \end{array} \quad \Rightarrow x^2 + 4 = 0 \text{ besitzt keine reellen Nullstellen.}$$

$$\frac{3x^2 - x + 3}{x^3 - x^2 + 4x - 4} = \frac{A}{x - 1} + \frac{Bx + C}{x^2 + 4}$$
$$3x^2 - x + 3 = A(x^2 + 4) + (Bx + C)(x - 1)$$
$$= (A + B)x^2 + (C - B)x + 4A - C$$

Koeffizientenbestimmung durch Einsetzen spezieller Werte:

$$x = 1 : 5 = 5A \quad \Rightarrow A = 1$$
$$x = 0 : 3 = 4A - C = 4 \cdot 1 - C \Rightarrow C = 1$$
$$x = 2 : 13 = 8A + 2B + C = 8 \cdot 1 + 2B + 1 = 2B + 9 \Rightarrow B = 2$$

$$\int \frac{x^4 + 6x^2 - x + 1}{x^3 - x^2 + 4x - 4}\, \mathrm{d}x = \int (x + 1)\mathrm{d}x + \int \frac{\mathrm{d}x}{x - 1} + \int \frac{2x + 1}{x^2 + 4}\, \mathrm{d}x$$
$$= \int (x + 1)\mathrm{d}x + \int \frac{\mathrm{d}x}{x - 1} + \int \frac{2x}{x^2 + 4}\mathrm{d}x + \underbrace{\int \frac{\mathrm{d}x}{x^2 + 4}}_{I_1}$$

$$I_1 = \int \frac{\mathrm{d}x}{x^2 + 4} = \frac{1}{4} \int \frac{\mathrm{d}x}{(\frac{x}{2})^2 + 1} = \frac{1}{4} \cdot 2 \int \frac{\mathrm{d}t}{t^2 + 1} = \frac{1}{2} \arctan t + C_1$$

Substitution : $\quad \dfrac{x}{2} = t \, , \dfrac{1}{2}\mathrm{d}x = \mathrm{d}t$

$$I_1 = \frac{1}{2} \arctan \frac{x}{2} + C_1 \, .$$

$$\int \frac{x^4 + 6x^2 - x + 1}{x^3 - x^2 + 4x - 4}\, \mathrm{d}x$$
$$= \frac{x^2}{2} + x + \ln |x - 1| + \ln(x^2 + 4) + \frac{1}{2} \arctan \frac{x}{2} + C.$$

26. $\qquad I = \displaystyle\int \frac{9x^2 - 2x + 9}{(x-1)^2(x^2 + 2x + 5)}\,\mathrm{d}x$

Partialbruchzerlegung
Nullstellen des Nennerpolynoms:

$(x-1)^2 = 0 \qquad x_{1/2} = 1 \qquad\qquad$ reelle Doppelwurzel
$x^2 + 2x + 5 = 0$
$x_{3/4} = -1 \pm \sqrt{1-5} \qquad\qquad$ komplexe Nullstellen

$$\frac{9x^2 - 2x + 9}{(x-1)^2(x^2 + 2x + 5)} = \frac{A}{x-1} + \frac{B}{(x-1)^2} + \frac{Cx + D}{x^2 + 2x + 5}$$

$9x^2 - 2x + 9$
$\quad = A(x-1)(x^2 + 2x + 5) + B(x^2 + 2x + 5) + (Cx + D)(x-1)^2$
$\quad = (A + C)x^3 + (A + B - 2C + D)x^2$
$\quad\quad + (3A + 2B + C - 2D)x - 5A + 5B + D$

Nullstelle einsetzen:

$x = 1 \,:\quad 16 = B \cdot 8 \qquad \Rightarrow \; B = 2$

Koeffizientenvergleich: $\qquad C = 1\,,\; D = 4\,,\; A = 1$

$$\int \frac{9x^2 - 2x + 9}{(x-1)^2(x^2 + 2x + 5)}\,\mathrm{d}x$$

$$= \underbrace{\int \frac{\mathrm{d}x}{x-1}}_{I_1} + 2\underbrace{\int \frac{\mathrm{d}x}{(x-1)^2}}_{I_2} + \underbrace{\int \frac{-x + 4}{x^2 + 2x + 5}\,\mathrm{d}x}_{I_3}$$

$$I_1 = \int \frac{\mathrm{d}x}{x-1} = \ln|x-1| + C_1$$

$$I_2 = 2 \int \frac{\mathrm{d}x}{(x-1)^2} = 2 \int \frac{\mathrm{d}t}{t^2} = -2\frac{1}{t} = -\frac{2}{x-1} + C_2$$

Substitution: $\; x - 1 = t\,,\; \mathrm{d}x = \mathrm{d}t$

$$I_3 = \int \frac{-x + 4}{x^2 + 2x + 5}\,\mathrm{d}x = -\int \frac{x - 4}{x^2 + 2x + 5}\,\mathrm{d}x$$

$$= -\frac{1}{2} \int \frac{2x-8}{x^2+2x+5}\, dx$$

$$= \underbrace{-\frac{1}{2} \int \frac{2x+2}{x^2+2x+5}\, dx}_{I_4} + \underbrace{5 \int \frac{dx}{x^2+2x+5}}_{I_5}$$

$$I_4 = -\frac{1}{2} \int \frac{2x+2}{x^2+2x+5}\, dx = -\frac{1}{2} \int \frac{dt}{t} = -\frac{1}{2} \ln|t| + C_4$$

Substitution: $x^2+2x+5 = t$, $(2x+2)dx = dt$

$$I_4 = -\frac{1}{2} \ln|x^2+2x+5| + C_4$$

$$I_5 = 5 \int \frac{dx}{x^2+2x+5} = 5 \int \frac{dx}{(x+1)^2+4} = \frac{5}{4} \int \frac{dx}{(\frac{x+1}{2})^2+1}$$

quadratische Ergänzung

Substitution: $\dfrac{x+1}{2} = t$, $\dfrac{1}{2}\, dx = dt$

$$I_5 = \frac{5}{4} \cdot 2 \int \frac{dt}{t^2+1} = \frac{5}{2} \arctan t + C_5 = \frac{5}{2} \arctan \frac{x+1}{2} + C_5$$

$$\int \frac{9x^2-2x+9}{(x-1)^2(x^2+2x+5)}\, dx = \ln|x-1| - \frac{2}{x-1}$$

$$-\frac{1}{2} \ln|x^2+2x+5| + \frac{5}{2} \arctan \frac{x+1}{2} + C\,.$$

27. a) $I = \displaystyle\int_1^9 \frac{\sqrt{x}}{1+\sqrt{x}}\, dx = \int_2^4 \frac{(t-1)}{t}\, 2(t-1)dt = 2 \int_2^4 \frac{t^2-2t+1}{t}\, dt$

Substitution: $t = 1+\sqrt{x}$, $\sqrt{x} = t-1$, $dt = \dfrac{1}{2\sqrt{x}}\, dx$

$$dx = 2(t-1)dt\,, \quad x = 1 \Rightarrow t = 2\,, \quad x = 9 \Rightarrow t = 4$$

$$I = 2 \int_2^4 (t-2+\frac{1}{t})dt = 2\left[\frac{t^2}{2} - 2t + \ln|t|\right]_2^4 = 4 + 2\ln 2\,.$$

b) $I = \displaystyle\int_{\frac{1}{e}}^{e} \left|\frac{\ln x}{x}\right| dx = -\int_{\frac{1}{e}}^{1} \frac{\ln x}{x}\, dx + \int_1^e \frac{\ln x}{x}\, dx$

$$\left|\frac{\ln x}{x}\right| = \begin{cases} \frac{\ln x}{x} & \text{für } \frac{\ln x}{x} \geq 0 \Rightarrow \ln x \geq 0 \Rightarrow x \geq 1 \\ -\frac{\ln x}{x} & \text{für } \frac{\ln x}{x} < 0 \Rightarrow \ln x < 0 \Rightarrow x < 1 \end{cases}$$

$$\text{Substitution}: \quad t = \ln x,\ \mathrm{d}t = \frac{1}{x}\,\mathrm{d}x,\ x = \frac{1}{e} \Rightarrow t = -1$$

$$x = e \Rightarrow t = 1,\ x = 1 \Rightarrow t = 0$$

$$I = -\int_{-1}^{0} t\,\mathrm{d}t + \int_{0}^{1} t\,\mathrm{d}t = -\left[\frac{t^2}{2}\right]_{-1}^{0} + \left[\frac{t^2}{2}\right]_{0}^{1} = \frac{1}{2} + \frac{1}{2} = 1\ .$$

c) Die Anwendung des Hauptsatzes zur Berechnung dieses Integrals ist nicht möglich, da $f(x) = \frac{e^x}{e^x-1}$ auf $[-1; 1]$ nicht stetig bzw. stückweise stetig ist. Bei $x = 0$ liegt eine Unendlichkeitsstelle vor, so daß es sich hier um ein uneigentliches Integral (siehe Abschnitt 3.3) handelt.

d) $\qquad I = \int_{1}^{2} x\,e^{\sqrt{x^2-1}}\,\mathrm{d}x$

$$\text{Substitution}: \quad t = \sqrt{x^2-1}\ ,\ \mathrm{d}t = \frac{2x}{2\sqrt{x^2-1}}\,\mathrm{d}x$$

$$x\,\mathrm{d}x = \sqrt{x^2-1}\,\mathrm{d}t = t\,\mathrm{d}t,\ x = 1 \Rightarrow t = 0,\ x = 2 \Rightarrow t = \sqrt{3}$$

$$I = \int_{0}^{\sqrt{3}} t\,e^t\,\mathrm{d}t = \left[t\,e^t\right]_{0}^{\sqrt{3}} - \int_{0}^{\sqrt{3}} e^t\,\mathrm{d}t = \sqrt{3}\,e^{\sqrt{3}} - e^{\sqrt{3}} + 1$$

$$\text{partielle Integration}: \quad u = t \qquad \mathrm{d}v = e^t\,\mathrm{d}t$$

$$\qquad\qquad\qquad\qquad\qquad \mathrm{d}u = \mathrm{d}t \qquad v = e^t$$

$$I = e^{\sqrt{3}}(\sqrt{3} - 1) + 1 \approx 5,14\ .$$

28. a) $\qquad I = \int_{0}^{5} (x^3 - 7x^2 + 10x)\,\mathrm{d}x = \left[\frac{x^4}{4} - \frac{7}{3}x^3 + 5x^2\right]_{0}^{5}$

$$= \frac{625}{4} - \frac{875}{3} + 125 = -\frac{125}{12}\ .$$

b) $\qquad x^3 - 7x^2 + 10x = 0 \Rightarrow x_1 = 0, x_2 = 2, x_3 = 5$

$$A = \int_{0}^{2} (x^3 - 7x^2 + 10x)\,\mathrm{d}x + \left|\int_{2}^{5} (x^3 - 7x^2 + 10x)\,\mathrm{d}x\right|$$

$$= \left[\frac{x^4}{4} - \frac{7}{3}x^3 + 5x^2\right]_{0}^{2} + \left|\left[\frac{x^4}{4} - \frac{7}{3}x^3 + 5x^2\right]_{2}^{5}\right|$$

$$= \frac{16}{3} + \frac{189}{12} = \frac{253}{12} \; .$$

Die Ergebnisse von a) und b) sind deswegen verschieden, weil die Kurve im Intervall [2; 5] unterhalb der x-Achse verläuft und daher im Falle a) die Differenz der Flächeninhalte berechnet wird.

29.

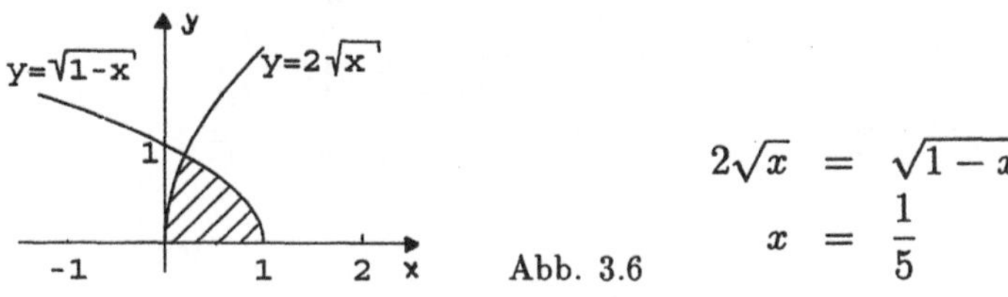

Abb. 3.6

$$2\sqrt{x} = \sqrt{1-x}$$
$$x = \frac{1}{5}$$

$$A = 2 \int\limits_{0}^{\frac{1}{5}} \sqrt{x}\,\mathrm{d}x + \int\limits_{\frac{1}{5}}^{1} \sqrt{1-x}\,\mathrm{d}x = 2\left[\frac{2}{3}x^{\frac{3}{2}}\right]_{0}^{\frac{1}{5}} - \left[\frac{2}{3}(1-x)^{\frac{3}{2}}\right]_{\frac{1}{5}}^{1} = \frac{4}{15}\sqrt{5} \; .$$

30. $\cos x \cosh x = 0 \; , \; \cosh x \neq 0 \Rightarrow \cos x = 0 \; , \; x = \dfrac{\pi}{2}$

$$A = \int\limits_{0}^{\frac{\pi}{2}} \cos x \cosh x\,\mathrm{d}x$$

$$I = \int \cos x \cosh x\,\mathrm{d}x = \cos x \sinh x + \int \sin x \sinh x\,\mathrm{d}x =$$

partielle Integration:

$$u = \cos x \qquad dv = \cosh x\,\mathrm{d}x \; , \; u = \sin x \qquad dv = \sinh x\,\mathrm{d}x$$
$$du = -\sin x\,\mathrm{d}x \qquad v = \sinh x \; , \qquad du = \cos x\,\mathrm{d}x \qquad v = \cosh x$$

$$I = \cos x \sinh x + \sin x \cosh x - \int \cos x \cosh x\,\mathrm{d}x$$

$$A = \int\limits_{0}^{\frac{\pi}{2}} \cos x \cosh x\,\mathrm{d}x = \frac{1}{2}\left[\cos x \sinh x + \sin x \cosh x\right]_{0}^{\frac{\pi}{2}}$$

$$= \frac{1}{2}\cosh\frac{\pi}{2} = 1,2545893 \; .$$

31.

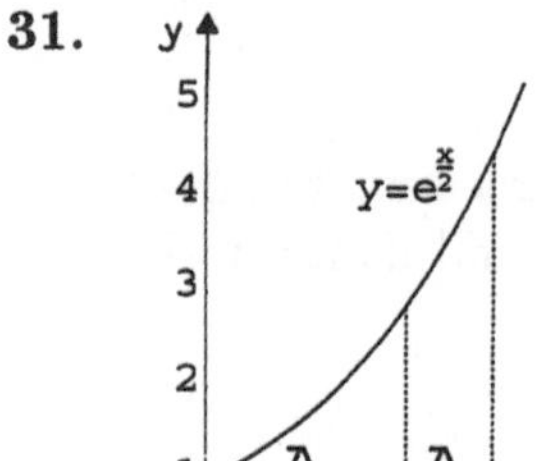

$$A_1 = A_2$$

$$\int_0^{x_0} e^{\frac{x}{2}}\,dx = \int_{x_0}^{3} e^{\frac{x}{2}}\,dx$$

$$\left[2e^{\frac{x}{2}}\right]_0^{x_0} = \left[2e^{\frac{x}{2}}\right]_{x_0}^{3}$$

$$e^{\frac{x_0}{2}} - 1 = e^{\frac{3}{2}} - e^{\frac{x_0}{2}}$$

Abb. 3.7

$$2e^{\frac{x_0}{2}} = e^{\frac{3}{2}} + 1 \,,\quad x_0 = 2\ln\left(\frac{1}{2}(e^{\frac{3}{2}} + 1)\right) \,,\quad x_0 \approx 2,02 \,.$$

32.

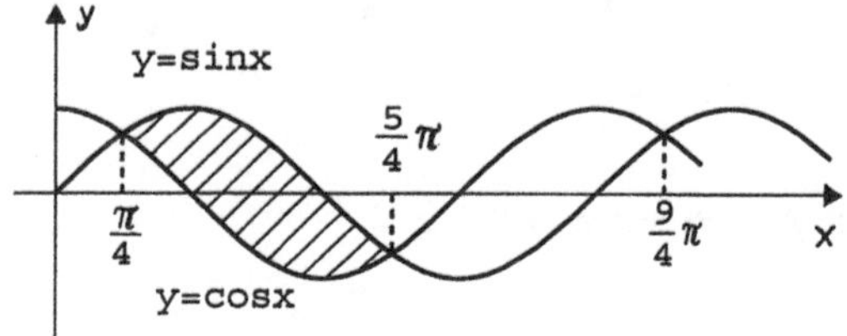

Abb. 3.8

$$\sin x = \cos x \,,\ \sin x = \sqrt{1 - \sin^2 x} \,,\ \sin^2 x = 1 - \sin^2 x$$

$$\sin x = \pm\frac{1}{2}\sqrt{2} \,,\quad x = \frac{\pi}{4} + k\pi \,,\ k \in Z$$

$$A = \int_{\frac{\pi}{4}}^{\frac{5}{4}\pi} (\sin x - \cos x)\,dx = \left[-\cos x - \sin x\right]_{\frac{\pi}{4}}^{\frac{5}{4}\pi} = 2\sqrt{2} \,.$$

$$A = \int_{\frac{5}{4}\pi}^{\frac{9}{4}\pi} (\cos x - \sin x)\,dx = \left[+\sin x + \cos x\right]_{\frac{5}{4}\pi}^{\frac{9}{4}\pi} = 2\sqrt{2} \,.$$

Auf Grund der Periodizität der Funktionen wiederholen sich die beiden (gleichgroßen) Flächen, so daß der Flächeninhalt zwischen zwei beliebigen benachbarten Schnittpunkten $2\sqrt{2}$ beträgt.

33. $y^2 - 4x - 16y + 76 = 0 \,,\ y^2 - 16y + 64 = 4x - 12$

         $(y - 8)^2 = 4(x - 3)$

Die Kurve ist eine Parabel, nach rechts geöffnet, Scheitel $S(3;8)$, Halbparameter $p = 2$.

Oberer Zweig: $y = 8 + 2\sqrt{x-3}$, unterer Zweig: $y = 8 - 2\sqrt{x-3}$

$$A = \int\limits_{3}^{12} (8 + 2\sqrt{x-3})\,dx - \int\limits_{3}^{12} (8 - 2\sqrt{x-3})\,dx = 4\int\limits_{3}^{12} \sqrt{x-3}\,dx$$

$$= 4\left[\frac{2}{3}(x-3)^{\frac{3}{2}}\right]_{3}^{12} = 72\ .$$

34. $\quad \dfrac{x^2}{a^2} + \dfrac{y^2}{b^2} = 1\ ,\ y = b\sqrt{1 - \dfrac{x^2}{a^2}}\ ,\ dy = \dfrac{-b\frac{x}{a^2}}{\sqrt{1 - \frac{x^2}{a^2}}}\,dx$

$$A = \frac{1}{2}\int\limits_{0}^{a} \left(b\sqrt{1 - \frac{x^2}{a^2}} + bx\frac{\frac{x}{a^2}}{\sqrt{1 - \frac{x^2}{a^2}}}\right)dx$$

$$= \frac{1}{2}b\int\limits_{0}^{a} \frac{1 - \frac{x^2}{a^2} + \frac{x^2}{a^2}}{\sqrt{1 - \frac{x^2}{a^2}}}\,dx = \frac{1}{2}b\int\limits_{0}^{a} \frac{dx}{\sqrt{1 - \frac{x^2}{a^2}}}\,dx$$

Substitution: $t = \dfrac{x}{a}, dt = \dfrac{1}{a}dx, x = 0 \Rightarrow t = 0, x = a \Rightarrow t = 1$

$$A = \frac{1}{2}b\int\limits_{0}^{1} \frac{a\,dt}{\sqrt{1 - t^2}} = \frac{1}{2}ab[\arcsin t]_{0}^{1} = \frac{1}{2}ab \cdot \frac{\pi}{2} = \frac{\pi ab}{4}\ .$$

35. $\quad x = a\cos^3 t \qquad x = 0 \Rightarrow t = \dfrac{\pi}{2}$

$\qquad\quad y = a\sin^3 t \qquad x = a \Rightarrow t = 0$

$\qquad\quad \dot{x} = -3a\cos^2 t\sin t\ ,\ \dot{y} = 3a\sin^2 t\cos t$

$\qquad\quad y\dot{x} - x\dot{y} = -3a^2\sin^2 t\cos^2 t$

$$A = 4 \cdot \frac{1}{2}\left|\int\limits_{0}^{\frac{\pi}{2}} (-3a^2(\sin t\cos t)^2)\,dt\right| = 6a^2\left|\int\limits_{0}^{\frac{\pi}{2}} \left(-\frac{1}{4}(\sin 2t)^2\right)dt\right|$$

Substitution: $\quad u = 2t\ ,\ du = 2dt$

$$t = 0 \Rightarrow u = 0\ ,\ t = \frac{\pi}{2} \Rightarrow u = \pi$$

$$A = \frac{3}{2}a^2 \cdot \frac{1}{2}\left|\int\limits_{0}^{\pi} (-\sin^2 u)\,du\right| = \frac{3}{4}a^2\left|-\frac{1}{2}\Big[u - \sin u\cos u\Big]_{0}^{\pi}\right|$$

Integraltafel (oder partielle Integration):

$$\int \sin^2 x\,\mathrm{d}x = \frac{1}{2}(x - \sin x \cos x) + C$$

$$A = \frac{3}{8}a^2|-\pi| = \frac{3}{8}a^2\pi\ .$$

36.
$$A = 2 \cdot \frac{1}{2}\Big|\int_0^\pi r^2\,\mathrm{d}\varphi\Big| = \Big|\int_0^\pi 4a^2(1 + \cos\varphi)^2\,\mathrm{d}\varphi\Big|$$

$$= 4a^2\Big|\int_0^\pi (1 + 2\cos\varphi + \cos^2\varphi)\,\mathrm{d}\varphi\Big|$$

$$= 4a^2\Big|\int_0^\pi \Big(1 + 2\cos\varphi + \frac{1}{2}(1 + \cos 2\varphi)\Big)\,\mathrm{d}\varphi\Big|$$

$$= 4a^2\Big|\Big[\varphi + 2\sin\varphi + \frac{1}{2}\varphi + \frac{1}{4}\sin 2\varphi\Big]_0^\pi\Big| = 3\pi a^2\ .$$

37. Die Länge des Integrationsintervalles (eine volle Umdrehung des erzeugenden Kreises) ist $2\pi a$. Wir wählen $[0; 2\pi a]$.

$$f(\xi) = \frac{\int_a^b f(x)\,\mathrm{d}x}{b - a} \qquad \text{mit}\ \ a = 0,\ b = 2\pi a$$

$$x = a(t - \sin t)\,,\ \mathrm{d}x = a(1 - \cos t)\mathrm{d}t\,,\ x = 0 \Rightarrow t = 0$$

$$y = a(1 - \cos t) \qquad\qquad x = 2\pi a \Rightarrow t = 2\pi$$

$$f(\xi) = \frac{\int_0^{2\pi} a(1 - \cos t)a(1 - \cos t)\mathrm{d}t}{2\pi a} = \frac{a^2}{2\pi a}\int_0^{2\pi}(1 - \cos t)^2\mathrm{d}t$$

$$= \frac{a}{2\pi}\int_0^{2\pi}(1 - 2\cos t + \cos^2 t)\mathrm{d}t = \frac{a}{2\pi}\int_0^{2\pi}\Big(1 - 2\cos t + \frac{1}{2}\cos 2t + \frac{1}{2}\Big)\mathrm{d}t$$

$$= \frac{a}{2\pi}\Big[\frac{3}{2}t - 2\sin t + \frac{1}{4}\sin 2t\Big]_0^{2\pi} = \frac{3a}{2}\ .$$

38.
$$f(\xi)(2-0) = \int_0^2 (1-(x-1)^2)\,\mathrm{d}x$$

$$f(\xi) = 1-(\xi-1)^2 = \frac{1}{2}\int_0^2 (1-(x-1)^2)\,\mathrm{d}x$$

$$1-\xi^2+2\xi-1 = \frac{1}{2}\int_0^2 (1-x^2+2x-1)\,\mathrm{d}x$$

$$-\xi^2+2\xi = \frac{1}{2}\left[-\frac{x^3}{3}+x^2\right]_0^2 = \frac{2}{3}$$

$$\xi^2-2\xi+\frac{2}{3}=0 \ , \ \xi_{1/2}=1\pm\sqrt{1-\frac{2}{3}}$$

$$\xi_1 \approx 0,42 \qquad \xi_2 \approx 1,58 \ .$$

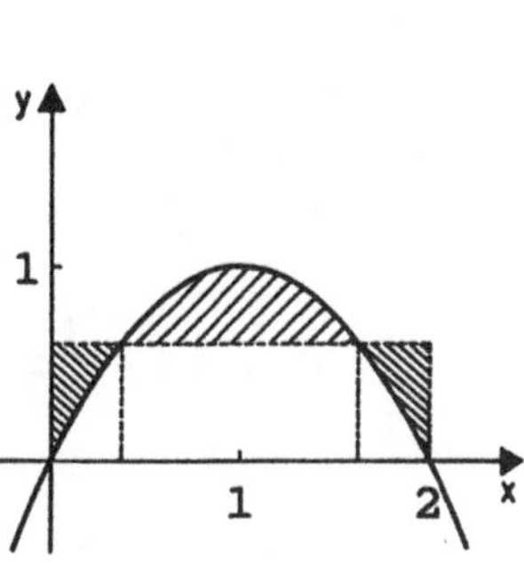

Abb. 3.9

39. a)
$$V = \pi \int_a^b (f(x))^2\,\mathrm{d}x = \pi \int_0^2 e^{2x}\,\mathrm{d}x = \frac{\pi}{2}\left[e^{2x}\right]_0^2 = \frac{\pi}{2}(e^4-1) \approx 84,19 \ .$$

b)
$$V = \pi \int_c^d (g(y))^2\,\mathrm{d}y = \pi \int_1^{e^2} (\ln y)^2\,\mathrm{d}y$$

$$y = e^x \ , \ x = \ln y \ , \ x = a = 0 \Rightarrow y = c = 1$$
$$x = b = 2 \Rightarrow y = d = e^2$$

$$I = \int (\ln y)^2\,\mathrm{d}y = y(\ln y)^2 - 2\int \ln y\,\mathrm{d}y$$

partielle Integration:

$$u = (\ln y)^2 \qquad \mathrm{d}v = \mathrm{d}y \ \bigg| \ u = \ln y \qquad \mathrm{d}v = \mathrm{d}y$$
$$\mathrm{d}u = 2\frac{1}{y}\ln y\,\mathrm{d}y \qquad v = y \ \bigg| \ \mathrm{d}u = \frac{1}{y}\mathrm{d}y \qquad v = y$$

$$I = y(\ln y)^2 - 2y\ln y + 2y + C$$
$$V = \pi[y(\ln y)^2 - 2y\ln y + 2y]_1^{e^2} = e^2(\ln e^2)^2 - 2e^2\ln e^2 + 2e^2 - 2$$
$$= 2\pi(e^2-1) \approx 40,14 \ .$$

40. $y = ax^3 + bx^2 + cx + d$, $y' = 3ax^2 + 2bx + c$

$P_0(0; 1)$: $1 = d$

$P_1(1; \frac{3}{2})$: $\frac{3}{2} = a + b + c + 1$ $a + b + c = \frac{1}{2}$

$P_2(2; 3)$: $3 = 8a + 4b + 2c + 1$ $4a + 2b + c = 1$

$y'(2) = 1$: $1 = 12a + 4b + c$ $12a + 4b + c = 1$

Die eindeutige Lösung dieses linearen inhomogenen Gleichungssystems ist $a = -\frac{1}{2}$, $b = 2$, $c = -1$, $d = 1$.

Parabelgleichung: $y = -\frac{1}{2}x^3 + 2x^2 - x + 1$

$$V = \pi \int_0^4 \left(-\frac{1}{2}x^3 + 2x^2 - x + 1\right)^2 dx =$$

$$= \pi \int_0^4 \left(\frac{1}{4}x^6 - 2x^5 + 5x^4 - 5x^3 + 5x^2 - 2x + 1\right) dx$$

$$= \pi \left[\frac{1}{28}x^7 - \frac{1}{3}x^6 + x^5 - \frac{5}{4}x^4 + \frac{5}{3}x^3 - x^2 + x\right]_0^4 \approx 58,04 .$$

41. a) Damit das Volumen positiv wird, ist der Durchlaufsinn des Parameters zu beachten.

$$V = \pi \int_a^b (f(x))^2 dx = \pi \int_\pi^0 a^2 \sin^6 t a 3 \cos^2 t (-\sin t) dt$$

$$= -3\pi a^3 \int_\pi^0 \sin^7 t \cos^2 t\, dt =$$

Rekursionsformel nach Integraltafel:

$$\int \sin^n bx \cos^m bx\, dx = -\frac{\sin^{n+1} bx \cos^{m-1} bx}{b(n+m)} + \frac{m-1}{n+m} \int \sin^n bx \cos^{m-2} bx\, dx$$

$$V = -3\pi a^3 \left(\left[-\frac{\sin^8 x \cos x}{7+2}\right]_\pi^0 + \frac{1}{7+2} \int_\pi^0 \sin^7 x\, dx\right)$$

$$V = -3\pi a^3 \frac{1}{9} \int_\pi^0 \sin^7 x\, dx$$

Rekursionsformel nach Integraltafel:

$$\int \sin^n bx\,\mathrm{d}x = -\frac{\sin^{n-1} bx \cos bx}{nb} + \frac{n-1}{n}\int \sin^{n-2} bx\,\mathrm{d}x$$

$$V = -3\pi a^3 \frac{1}{9}\left(\left[-\frac{\sin^6 t \cos t}{7}\right]_\pi^0 + \frac{6}{7}\int_\pi^0 \sin^5 t\,\mathrm{d}t\right)$$

$$= -\frac{\pi a^3}{3}\frac{6}{7}\int_\pi^0 \sin^5 t\,\mathrm{d}t =$$

$$= -\frac{\pi a^3}{3}\frac{6}{7}\left(\left[-\frac{\sin^4 t \cos t}{5}\right]_\pi^0 + \frac{4}{5}\int_\pi^0 \sin^3 t\,\mathrm{d}t\right)$$

$$= -\frac{\pi a^3}{3}\frac{6}{7}\frac{4}{5}\int_\pi^0 \sin^3 t\,\mathrm{d}t$$

$$= -\frac{\pi a^3}{3}\frac{6}{7}\frac{4}{5}\left(\left[-\frac{\sin^2 t \cos t}{3}\right]_\pi^0 + \frac{2}{3}\int_\pi^0 \sin t\,\mathrm{d}t\right)$$

$$= -\frac{\pi a^3}{3}\frac{6}{7}\frac{4}{5}\frac{2}{3}[-\cos t]_\pi^0 = \frac{32}{105}\pi a^3 \ .$$

b)   Es ist zu beachten, daß die Astroide bei $t = \frac{\pi}{2}$ nicht differenzierbar ist. Dieses Problem läßt sich umgehen, wenn man $t \in [0; \frac{\pi}{2}]$ wählt und die Symmetrieeigenschaft ausnutzt.

$$A = 2\cdot 2\pi \int_0^{\frac{\pi}{2}} a\sin^3 t\sqrt{1 + \left(\frac{3a\sin^2 t\cos t}{3a\cos^2 t(-\sin t)}\right)^2}\, 3a\cos^2 t(-\sin t)\,\mathrm{d}t$$

$$= 4\pi a \int_0^{\frac{\pi}{2}} \sin^3 t\sqrt{9a^2\cos^2 t\sin^2 t(\cos^2 t + \sin^2 t)}\,\mathrm{d}t$$

$$= 12\pi a^2 \int_0^{\frac{\pi}{2}} \sin^4 t\cos t\,\mathrm{d}t = 12\pi a^2 \int_0^1 u^4\,\mathrm{d}u$$

Substitution: $u = \sin t,\ \mathrm{d}u = \cos t\,\mathrm{d}t$

$$t = 0 \Rightarrow u = 0,\ t = \frac{\pi}{2} \Rightarrow u = 1$$

$$A = 12\pi a^2\left[\frac{u^5}{5}\right]_0^1 = \tfrac{12}{5}\pi a^2 \ .$$

42. a)

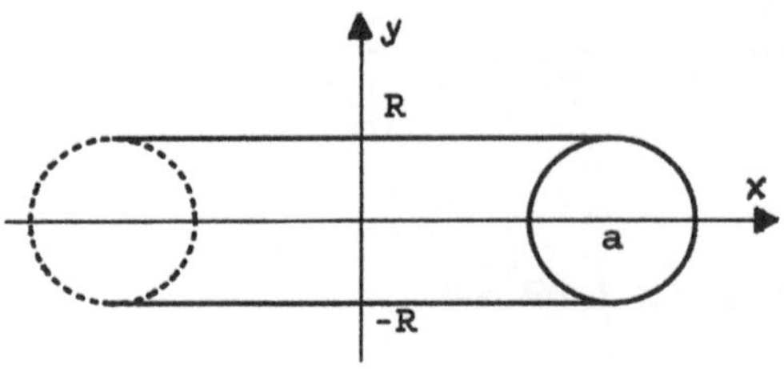

Abb. 3.10

rechter Halbkreis: $x = a + \sqrt{R^2 - y^2}$
linker Halbkreis: $x = a - \sqrt{R^2 - y^2}$

$$V = \pi \int_c^d (g(y))^2 \mathrm{d}y = \pi \int_{-R}^{R} \left(a + \sqrt{R^2 - y^2}\right)^2 \mathrm{d}y - \pi \int_{-R}^{R} \left(a - \sqrt{R^2 - y^2}\right)^2 \mathrm{d}y$$

$$= 4\pi a \int_{-R}^{R} \sqrt{R^2 - y^2}\,\mathrm{d}y = 4\pi a \int_{-\frac{\pi}{2}}^{\frac{\pi}{2}} \sqrt{R^2 - R^2 \sin^2 t}\, R \cos t\, \mathrm{d}t$$

Substitution: $y = R \sin t,\ \mathrm{d}y = R \cos t\, \mathrm{d}t$
$$y = -R \Rightarrow t = -\tfrac{\pi}{2},\, y = R \Rightarrow t = \tfrac{\pi}{2}$$

$$V = 4\pi a R^2 \int_{-\frac{\pi}{2}}^{\frac{\pi}{2}} \sqrt{1 - \sin^2 t}\, \cos t\, \mathrm{d}t = 4\pi a R^2 \int_{-\frac{\pi}{2}}^{\frac{\pi}{2}} \cos^2 t\, \mathrm{d}t$$

Integraltafel (oder partielle Integration):

$$\int \cos^2 x\, \mathrm{d}x = \frac{1}{2}(x + \sin x \cos x) + C$$

$$V = 4\pi a R^2 \left[\frac{1}{2}(t - \sin t \cos t)\right]_{-\frac{\pi}{2}}^{\frac{\pi}{2}} = 2\pi^2 a R^2 \ .$$

b) Parameterdarstellung des Kreises:

$$x = a + R \cos t,\, y = R \sin t\ ,\ t \in [0; 2\pi]$$

$$A = 2\pi \int_c^d x \sqrt{1 + \left(\frac{\mathrm{d}x}{\mathrm{d}y}\right)^2}\, \mathrm{d}y$$

$$= 2\pi \int\limits_{0}^{2\pi} (a + R\cos t)\sqrt{1 + \left(\frac{-R\sin t}{R\cos t}\right)^2}\, R\cos t\, dt$$

$$= 2\pi \int\limits_{0}^{2\pi} (a + R\cos t)\sqrt{R^2\cos^2 t + R^2\sin^2 t}\, dt$$

$$= 2\pi \int\limits_{0}^{2\pi} (a + R\cos t)R\, dt = 2\pi R\Big[at + R\sin t\Big]_{0}^{2\pi} = 4\pi^2 aR\,.$$

43. $\displaystyle\int \frac{\sin x}{x}\,dx$ ist nicht geschlossen integrierbar.

$$\int\limits_{0}^{2} \frac{\sin x}{x}\,dx = \frac{0,1}{3}\Big[y_0 + y_{20} + 4\sum_{k=0}^{9} y_{2k+1} + 2\sum_{k=0}^{9} y_{2k+2}\Big]$$

$$= \frac{0,1}{3}\Big[1 + 0,45464857 + 4\cdot 8,0306948 + 2\cdot 7,2924812\Big]$$

$$= 1,605413\,.$$

44. $\quad\alpha \neq 1: \displaystyle\int\limits_{1}^{\infty} \frac{dx}{x^{\alpha}} = \lim_{b\to\infty} \int\limits_{1}^{b} \frac{dx}{x^{\alpha}} = \lim_{b\to\infty}\Big[\frac{1}{1-\alpha}x^{1-\alpha}\Big]_{1}^{b}$

$$= \frac{1}{1-\alpha}\Big(\lim_{b\to\infty}\frac{1}{b^{\alpha-1}} - 1\Big)$$

$$= \begin{cases} \frac{1}{\alpha-1} & \text{für } \alpha > 1:\quad \text{Konvergenz} \\ \text{Der Grenzwert existiert nicht} & \text{für } \alpha < 1:\quad \text{Divergenz} \end{cases}$$

$$\alpha = 1: \int\limits_{1}^{\infty} \frac{dx}{x} = \lim_{b\to\infty}\Big[\ln|x|\Big]_{1}^{b} = \lim_{b\to\infty}\ln b - \ln 1$$

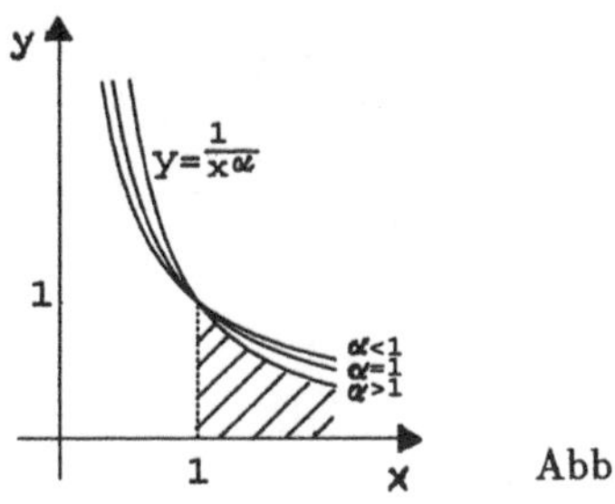

Abb. 3.11

Der Grenzwert existiert
nicht : Divergenz.

45. a)
$$I = \int\limits_{-\infty}^{\infty} \frac{dx}{1+x^2} = \lim_{\substack{a\to-\infty\\b\to\infty}} \frac{dx}{1+x^2} = \lim_{\substack{a\to-\infty\\b\to\infty}} \Big[\arctan x\Big]_a^b$$

$$= \lim_{b\to\infty} \arctan b - \lim_{a\to-\infty} \arctan a = \frac{\pi}{2} - \left(-\frac{\pi}{2}\right) = \pi \ .$$

b)
$$I = \int\limits_{0}^{\infty} \frac{dx}{1+e^{\lambda x}} = \int\limits_{1}^{\infty} \frac{1}{\lambda}\frac{dt}{(1+t)t} = \frac{1}{\lambda}\lim_{b\to\infty} \int\limits_{1}^{b} \frac{dt}{(1+t)t}$$

Substitution : $t = e^{\lambda x},$ $x = 0 \Rightarrow t = 1$

$$dt = \lambda e^{\lambda x} dx, \ dx = \frac{1}{\lambda}\frac{dt}{t}, \quad x \to \infty \Rightarrow t \to \infty.$$

Partialbruchzerlegung : $\dfrac{1}{(1+t)t} = \dfrac{1}{t} - \dfrac{1}{1+t}$

$$I = \frac{1}{\lambda}\lim_{b\to\infty} \int\limits_{1}^{b} \left(\frac{1}{t} - \frac{1}{1+t}\right)dt = \frac{1}{\lambda}\lim_{b\to\infty} \Big[\ln|t| - \ln|1+t|\Big]_1^b$$

$$= \frac{1}{\lambda}\left(\lim_{b\to\infty} \ln\frac{b}{1+b} - \ln\frac{1}{1+1}\right) = \frac{1}{\lambda}\left(\lim_{b\to\infty} \ln\frac{1}{\frac{1}{b}+1} - \ln\frac{1}{2}\right)$$

$$= \frac{1}{\lambda}\Big(\ln 1 - \ln 1 + \ln 2\Big) = \frac{1}{\lambda}\ln 2 \ .$$

c)
$$I = \int\limits_{-\infty}^{\infty} \frac{dx}{\cosh^2 x} = \lim_{\substack{a\to-\infty\\b\to\infty}} \int\limits_{a}^{b} \frac{dx}{\cosh^2 x} = \lim_{\substack{a\to-\infty\\b\to\infty}} \Big[\tanh x\Big]_a^b$$

$$= \lim_{b\to\infty} \tanh b - \lim_{a\to-\infty} \tanh a = 1 - (-1) = 2 \ .$$

d)
$$I = \int\limits_{-\infty}^{\infty} \frac{dx}{x^2+4x+9} = \lim_{\substack{a\to-\infty\\b\to\infty}} \int\limits_{a}^{b} \frac{dx}{x^2+4x+9} = \lim_{\substack{a\to-\infty\\b\to\infty}} \int\limits_{a}^{b} \frac{dx}{(x+2)^2+5}$$

$$I = \lim_{\substack{a\to-\infty\\b\to\infty}} \frac{1}{5} \int\limits_{a}^{b} \frac{dx}{\left(\frac{x+2}{\sqrt{5}}\right)^2+1} = \lim_{\substack{a\to-\infty\\b\to\infty}} \frac{\sqrt{5}}{5} \int\limits_{a}^{b} \frac{dt}{t^2+1}$$

Substitution : $t = \dfrac{x+2}{\sqrt{5}}$, $\ dt = \dfrac{dx}{\sqrt{5}}$, $\ dx = \sqrt{5}\,dt$

$$I = \frac{\sqrt{5}}{5} \lim_{\substack{a \to -\infty \\ b \to \infty}} \left[\arctan \frac{x+2}{\sqrt{5}} \right]_a^b$$

$$= \frac{\sqrt{5}}{5} \left(\lim_{b \to \infty} \arctan \frac{b+2}{\sqrt{5}} - \lim_{a \to -\infty} \frac{a+2}{\sqrt{5}} \right)$$

$$= \frac{\sqrt{5}}{5} \left(\frac{\pi}{2} - \left(-\frac{\pi}{2} \right) \right) = \frac{\sqrt{5}}{5} \pi \ .$$

e) $\quad I = \displaystyle\int_e^\infty \frac{dx}{x \ln x} = \lim_{b \to \infty} \int_e^b \frac{dx}{x \ln x} = \lim_{b \to \infty} \int_e^\infty \frac{dt}{t}$

Substitution : $\quad t = \ln x \ , \ dt = \dfrac{1}{x} dx,$

$I = \lim\limits_{b \to \infty} \left[\ln |t| \right]_e^b = \lim\limits_{b \to \infty} \ln b - \ln e \ .$

Das uneigentliche Integral divergiert, da der Grenzwert $\lim\limits_{b \to \infty} \ln b$ nicht existiert.

f) $\quad \displaystyle\int_0^\infty \cos nx \, dx$

$$= \lim_{b \to \infty} \int_0^b \cos nx \, dx = \lim_{b \to \infty} \left[\frac{1}{n} \sin nx \right]_0^b = \frac{1}{n} \left(\lim_{b \to \infty} \sin nb - 0 \right) .$$

Das Integral ist divergent, da $\lim\limits_{b \to \infty} \sin nb$ nicht existiert.

g) $\quad I = \displaystyle\int_3^\infty \frac{x^2 + 3}{x^2(x^2 - 1)} dx$

Partialbruchzerlegung : $\quad \dfrac{x^2 + 3}{x^2(x^2 - 1)} = \dfrac{A}{x} + \dfrac{B}{x^2} + \dfrac{C}{x-1} + \dfrac{D}{x+1}$

$x^2 + 3 = Ax(x^2 - 1) + B(x^2 - 1) + Cx^2(x + 1) + Dx^2(x - 1)$

Koeffizientenvergleich : $\quad A = 0, B = -3, C = 2, D = -2$

$$I = \int_3^\infty \frac{x^2 + 3}{x^2(x^2 - 1)} dx = \lim_{b \to \infty} \int_3^b \left(-\frac{3}{x^2} + \frac{2}{x-1} - \frac{2}{x+1} \right) dx$$

$$= \lim_{b \to \infty} \left[\frac{3}{x} + 2 \ln |x - 1| - 2 \ln |x + 1| \right]_3^b$$

$$= \lim_{b \to \infty} \left(\frac{3}{b} + 2 \ln \frac{b-1}{b+1} - 1 - 2 \ln \frac{2}{4} \right) = -1 - 2 \ln \frac{1}{2} \ .$$

h) $\qquad I = \displaystyle\int_0^\infty \frac{\mathrm{d}x}{(1+x)\sqrt{x}}$

$$= 2\int_0^\infty \frac{t\,\mathrm{d}t}{(1+t^2)t} = 2\lim_{b\to\infty}\int_0^b \frac{\mathrm{d}t}{1+t^2} = 2\lim_{b\to\infty}\Big[\arctan\sqrt{x}\,\Big]_0^b$$

Substitution : $t=\sqrt{x}$, $\mathrm{d}t=\dfrac{1}{2\sqrt{x}}\mathrm{d}x$, $\mathrm{d}x=2\sqrt{x}\,\mathrm{d}t$, $\mathrm{d}x=2t\,\mathrm{d}t$

$I = 2\arctan b - 2\arctan 0 = \pi$.

46. a) $\qquad\displaystyle\int_{-\infty}^\infty \sinh x\,\mathrm{d}x = \int_{-\infty}^0 \sinh x\,\mathrm{d}x + \int_0^\infty \sinh x\,\mathrm{d}x$

$$\int_{-\infty}^0 \sinh x\,\mathrm{d}x = \lim_{a\to-\infty}\int_a^0 \sinh x\,\mathrm{d}x = \cosh 0 - \lim_{a\to-\infty}\cosh a$$

$$\int_0^\infty \sinh x\,\mathrm{d}x = \lim_{b\to\infty}\int_0^b \sinh x\,\mathrm{d}x = \lim_{b\to\infty}\cosh b - \cosh 0 \ .$$

Da beide Teilintegrale divergieren, existiert $\displaystyle\int_{-\infty}^\infty \sinh x\,\mathrm{d}x$ nicht.

Der Cauchysche Hauptwert berechnet sich zu

$$\text{V.p.}\ \int_{-\infty}^\infty \sinh x\,\mathrm{d}x = \lim_{a\to\infty}\int_{-a}^a \sinh x\,\mathrm{d}x = \lim_{a\to\infty}\Big[\cosh x\Big]_{-a}^a$$

$$= \lim_{a\to\infty}\cosh a - \lim_{a\to\infty}\cosh(-a) = \lim_{a\to\infty}\cosh a - \lim_{a\to\infty}\cosh a = 0 \ .$$

b) $\qquad\displaystyle\int_{-\infty}^\infty \frac{x}{1+x^2}\mathrm{d}x = \lim_{a\to-\infty}\int_a^0 \frac{x}{1+x^2}\mathrm{d}x + \lim_{b\to\infty}\int_0^b \frac{x}{1+x^2}\mathrm{d}x$

$$= \lim_{a\to-\infty}\Big[\frac{1}{2}\ln(1+x^2)\Big]_a^0 + \lim_{b\to\infty}\Big[\frac{1}{2}\ln(1+x^2)\Big]_0^b$$

$$= -\frac{1}{2}\lim_{a\to-\infty}\ln(1+a^2) + \frac{1}{2}\lim_{b\to\infty}(1+b^2) \ .$$

Da beide Teilintegrale divergieren, existiert $\displaystyle\int_{-\infty}^\infty \frac{x}{1+x^2}\mathrm{d}x$ nicht.

Der Cauchysche Hauptwert berechnet sich zu

$$\text{V.p.} \int_{-\infty}^{\infty} \frac{x}{1+x^2}\,\mathrm{d}x = \lim_{a\to\infty} \int_{-a}^{a} \frac{x}{1+x^2}\,\mathrm{d}x = \lim_{b\to\infty} \left[\frac{1}{2}\ln(1+x^2)\right]_{-a}^{a}$$

$$= \lim_{a\to\infty}\left(\frac{1}{2}\ln(1+a^2) - \frac{1}{2}\ln\left(1+(-a)^2\right)\right) = 0\,.$$

47.   Der Integrand ist für $x = 0$ unbeschränkt.

$$\alpha \neq 1: \int_{0}^{1} \frac{\mathrm{d}x}{x^\alpha} = \lim_{\varepsilon\to+0}\int_{0+\varepsilon}^{1}\frac{\mathrm{d}x}{x^\alpha} = \lim_{\varepsilon\to+0}\left[\frac{1}{1-\alpha}x^{1-\alpha}\right]_{0+\varepsilon}^{1}$$

$$= \frac{1}{1-\alpha}\left(1 - \lim_{\varepsilon\to+0}(0+\varepsilon)^{1-\alpha}\right)$$

$$= \begin{cases} \frac{1}{\alpha-1} & \text{für } \alpha < 1: \quad \text{Konvergenz} \\ \text{Der Grenzwert existiert nicht} & \text{für } \alpha > 1: \quad \text{Divergenz} \end{cases}$$

$$\alpha = 1: \int_{0}^{1}\frac{\mathrm{d}x}{x} = \lim_{\varepsilon\to+0}\int_{0+\varepsilon}^{1}\frac{\mathrm{d}x}{x} = \lim_{\varepsilon\to+0}\left[\ln|x|\right]_{0+\varepsilon}^{1} = 0 - \lim_{\varepsilon\to+0}\ln(0+\varepsilon)$$

Das Integral existiert nicht. Divergenz.

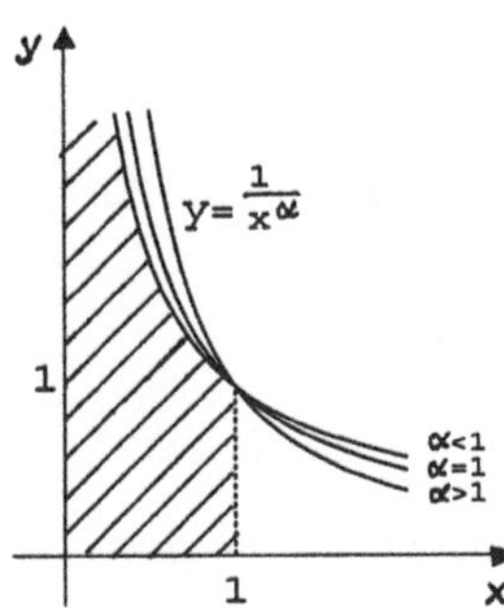

Abb. 3.12

48. a)   Der Integrand ist in $0 \leq x \leq a$ für $x = a$ unbeschränkt.

$$\int_{0}^{a}\frac{\mathrm{d}x}{\sqrt{a^2-x^2}} = \lim_{\varepsilon\to+0}\int_{0}^{a-\varepsilon}\frac{\mathrm{d}x}{\sqrt{a^2-x^2}}$$

$$= \lim_{\varepsilon\to+0}\frac{1}{a}\int_{0}^{a-\varepsilon}\frac{\mathrm{d}x}{\sqrt{1-\left(\frac{x}{a}\right)^2}} = \lim_{\varepsilon\to+0}\int_{0}^{a-\varepsilon}\frac{\mathrm{d}t}{\sqrt{1-t^2}}$$

$$\text{Substitution}: \quad t = \frac{x}{a}\,, \ \mathrm{d}t = \frac{\mathrm{d}x}{a}$$

$$= \lim_{\varepsilon \to +0} \left[\arcsin \frac{x}{a} \right]_0^{a-\varepsilon} = \lim_{\varepsilon \to +0} \arcsin \frac{a-\varepsilon}{a} - \arcsin 0 = \frac{\pi}{2}\,.$$

b)   Der Integrand ist unbeschränkt für $x = \frac{\pi}{2}$.

$$\int\limits_0^{\frac{\pi}{2}} \tan x\,\mathrm{d}x = \lim_{\varepsilon \to +0} \int\limits_0^{\frac{\pi}{2}} \frac{\sin x}{\cos x}\,\mathrm{d}x = \lim_{\varepsilon \to +0} \left[-\ln|\cos x| \right]_0^{\frac{\pi}{2}-\varepsilon}$$

$$= \lim_{\varepsilon \to +0} \left(-\ln|\cos\left(\frac{\pi}{2} - \varepsilon\right)| \right) + \ln 1\,.$$

Der Grenzwert existiert nicht. Das Integral divergiert.

c)   Der Integrand ist unbeschränkt für $x = 0$.

$$\int\limits_{-1}^{1} \frac{\mathrm{d}x}{\sqrt{|x|}} = \lim_{\varepsilon_1 \to +0} \int\limits_{-1}^{0-\varepsilon_1} \frac{\mathrm{d}x}{\sqrt{-x}} + \lim_{\varepsilon_2 \to +0} \int\limits_{0+\varepsilon_2}^{1} \frac{\mathrm{d}x}{\sqrt{x}}$$

$$= \lim_{\varepsilon_1 \to +0} \left[-2\sqrt{-x} \right]_{-1}^{0-\varepsilon_1} + \lim_{\varepsilon_2 \to +0} \left[2\sqrt{x} \right]_{0+\varepsilon_2}^{1}$$

$$= \lim_{\varepsilon_1 \to +0} \left(-2\sqrt{\varepsilon_1} \right) + 2 + 2 - \lim_{\varepsilon_2 \to +0} 2\sqrt{\varepsilon_2} = 4\,.$$

d)   Der Integrand ist unbeschränkt für $x = \frac{\pi}{2}$.

$$\int\limits_0^{\frac{\pi}{2}} \frac{\cos x}{1 - \sin x}\,\mathrm{d}x = \lim_{\varepsilon \to +0} \int\limits_0^{\frac{\pi}{2}-\varepsilon} \frac{\cos x}{1 - \sin x}\,\mathrm{d}x = \lim_{\varepsilon \to +0} \int\limits_0^{\frac{\pi}{2}-\varepsilon} \frac{\mathrm{d}t}{1 - t}$$

$$\text{Substitution}: \quad t = \sin x\,, \ \mathrm{d}t = \cos x\,\mathrm{d}x$$

$$= \lim_{\varepsilon \to +0} \left[-\ln|1 - \sin x| \right]_0^{\frac{\pi}{2}-\varepsilon} = \lim_{\varepsilon \to +0} \left(-\ln\left(1 - \sin(\frac{\pi}{2} - \varepsilon)\right) \right)\,.$$

Der Grenzwert existiert nicht. Das Integral divergiert.

e)   Der Integrand ist unbeschränkt für $x = 1$.

$$\int\limits_0^{9} \frac{\mathrm{d}x}{\sqrt[3]{(x - 1)^2}} = \lim_{\varepsilon_1 \to +0} \int\limits_0^{1-\varepsilon_1} (x - 1)^{-\frac{2}{3}}\,\mathrm{d}x + \lim_{\varepsilon_2 \to +0} \int\limits_{1+\varepsilon_2}^{9} (x - 1)^{-\frac{2}{3}}\,\mathrm{d}x$$

$$= \lim_{\varepsilon_1 \to +0} \left[-3\sqrt[3]{1 - x} \right]_0^{1-\varepsilon_1} + \lim_{\varepsilon_2 \to +0} \left[3\sqrt[3]{x - 1} \right]_{1+\varepsilon_2}^{9}$$

$$= \lim_{\varepsilon_1 \to +0} \left(-3\sqrt[3]{\varepsilon_1} \right) + 3 + 6 - \lim_{\varepsilon_2 \to +0} 3\sqrt[3]{\varepsilon_2} = 9\,.$$

f) Der Integrand ist unbeschränkt für $x = 1$.

$$\int\limits_0^9 \frac{dx}{\sqrt[3]{(x-1)^4}} = \lim_{\varepsilon_1 \to +0} \int\limits_0^{1-\varepsilon_1} (x-1)^{-\frac{4}{3}} dx + \lim_{\varepsilon_2 \to +0} \int\limits_{1+\varepsilon_2}^9 (x-1)^{-\frac{4}{3}} dx$$

$$= \lim_{\varepsilon_1 \to +0} \left[-\frac{3}{\sqrt[3]{1-x}} \right]_0^{1-\varepsilon_1} + \lim_{\varepsilon_2 \to +0} \left[\frac{3}{\sqrt[3]{x-1}} \right]_{1+\varepsilon_2}^9$$

$$= \lim_{\varepsilon_1 \to +0} \left(-\frac{3}{\sqrt[3]{\varepsilon_1}} \right) + 3 + \frac{3}{2} - \lim_{\varepsilon_2 \to +0} \frac{3}{\sqrt[3]{\varepsilon_2}} \ .$$

Die Grenzwerte existieren nicht. Das Integral divergiert.

49. Der Integrand ist unbeschränkt für $x = 2$.

$$\int\limits_0^2 \frac{x}{\sqrt{(4-x^2)}} dx = \lim_{\varepsilon \to +0} \int\limits_0^{2-3} \frac{x}{\sqrt{4-x^2}} dx = -\frac{1}{2} \lim_{\varepsilon \to +0} \int\limits_0^{2-3} \frac{dt}{\sqrt{t}}$$

Substitution: $\quad t = 4 - x^2 \,, \ dt = -2x\,dx$

$$= -\frac{1}{2} \lim_{\varepsilon \to +0} \left[2\sqrt{4-x^2} \right]_0^{2-\varepsilon} = -\lim_{\varepsilon \to +0} \sqrt{4-(2-\varepsilon)^2} + 2 = 2 \ .$$

50. a) Der Integrand ist unbeschränkt für $x = 0$.

$$\int\limits_{-1}^1 \frac{dx}{x^3} = \lim_{\varepsilon_1 \to +0} \int\limits_{-1}^{0-\varepsilon_1} \frac{dx}{x^3} + \lim_{\varepsilon_2 \to +0} \int\limits_{0+\varepsilon_2}^1 \frac{dx}{x^3}$$

$$= \lim_{\varepsilon_1 \to +0} \left[-\frac{1}{2x^2} \right]_{-1}^{0-\varepsilon_1} + \lim_{\varepsilon_2 \to +0} \left[-\frac{1}{2x^2} \right]_{0+\varepsilon_2}^1$$

$$= \lim_{\varepsilon_1 \to +0} \left(-\frac{1}{2\varepsilon_1^2} \right) + \frac{1}{2} - \frac{1}{2} + \lim_{\varepsilon_2 \to +0} \frac{1}{2\varepsilon_2^2} \ .$$

Beide Grenzwerte existieren nicht, und somit divergiert $\int\limits_{-1}^1 \frac{dx}{x^3}$.

Der Cauchysche Hauptwert berechnet sich zu

$$\text{V.p.} \int\limits_{-1}^1 \frac{dx}{x^3} = \lim_{\varepsilon \to +0} \left(\int\limits_{-1}^{0-\varepsilon} \frac{dx}{x^3} + \int\limits_{0+\varepsilon}^1 \frac{dx}{x^3} \right)$$

$$= \lim_{\varepsilon \to +0} \left(\left[-\frac{1}{2x^2} \right]_{-1}^{0+\varepsilon} + \left[-\frac{1}{2x^2} \right]_{0+\varepsilon}^1 \right)$$

$$= \lim_{\varepsilon \to +0} \left(-\frac{1}{2\varepsilon^2} + \frac{1}{2} - \frac{1}{2} + \frac{1}{2\varepsilon^2} \right) = 0 \ .$$

b)   Der Integrand ist unbeschränkt für $x = 0$.

$$\int_{-1}^{1} \frac{e^x}{x^3 - 1}\,\mathrm{d}x = \lim_{\varepsilon_1 \to +0} \int_{-1}^{0-\varepsilon_1} \frac{e^x}{e^x - 1}\,\mathrm{d}x + \lim_{\varepsilon_2 \to +0} \int_{0+\varepsilon_2}^{1} \frac{e^x}{e^x - 1}\,\mathrm{d}x$$

$$= \lim_{\varepsilon_1 \to +0} \Big[\ln|e^x - 1| \Big]_{-1}^{0-\varepsilon} + \lim_{\varepsilon_2 \to +0} \Big[\ln|e^x - 1| \Big]_{0+\varepsilon_2}^{1}$$

$$= \lim_{\varepsilon_1 \to +0} \ln|e^{-\varepsilon_1} - 1| - \ln|\tfrac{1}{e} - 1| + \ln|e - 1| - \lim_{\varepsilon_2 \to +0} \ln|e^{\varepsilon_2} - 1| \ .$$

Beide Grenzwerte existieren nicht, und somit divergiert $\int_{-1}^{1} \frac{e^x}{e^x-1}\,\mathrm{d}x$.

Der Cauchysche Hauptwert berechnet sich zu

$$\mathrm{V.p.} \int_{-1}^{1} \frac{e^x}{e^x - 1}\,\mathrm{d}x = \lim_{\varepsilon \to +0} \Big(\int_{-1}^{0-\varepsilon} \frac{e^x}{e^x - 1}\,\mathrm{d}x + \int_{0+\varepsilon}^{1} \frac{e^x}{e^x - 1}\,\mathrm{d}x \Big)$$

$$= \lim_{\varepsilon \to +0} \Big(\Big[\ln|e^x - 1| \Big]_{-1}^{0-\varepsilon} + \Big[\ln|e^x - 1| \Big]_{0+\varepsilon}^{1} \Big)$$

$$= \lim_{\varepsilon \to +0} \ln|e^{-\varepsilon} - 1| - \ln|\tfrac{1}{e} - 1| + \ln|e - 1| - \lim_{\varepsilon \to +0} \ln|e^{\varepsilon} - 1|$$

$$\Big(\text{wegen } \lim_{\varepsilon \to +0} \ln\Big| \frac{e^{-\varepsilon} - 1}{e^{\varepsilon} - 1} \Big| = \lim_{\varepsilon \to +0} \ln\Big| -e^{-\varepsilon} \frac{e^{\varepsilon} - 1}{e^{\varepsilon} - 1} \Big| = 0 \Big)$$

$$= \ln\Big| \frac{e - 1}{\tfrac{1}{e} - 1} \Big| = 1 \ .$$

c)   Der Integrand ist unbeschränkt für $x = 2$.

$$\int_{1}^{4} \frac{4}{x^2(x - 2)}\,\mathrm{d}x$$

Partialbruchzerlegung :

$$\frac{4}{x^2(x - 2)} = \frac{A}{x} + \frac{B}{x^2} + \frac{C}{x - 2}$$

$$4 = Ax(x - 2) + B(x - 2) + Cx^2$$

$$A = -1, \ \ B = -2, \ \ C = 1$$

$$\int \frac{4}{x^2(x - 2)}\,\mathrm{d}x = -\int \frac{\mathrm{d}x}{x} - 2\int \frac{\mathrm{d}x}{x^2} + \int \frac{\mathrm{d}x}{x - 2}$$

$$= -\ln|x| + \frac{2}{x} + \ln|x - 2| + C$$

$$\int\limits_1^4 \frac{4}{x^2(x-2)}\,\mathrm{d}x = \lim_{\varepsilon_1\to+0} \int\limits_1^{2-\varepsilon_1} \frac{4}{x^2(x-2)}\,\mathrm{d}x + \lim_{\varepsilon_2\to+0} \int\limits_{2+\varepsilon_1}^4 \frac{4}{x^2(x-2)}\,\mathrm{d}x$$

$$= \lim_{\varepsilon_1\to+0} \left(\left[-\ln|x| + \frac{2}{x} + \ln|x-2|\right]_1^{2-\varepsilon_1}\right)$$

$$+ \lim_{\varepsilon_2\to+0} \left(\left[-\ln|x| + \frac{2}{x} + \ln|x-2|\right]_{2+\varepsilon_1}^4\right)$$

$$= \lim_{\varepsilon_1\to+0} \left(-\ln|2-\varepsilon_1| + \frac{2}{2-\varepsilon_1} + \ln|-\varepsilon_1|\right) + \ln 1 - 2 - \ln 1$$

$$-\ln 4 + \frac{1}{2} + \ln 2 - \lim_{\varepsilon_2\to+0} \left(-\ln|2+\varepsilon_1| + \frac{2}{2+\varepsilon_1} + \ln\varepsilon_1\right)\ .$$

Die Grenzwerte $\lim\limits_{\varepsilon_1\to+0}\ln|-\varepsilon_1|$ und $\lim\limits_{\varepsilon_2\to+0}\ln\varepsilon_1$ existieren nicht und

somit divergiert $\int\limits_1^4 \frac{4}{x^2(x-2)}\,\mathrm{d}x$.

Der Cauchysche Hauptwert berechnet sich zu

$$\text{V.p.} \int\limits_1^4 \frac{4}{x^2(x-2)}\,\mathrm{d}x = \lim_{\varepsilon\to+0} \left(\int\limits_1^{2-\varepsilon} \frac{4}{x^2(x-2)}\,\mathrm{d}x + \int\limits_{2+\varepsilon}^4 \frac{4}{x^2(x-2)}\,\mathrm{d}x\right)$$

$$= \lim_{\varepsilon\to+0} \left(-\ln|2-\varepsilon| + \frac{2}{2-\varepsilon} + \ln|-\varepsilon| + \ln 1 - 2 - \ln 1\right.$$

$$\left.-\ln 4 + \frac{1}{2} + \ln 2 + \ln|2+\varepsilon| - \frac{2}{2+\varepsilon} - \ln|\varepsilon|\right) = -\frac{3}{2} - \ln 2\ .$$

4 Differentialgeometrie

4.1 Kurven in der Ebene

Schwerpunkte: Kurvengleichungen in verschiedenen Darstellungsformen, Ableitungen, Tangenten- und Normalengleichungen, Schnittwinkel zweier Kurven

Darstellungsform	Kurvengleichung	Ableitung
explizite Form	$y = f(x), \quad x \in D_f$	$y' = \dfrac{\mathrm{d}y}{\mathrm{d}x} = f'(x)$
implizite Form	$F(x,y) = 0$	$y' = -\dfrac{\frac{\partial F}{\partial x}}{\frac{\partial F}{\partial y}} = -\dfrac{F_x}{F_y}$
Parameterform	$x = x(t), y = y(t)$ mit $\quad t_1 \leq t \leq t_2$	$y' = \dfrac{\dot{y}}{\dot{x}}$ mit $\dot{x} = \dfrac{\mathrm{d}x}{\mathrm{d}t}, \dot{y} = \dfrac{\mathrm{d}y}{\mathrm{d}t}$
Polarkoordinaten	$r = r(\varphi), \quad r \geq 0$ Transformationsgleichungen: $x = r\cos\varphi, \qquad y = r\sin\varphi$ $r = \sqrt{x^2 + y^2}, \quad \varphi = \arctan\dfrac{y}{x}$	$y' = \dfrac{r'\sin\varphi + r\cos\varphi}{r'\cos\varphi - r\sin\varphi}$ mit $r' = \dfrac{\mathrm{d}r}{\mathrm{d}\varphi}$

Man beachte: Eine ebene Kurve k ist i.a. nicht notwendig das Bild einer Funktion und umgekehrt gibt es reelle Funktionen, deren Graph keine ebene Kurve darstellt.

Tangentengleichung im Punkt (x_0, y_0):
$$y - y_0 = y'(x_0)(x - x_0),$$

Normalengleichung im Punkt (x_0, y_0):
$$y - y_0 = -\frac{1}{y'(x_0)}(x - x_0),$$

Schnittwinkel zweier Kurven $y = f(x)$
$$\tan \vartheta = \frac{g(x_0) - f(x_0)}{1 + f(x_0) \cdot g(x_0)},$$
und $y = g(x)$ an der Stelle $x = x_0$:

Berührung zweier Kurven der Ordnung n:
$f^k(x_0) = g^{(k)}(x_0)$ für $k = 0, ..., n$ und $f^{n+1}(x_0) \neq g^{n+1}(x_0)$.

Fragen zu 4.1

1. Welche analytischen Darstellungsarten von Kurven in der Ebene kennen Sie? Wie lautet die Gleichung eines Kreises mit dem Radius a und dem Mittelpunkt $(0; 0)$ in diesen Darstellungsarten.

2. Welche analytischen Darstellungsarten eignen sich zur Beschreibung geschlossener Kurven?

3. Was versteht man unter der Orientierung einer Kurve, die durch die Parameterdarstellung $x = x(t), y = y(t)$ für $t_1 < t < t_2$ gegeben ist?

4. Eine Kurve sei durch eine explizite Gleichung $y = f(x)$ im Intervall $[a, b]$ gegeben. Wie kann man am einfachsten eine Parameterdarstellung der Kurve finden?

5. Wann nennt man eine Kurve, die durch eine Parameterdarstellung $x = x(t), y = y(t)$ mit $t_1 \leq t \leq t_2$ gegeben ist, regulär?

6. Was versteht man unter einem glatten Kurvenstück?

7. Welche Beziehungen bestehen zwischen den Anstiegen von Tangente und Normale in einem Kurvenpunkt?

8. Welche Beziehungen gelten für Kurven $f(x)$ und $g(x)$, die sich an der Stelle $x = x_0$ von der Ordnung 1 bzw. 2 berühren, und was bedeutet das geometrisch?

Aufgaben zu 4.1

1. Beschreiben Sie eine Gerade mit den Achsenabschnitten $a \neq 0$ und $b \neq 0$ durch eine implizite Gleichung, explizite Gleichungen, eine Parameterdarstellung und mit Hilfe von Polarkoordinaten.

2. Stellen Sie eine Ellipse mit dem Mittelpunkt $(0; 0)$ und den Halbachsen a und b in impliziter Form, expliziter Form, Parameterform und in Polarkoordinaten dar.

3. Welche Kurve bzw. welches Kurvenstück wird durch folgende Parameterdarstellung beschrieben:
   a) $x = x(t) = a \cosh t,\quad y = y(t) = b \sinh t \quad$ für $t \in R$.
   b) $x = x(t) = \sqrt{9 - t^2},\quad y = y(t) = 6 - t^2$.
   Fertigen Sie zu b) eine Skizze an.

4. Gegeben ist die Parameterdarstellung einer Ellipse durch
   $x = x(t) = \sqrt{3} \cos t,\quad y = y(t) = 3 \sin t \quad$ für $0 \leq t < 2\pi$.
   In welchen Ellipsenpunkten beträgt der Anstieg $y' = 1$?

5. Welchen Anstieg hat die Archimedische Spirale $r = a\varphi$ für die Winkel
   $\varphi_0; \dfrac{\pi}{4}; \dfrac{\pi}{2}$ und π ?

6. Welchen Anstieg hat die Kardioide $r = 2a(1 + \cos\varphi)$ mit $0 \leq \varphi < 2\pi$ für
   $\varphi = \dfrac{\pi}{2}$? (vgl. Abb. 1.12).

   In welchen Punkten liegt die Tangente horizontal?

7. Geben Sie für die Kurven $y = e^x$ und $y = \ln x$ in deren Schnittpunkt mit den Koordinatenachsen die Gleichungen der Tangente und Normale an.

8. Berechnen Sie die Tangenten- und Normalengleichungen für die Ellipse $\dfrac{x^2}{9} + \dfrac{y^2}{16} = 1$ in den Schnittpunkten mit der Geraden $y = x$.

9. Stellen Sie für die Hyperbel $\dfrac{x^2}{a^2} - \dfrac{y^2}{b^2} = 1$ die Tangenten- und Normalengleichung für einen beliebigen Punkt $P_0(x_0, y_0)$ auf.

10. Berechnen Sie Schnittpunkt und Schnittwinkel von $y = f(x)$ und $y = g(x)$, und stellen Sie die Gleichungen der Tangenten und Normalen im Schnitttpunkt auf, wenn die Kurven wie folgt gegeben sind:

a) $f(x) = x^2, g(x) = \dfrac{1}{x}$,

b) $f(x) = \cos x, g(x) = \sin x$ für $x \in [0, \pi]$,

c) $f(x) = \tan x, g(x) = \cot x$ für $x \in [0; \frac{\pi}{2}]$.

11. Von welcher Ordnung berühren sich die Kurven
a) $f(x) = \sin x$ und $g(x) = \tan x$ an der Stelle $x = 0$?

b) $f(x) = \sin x$ und $g(x) = \sinh x$ an der Stelle $x = 0$?

c) $f(x) = \cos x$ und $g(x) = \sqrt{1 - x^2}$ an der Stelle $x = 0$?

d) $f(x) = \frac{1}{2}x^2$ und $g(x) = \cosh x - 1$ an der Stelle $x = 0$?

12. Von welcher Ordnung berühren die Parabeln $y = x^{2n}$ die x-Achse ?

13. Wie muß man den Steigungsfaktor λ wählen, damit die Gerade $y = \lambda x + 2$ den Kreis $x^2 + y^2 = 1$ berührt ?
Stellen Sie für die Berührungspunkte die Gleichungen der Tangente und Normalen auf und fertigen Sie eine Skizze an.

14. Wie muß man den Parameter λ wählen, damit sich die Kurven $f(x) = \ln \frac{x^2}{2}$ und $g(x) = \lambda x^2$ von der Ordnung 1 berühren ?
Wie lautet die Gleichung der gemeinsamen Tangente ?

4.2   Krümmung ebener Kurven

Schwerpunkte: Krümmung, Krümmungsradius, Krümmungsmittelpunkt

$f(x), r(\varphi), x(t), y(t)$ zweimal stetig differenzierbar,
$F(x, y)$ zweimal stetig partiell ableitbar.

Kurvengleichung	Krümmung k Krümmungsmittelpunkt ξ, η
$y = f(x)$	$k = \dfrac{y''}{\sqrt{(1 + y'^2)^3}}$ $\xi = x - \dfrac{1 + y'^2}{y''}y', \quad \eta = y + \dfrac{1 + y'^2}{y''}$
$F(x, y) = 0$	$k = \dfrac{-F_y^2 F_{xx} + 2F_x F_y F_{xy} - F_x^2 F_{yy}}{\sqrt{(F_x^2 + F_y^2)^3}}$ $\xi = x - \dfrac{F_x(F_x^2 + F_y^2)}{F_y^2 F_{xx} - 2F_x F_y F_{xy} + F_x^2 F_{yy}}$ $\eta = y - \dfrac{F_y(F_x^2 + F_y^2)}{F_y^2 F_{xx} - 2F_x F_y F_{xy} + F_x^2 F_{yy}}$
$x = x(t)$ $y = y(t)$	$k = \dfrac{\dot{x}\ddot{y} - \ddot{x}\dot{y}}{\sqrt{(\dot{x}^2 + \dot{y}^2)^3}}$ $\xi = x - \dfrac{\dot{x}^2 + \dot{y}^2}{\dot{x}\ddot{y} - \ddot{x}\dot{y}}\dot{y}, \quad \eta = y + \dfrac{\dot{x}^2 + \dot{y}^2}{\dot{x}\ddot{y} - \ddot{x}\dot{y}}\dot{x}$
$r = r(\varphi)$	$k = \dfrac{r^2 + 2r'^2 - rr''}{\sqrt{r^2 + r'^2)^3}}$ $\xi = \dfrac{r(r'^2 - rr'')\cos\varphi - r'(r^2 + r'^2)\sin\varphi}{r^2 + 2r'^2 - rr''}$ $\eta = \dfrac{r(r'^2 - rr'')\sin\varphi + r'(r^2 + r'^2)\cos\varphi}{r^2 + 2r'^2 - rr''}$

Krümmungsradius: $\varrho = \frac{1}{|k|}$

Krümmungskreis: Kreis mit dem Radius ϱ und Mittelpunkt (ξ, η)

Evolute: Kurve der Krümmungsmittelpunkte

                 Parameterdarstellung: $\xi = u(x), \eta = v(x)$

Fragen zu 4.2

9. Was versteht man unter der durchschnittlichen (mittleren) Krümmung einer Kurve über einem Intervall und unter der Krümmung in einem Kurvenpunkt?

10. Welcher Zusammenhang besteht zwischen der Konvexität (Konkavität) und dem Vorzeichen der Krümmung?

11. Welcher Zusammenhang besteht zwischen dem Vorzeichen der Krümmung und der Lage des Krümmungsmittelpunktes?

12. Was versteht man unter dem Krümmungskreis einer Kurve in einem Kurvenpunkt P_0 und durch welche Größen ist er bestimmt?

13. Von welcher Ordnung berühren sich 2 Kurven, die denselben Krümmungskreis haben?

14. Welche Gestalt nimmt der "Krümmungskreis" an, wenn die Krümmung Null ist?

15. Was versteht man unter der Evolute einer Kurve?

Aufgaben zu 4.2

15. Berechnen Sie die Krümmung von $y = \arctan x$ an den Stellen $x_1 = 0$ und $x_2 = 1$.

16. Berechnen Sie Krümmung, Krümmungsradius und die Koordinaten des Krümmungsmittelpunktes von

    a) $y = \mathrm{e}^{-x^2}$ an der Stelle $x_0 = 0$;

    b) der Astroide $x = a\cos^3 t$, $y = a\sin^3 t$ für $t_0 = \dfrac{\pi}{4}$, s. Abb. 1.9;

    c) der Kardioide $r = 2a(1 + \cos\varphi)$ für $\varphi_1 = 0$ und $\varphi_2 = \dfrac{\pi}{2}$, s. Abb. 1.12;

    d) der Lemniskate $(x^2 + y^2)^2 - a^2(x^2 - y^2) = 0$ in $P_0(a, 0)$, s. Abb. 1.11.

17. Von der Kurve $y = x^2$ sind die Krümmung und die Koordinaten des Krümmungsmittelpunktes für eine beliebige Stelle x zu berechnen.
    Geben Sie für die Stelle $x_0 = 0$ die Gleichung des Krümmungskreises an.
    Fertigen Sie eine Skizze an.

18. Welche Krümmung hat $y = x^4$ an der Stelle $x = 0$?
In welchen Punkten ist die Kurve am stärksten gekrümmt und wie groß ist dort die Krümmung?

19. Bestimmen Sie den Punkt der Kurve $y = \ln x$ $(x > 0)$, für den die Krümmung ein Extremum besitzt. Geben Sie für diesen Punkt die Krümmung und die Gleichung des Krümmungskreises an.

20. In welchem Punkt hat die Kurve $y = \cosh x$ den kleinsten Krümmungsradius? Geben Sie für diesen Punkt die Gleichung des Krümmungskreises an.

21. Bestimmen Sie den lokalen Extremwert von $y = \dfrac{x^2}{x^4 - 1}$.
Geben Sie für die Extremstelle die Gleichung des Krümmungskreises an.

22. Bestimmen Sie die maximale (minimale) Krümmung von $y = \sinh x$.

23. Berechnen Sie den Punkt, in dem $y = \ln(\sin x)$ für $0 < x < \pi$ am stärksten gekrümmt ist, und geben Sie für diesen Punkt die Gleichung des Krümmungskreises an.

24. Für welchen Punkt der logarithmischen Spirale $r = e^{a\varphi}$ gilt
$$k_0 = \frac{1}{\sqrt{1 + a^2}} \, ?$$

25. Stellen Sie die Gleichung des Büschels aller Kreise auf, die die Kurve $y = e^x$ im Punkt $P_0(0; 1)$ berühren und deren Mittelpunkt die Abszisse $-a$ $(a > 0)$ hat und auf der Normalen durch P_0 liegt. Existiert ein Kreis, der die Kurve von der Ordnung 2 berührt?

26. Ermitteln Sie eine Parameterform der Evolute der Kurve $y = \ln x$ $(x > 0)$.

27. Bestimmen Sie die Gleichung der Evolute folgender Kurve:
$x = x(t) = a(\cos t + t \sin t); \; y = y(t) = a(\sin t - t \cos t)$.

4.3 Bogenlänge ebener Kurven

Schwerpunkte: Länge ebener Kurven, Mantelinhalt von Rotationsflächen

$f(x), x(t), y(t), r(\varphi)$ stetig differenzierbar

mit $y' = \dfrac{\mathrm{d}f}{\mathrm{d}x}, \dot{x} = \dfrac{\mathrm{d}x}{\mathrm{d}t}, \dot{y} = \dfrac{\mathrm{d}y}{\mathrm{d}t}, r' = \dfrac{\mathrm{d}r}{\mathrm{d}\varphi}$.

Kurvendarstellung	Bogenelement	Bogenlänge
$y = f(x)$	$\mathrm{d}s = \sqrt{1 + y'^2}\,\mathrm{d}x$	$s = \int_{x=a}^{b} \sqrt{1 + y'^2}\,\mathrm{d}x$
$x = x(t), y = y(t)$	$\mathrm{d}s = \sqrt{\dot{x}^2 + \dot{y}^2}\,\mathrm{d}t$	$s = \int_{t=t_1}^{t_2} \sqrt{\dot{x}^2 + \dot{y}^2}\,\mathrm{d}t$
$r = r(\varphi)$	$\mathrm{d}s = \sqrt{r'^2 + r^2}\,\mathrm{d}\varphi$	$s = \int_{\varphi=\varphi_1}^{\varphi_2} \sqrt{r'^2 + r^2}\,\mathrm{d}\varphi$

Rotationsfläche oder Mantelfläche (Kurve rotiert um die x-Achse).

Inhalt der Mantelfläche: $\qquad\qquad A = 2\pi \int_{x=a}^{b} y\sqrt{1 + y'^2}\,\mathrm{d}x.$
($y = f(x), f(x) \geq 0$)

Inhalt der Mantelfläche: $\qquad\qquad A = 2\pi \int_{t=t_1}^{t_2} y\sqrt{\dot{x}^2 + \dot{y}^2}\,\mathrm{d}t.$
($x = x(t), y = y(t)$ mit $y(t) \geq 0$)

Fragen zu 4.3

16. Wie kann man die Länge einer Kurve (Bogenlänge) näherungsweise berechnen?

17. Durch welche Überlegung kann man eine Formel für die Bogenlänge einer auf $[a, b]$ stetig differenzierbaren Funktion $y = f(x)$ aufstellen?

18. Was versteht man unter einer Rotationsfläche?

19. Wie lauten die Formeln für den Inhalt einer Rotationsfläche (Mantelinhalt), wenn ein Kurvenstück ($x \geq 0$ bzw. $x(t) \geq 0$) um die y-Achse rotiert?

20. Rotiert das durch $y = \mathrm{e}^x$ ($0 \leq x \leq \mathrm{e}^2$) dargestellte Kurvenstück um die y-Achse, so entsteht eine Rotationsfläche. Durch welches Kurvenstück von welcher Funktion entsteht bei Rotation um die x-Achse eine form- und inhaltsgleiche Fläche?

Aufgaben zu 4.3

28. Berechnen Sie die Bogenlänge folgender Kurven:

a) $y = \frac{1}{12}x^3 - \frac{1}{x^2}$ für $2 \leq x \leq 4$,

b) $y = \frac{1}{4}x^2 - \frac{1}{2}\ln x$ für $1 \leq x \leq 3$,

c) $y = \ln \sin x$ für $\frac{\pi}{3} \leq x \leq \frac{\pi}{2}$,

d) $x^3 - ay^2 = 0$ (Neilsche Parabel)   für $0 \leq x \leq 5$,

e) $x = t^2, y = 2t^3$ für $0 \leq t \leq \frac{\sqrt{3}}{3}$,

f) $x = 4(t^2 + 3), y = 2t^3$ für $0 \leq t \leq 1$,

g) $x = \frac{1}{2}t^2, y = t\cosh t - \sinh t$ für $0 \leq t \leq 1$,

h) $r = a\varphi$ (Archimedische Spirale)   für $0 \leq \varphi \leq \varphi_0$,

i) $r = a\sin^3 \frac{\varphi}{3}$ für $0 \leq \varphi \leq 3\pi$,

j) $y = \mathrm{arcosh}\, x$ für $1 \leq x \leq \sqrt{5}$,

k) $y = \arcsin \mathrm{e}^{-x}$ für $0 \leq x \leq 1.$

29. Welche Länge hat das Kurvenstück, das die Gerade $y = 0$ von der Parabel $y = \frac{1}{2}x^2 - 2$ abschneidet? Skizzieren Sie dieses Kurvenstück.

30. Eine Kurve ist gegeben durch $x = \dfrac{1}{6}t^6$, $y = 12 - \dfrac{1}{4}t^4$. Wie lang ist der Bogen, der zwischen den beiden positiven Koordinatenachsen liegt?

31. Gegeben ist die Kurve $r = \mathrm{e}^{a\varphi}$.
Vergleichen Sie die Bogenlänge für $a = 1$ in den 4 Quadranten.

32. Berechnen Sie von der Kurve $r = 4(2\cos\varphi - \sin\varphi)$ die Länge des Bogens, der zwischen $\varphi_1 = \frac{3}{2}\pi$ und $\varphi_2 = 2\pi$ liegt.
Welche Kurve wird durch die gegebene Gleichung dargestellt?

33. Der obere Bogen der Kordioide wird beschrieben durch $r = 2a(1 + \cos\varphi)$ mit $0 \leq \varphi \leq \pi$, vgl. Abb. 1.12.
Durch welchen Winkel $\varphi_0 \in [0, \pi]$ wird dieser Bogen halbiert?

34. Ein Viertelbogen der Astroide wird wie folgt dargestellt:
$x = a\cos^3 t, y = a\sin^3 t$ für $0 \leq t \leq \frac{\pi}{2}$, vgl. Abb. 1.9.
Durch welche Parameterwerte wird der Viertelbogen

    a) in 4 gleiche Teile zerlegt? Fertigen Sie eine Skizze an.

    b) in 3 gleiche Teile zerlegt?

35. Von folgenden Kurvenstücken berechne man die Bogenlänge, und von den Rotationsflächen, die bei Rotation der Kurvenstücke um die $x-$Achse entstehen, den Mantelinhalt.
    a) $y = \cosh x$ für $0 \leq x \leq 1$,
    b) $x = t - \frac{1}{2}\sinh 2t$, $y = 2\cosh t$ für $0 \leq t \leq 2$.

36. Die Nullstellen der Funktion $y = \sqrt{x} - \frac{1}{3}x\sqrt{x}$ begrenzen ein Kurvenstück des Graphen. Man berechne

    a) die Länge des Kurvenstücks,

    b) den Mantelinhalt der Fläche, die bei Rotation des Kurvenstücks um die x-Achse entsteht.

37. Durch $x = e^t \cos t, y = e^t \sin t$ mit $0 \leq t \leq \frac{\pi}{2}$ wird ein Kurvenstück beschrieben. Berechnen Sie

    a) die Länge des Kurvenstücks

    b) den Mantelinhalt der Rotationsflächen die entstehen, wenn das Kurvenstück um die x-Achse bzw. y-Achse rotiert.

38. Die Kurve $y = x^2$ rotiere um die y-Achse.

    a) Berechnen Sie den Mantelinhalt des Flächenstücks, das durch $0 \leq x \leq \sqrt{2}$ begrenzt wird.

    b) Geben Sie eine Kurve an, die bei Rotation um die x-Achse eine form- und inhaltsgleiche Rotationsfläche erzeugt sowie eine Begrenzung für das entsprechende Flächenstück.

    c) Bestätigen Sie, daß beide Flächenstücke denselben Inhalt haben.

39. In einem zylindrischen Gefäß vom Radius $R = \sqrt{2}$ befindet sich eine gewisse Flüssigkeitsmenge. Durch Rotation des Gefäßes um seine Achse (z-Achse) nimmt die Oberfläche der Flüssigkeit die Gestalt eines Rotationsparaboloides $z = x^2 + y^2$ an.
Wie groß ist die Oberfläche der rotierenden Flüssigkeit?

Antworten zu 4

1. Analytische Darstellungsarten sind
   a) explizite Gleichung: $\quad y = \sqrt{x^2 - x^2} \quad -a \le x \le a, \; y \ge 0$
      (oberer Halbkreis),
      $y = -\sqrt{a^2 - x^2} \quad -a \le x \le a, \; y \le 0$
      (unterer Halbkreis).
   b) implizite Gleichung: $\quad x^2 + y^2 - a^2 = 0.$
   c) Parameterdarstellung: $\quad x = a \cos t, y = a \sin t$ für $0 \le t \le 2\pi$.

   d) Darstellung in Polarkoordinaten: $\quad r = a.$

2. Zur Darstellung geschlossener Kurven sind implizite Gleichungen, Parameterdarstellungen oder Darstellungen in Polarkoordinaten am besten geeignet. Zur Darstellung geschlossener Kurven in der expliziten Form $y = f(x)$ sind wegen der Eindeutigkeit mindestens zwei Funktionsgleichungen nötig.

3. Unter der Orientierung einer Kurve versteht man den Durchlaufsinn vom Anfangspunkt zum Endpunkt. Nehmen die Parameterwerte dabei zu, so spricht man von positiver Orientierung, bei einer Abnahme von negativer Orientierung.

4. Man setzt $x = x(t) = t$ und $y = y(t) = f(t), a = t_1$ und $b = t_2$.

5. k heißt in einem Kurvenpunkt P_0 regulär, wenn es eine Parameterdarstellung $x = x(t), y = y(t)$ für $t_1 \le t \le t_2$ mit folgenden Eigenschaften gibt:
   1. Jeder Kurvenpunkt wird durch genau einen Parameterwert dargestellt.
   2. Die Parameterdarstellung ist für $t = t_0$ stetig differenzierbar und es gilt: $\dot{x}^2 + \dot{y}^2 > 0.$
   k selbst heißt regulär, wenn k in allen Punkten regulär ist.

6. Ein Kurvenstück heißt glatt in $t_1 \le t \le t_2$, wenn k für alle t dieses Intervalls regulär ist und die Ableitungen $\dot{x}(t)$ und $\dot{y}(t)$ stetig sind.

7. Die Anstiege verhalten sich negativ und reziprok zueinander:
$$y_t'(x_0) = -\frac{1}{y_n'(x_0)}.$$

8. Berührung der Ordnung 1: $f(x_0) = g(x_0)$ und $f'(x_0) = g'(x_0)$.
Die Kurven haben im Berührungspunkt dieselbe Tangente.
Berührung der Ordnung 2: $f(x_0) = g(x_0)$, $f'(x_0) = g'(x_0)$ und
$f''(x_0) = g''(x_0)$.
Die Kurven haben im Berührungspunkt dieselbe Tangente und dieselbe Krümmung.

9. Unter der durchschnittlichen (mittleren) Krümmung einer Kurve über einem Intervall versteht man die Änderung des Anstiegswinkels bezogen auf die Länge der Kurve in diesem Intervall, d.h. $\frac{\Delta\tau}{\Delta s}$.
Die Krümmung in einem Kurvenpunkt ist der Grenzwert der durchschnittlichen Krümmung für Δs gegen Null:
$$k = \lim_{\Delta s \to 0} \frac{\Delta\tau}{\Delta s} = \frac{d\tau}{ds}.$$

10. Für konvexe Kurvenstücke ist die Krümmung positiv, für konkave Kurvenstücke ist sie negativ.

11. Ist die Krümmung positiv, so liegt der Krümmungsmittelpunkt links der Kurve (im Sinne wachsender x-Werte oder Parameterwerte).
Ist die Krümmung negativ, so liegt er rechts der Kurve. Abb. 4.1

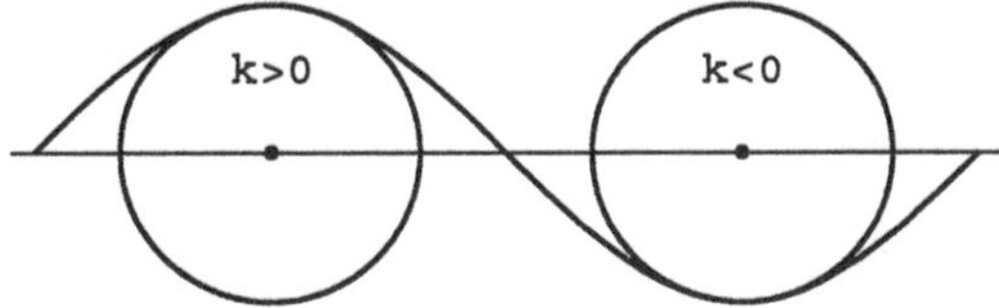

Abb. 4.1

12. Der Krümmungskreis ist ein Kreis, der die Kurve in P_0 von 2. Ordnung berührt. Er hat den Radius $\varrho = \frac{1}{|k|}$ und den Mittelpunkt (ξ, η).

13. Da in diesem Fall Übereinstimmung der Funktionswerte und der Ableitungen 1. und 2. Ordnung bestehen muß, berühren sich die Kurven mindestens von der Ordnung 2.

14. Der Krümmungsradius ist in diesem Fall unendlich groß, somit wird der Krümmungskreis zur Geraden (Tangente).

15. Die Evolute einer ebenen Kurve ist der geometrische Ort der Krümmungsmittelpunkte aller Kurvenpunkte, also selbst eine Kurve. Die Formeln für die Koordinaten des Krümmungsmittelpunktes sind gleichzeitig Parameterdarstellungen für die Evolute.

16. Um die Länge einer ebenen (oder räumlichen) Kurve näherungsweise zu ermitteln, unterteilt man die Kurve in kurze Stücken und ersetzt jedes Kurvenstück durch die Sehne. Die Länge des Sehnenpolygons kann als Näherungswert der Bogenlänge aufgefaßt werden. Je feiner die Unterteilung der Kurve gewählt wird, desto besser ist der Näherungswert.

17. Das Intervall $[a, b]$ wird in Teilintervalle $[x_{i-1}, x_i]$ $(i = 1, ...n)$ zerlegt. In jedem Teilintervall wird das Kurvenstück der Länge Δs_i durch die Sekante ersetzt, deren Länge c_i sich wie folgt berechnen läßt (Abb. 4.2):

$$c_i = \sqrt{(\Delta x_i)^2 + (\Delta y_i)^2},$$

somit gilt:

$$\Delta s_i \approx c_i = \sqrt{(\Delta x_i)^2 + \Delta y_i)^2}.$$

Die Länge der Kurve in $[a, b]$ ist dann näherungsweise

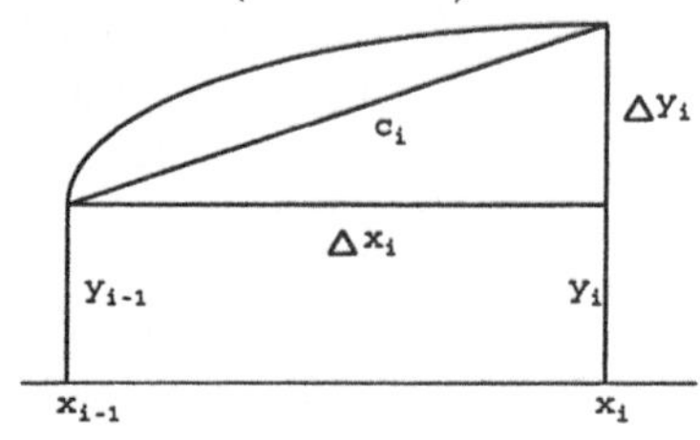

Abb. 4.2

$$s = \sum_{i=1}^{n} \Delta s_i \approx \sum_{i=1}^{n} \sqrt{(\Delta x_i)^2 + (\Delta y_i)^2} = \sum_{i=1}^{n} \sqrt{1 + \left(\frac{\Delta y_i}{\Delta x_i}\right)^2} \Delta x_i.$$

Durch einen Grenzprozeß, bei dem die Folge aller Zerlegungen gegen denselben Wert s konvergieren muß, erhält man

$$s = \lim_{\Delta x_i \to 0} \sum_{i=1}^{n} \sqrt{1 + \left(\frac{\Delta y_i}{\Delta x_i}\right)^2} \Delta x_i = \int_a^b \sqrt{1 + y'^2}\, dx.$$

18. Eine Rotations- oder Mantelfläche entsteht durch Rotation eines Kurvenstücks um eine Achse. Von besonderem Interesse sind Rotationsflächen, die durch Rotation von Kurvenstücken um die x- bzw. y-Achse entstehen.

19. Die Kurve muß explizit durch $x = g(y)$ oder in Parameterform $x = x(t)$, $y = y(t)$ gegeben sein. Dann lauten die Formeln für den Inhalt der Rotationsfläche:

$$A = 2\pi \int_{y=y_1}^{y_2} g(y)\sqrt{1 + \left[\frac{dg(y)}{dy}\right]^2}\, dy \quad \text{bzw.} \quad A = 2\pi \int_{t=t_1}^{t_2} x(t)\sqrt{\dot{x}^2 + \dot{y}^2}\, dt.$$

20. Bei Rotation von $y = \ln x$ $(1 \leq x \leq 2)$ um die x-Achse entsteht das gleiche Flächenstück wie bei Rotation von $y = e^x$ $(0 \leq x \leq e^2)$ um die y-Achse.

Lösungen zu 4

1. Achsenabschnittsform: $\quad \frac{x}{a} + \frac{y}{b} = 1.$

   implizite Gleichung: $\quad bx + ay = ab.$

   explizite Gleichung: $\quad y = -\frac{b}{a}x + b.$

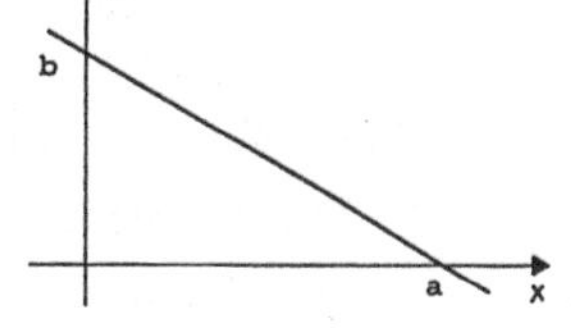
Abb. 4.3

   Parameterdarstellung: $\quad x(t) = t;\ y(t) = b - \frac{b}{a}t$
   für $\quad t \in R.$

   Polarkoordinatendarstellung: $\quad r = \dfrac{ab}{b\cos\varphi + a\sin\varphi},$
   $(b\cos\varphi + a\sin\varphi \neq 0).$

2. implizite Gleichung: $\quad \frac{x^2}{a^2} + \frac{y^2}{b^2} = 1.$

   explizite Darstellung: $\quad y = \frac{b}{a}\sqrt{a^2 - x^2},$ $\qquad -a \leq x \leq a, y \geq 0$
   obere Halbellipse.

   $$y = -\frac{b}{a}\sqrt{a^2 - x^2}, \qquad -a < x < a, y < 0$$
   untere Halbellipse.

   Parameterdarstellung: $\quad x = a\cos t, y = b\sin t \quad$ für $0 \leq t < 2\pi.$

   Polarkoordinaten: $\quad r = \dfrac{ab}{\sqrt{b^2 \cos^2 \varphi + a^2 \sin^2 \varphi}}.$

3. a) Wegen $\cosh^2 t - \sinh^2 t = 1$ folgt $\frac{x^2}{a^2} - \frac{x^2}{b^2} = 1.$ Es wird eine Hyperbel dargestellt.

   b) Zunächst suchen wir den für $x(t)$ und $y(t)$ gemeinsamen Definitionsbereich:

   $$D(x) = \{t\,|\,-3 \leq t \leq 3\}, W(x) = \{x\,|\,0 \leq x \leq 3\},$$

   $$D(y) = \{t\,|\,t \in R\}, W(y) = \{y\,|\,y < 6\}.$$

   $$D = D(x) \cap D(y) = \{t\,|\,-3 \leq t \leq 3\}.$$

   Aus $x^2 = 9 - t^2$ und $y = 6 - t^2$ erhält man

   $$y = f(x) = x^2 - 3 \text{ für } 0 \leq x \leq 3.$$

   Durch die Parameterdarstellung ist der in

   Abb. 4.4 gezeichnete Parabelbogen festgelegt.

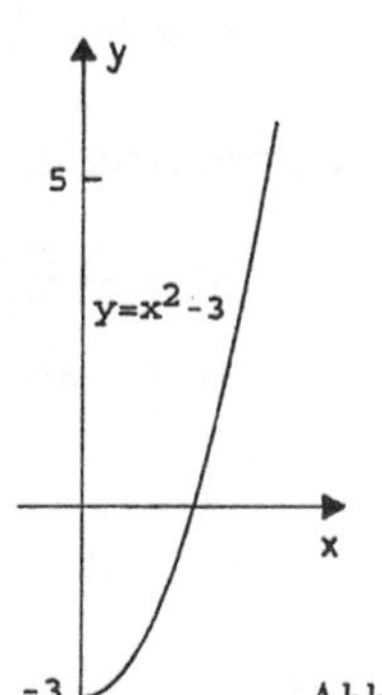

Abb. 4.4

4. $\dot{x} = -\sqrt{3}\sin t;\ \dot{y} = 3\cos t,\ y' = \frac{\dot{y}}{\dot{x}} = -\frac{3\cos t}{\sqrt{3}\sin t}.$

Aus $y' = 1$ folgt $\sqrt{3}\sin t = -3\cos t$, d.h. $\sin t$ und $\cos t$ müssen verschiedene Vorzeichen haben. Das ist im 2. und 4. Quadranten der Fall.

Aus $3\sin^2 t = 9(1 - \sin^2 t)$ erhält man $\sin t = \pm\frac{\sqrt{3}}{2}$.

2. Quadrant: $t_1 = 120°, (x_1, y_1) = (-\frac{\sqrt{3}}{2}; \frac{3\sqrt{3}}{2}) \approx (-0,87; 2,60).$

4. Quadrant: $t_2 = 300°, (x_2, y_2) = (\frac{\sqrt{3}}{2}; -\frac{3\sqrt{3}}{2}) \approx (0,87; -2,60).$

5. $r' = \frac{dr}{d\varphi} = a;\ y'(\varphi_0) = \frac{\sin\varphi_0 + \varphi_0\cos\varphi_0}{\cos\varphi_0 - \varphi_0\sin\varphi_0}$

$y'(\frac{\pi}{4}) = \frac{4+\pi}{4-\pi} \approx 8,32;\ y'(\frac{\pi}{2}) = -\frac{2}{\pi} \approx -0,64;\ y'(\pi) = \pi.$

6. $r' = \frac{dr}{d\varphi} = -2a\sin\varphi,\ y' = -\frac{\cos\varphi - \sin^2\varphi + \cos^2\varphi}{\sin\varphi + \sin 2\varphi},\ y'(\frac{\pi}{2}) = 1.$

$y' = 0$ für $(\varphi_1, r_1) = (\frac{\pi}{3}, 3a)$ und $(\varphi_2, r_2) = (\frac{5}{3}\pi, 3a).$

7. $y = e^x,\ (0, y_s)\ \ = (0; 1),\ y'(0) = 1;\ t: y = x + 1;\ n: y = -x + 1.$

$y = \ln x;\ (x_s, 0) = (1; 0),\ y'(1) = 1;\ t: y = x - 1;\ n: y = -x + 1.$

8. $S_1(\frac{12}{5}; \frac{12}{5});\ y'(\frac{12}{5}) = -\frac{16}{9};\ t: y = -\frac{16}{9}x + \frac{20}{3};\ n: y = \frac{9}{16}x + \frac{21}{20}.$

$S_2(-\frac{12}{5}; -\frac{12}{5});\ y'(-\frac{12}{5}) = -\frac{16}{9};\ t: y = -\frac{16}{9}x - \frac{20}{3};\ n: y = \frac{9}{16}x - \frac{21}{20}.$

9. Man erhält für $y > 0$ und $y < 0$ denselben Anstieg;

$y \geq 0 : y = \frac{b}{a}\sqrt{x^2 - a^2},\ y'(x_0) = \frac{b}{a}\frac{x_0}{\sqrt{x_0^2 - a^2}} = \frac{b}{a}\cdot\frac{x_0}{\frac{a}{b}y_0} = \frac{b^2 x_0}{a^2 y_0}.$

$y < 0 : y = -\frac{b}{a}\sqrt{x^2 - a^2},\ y'(x_0) = -\frac{b}{a}\frac{x_0}{\sqrt{x_0^2 - a^2}} = \frac{bx_0}{a(-\sqrt{x_0^2 - a^2})} = \frac{b^2 x_0}{a^2 y_0}.$

Tangentengleichung: $y - y_0 = \frac{b^2 x_0}{a^2 y_0}(x - x_0),$

$y = \frac{b^2 x_0}{a^2 y_0}x - \frac{b^2 x_0^2}{a^2 y_0} + y_0 \Rightarrow y = \frac{b^2 x_0}{a^2 y_0}x - \frac{b^2}{y_0},\ (b^2 x^2 - a^2 y^2 = a^2 b^2).$

Hieraus erhält man die implizite Tangentengleichung:

$b^2 x_0 x - a^2 y_0 y - a^2 b^2 = 0$ und schließlich $\frac{x_0 x}{a^2} - \frac{y_0 y}{b^2} = 1.$

Normalengleichung: $y - y_0 = -\frac{a^2 y_0}{b^2 x_0}(x - x_0),$

$y = -\frac{a^2 y_0}{b^2 x_0}x + \frac{a^2 + b^2}{b^2}y_0,$ implizite Form: $a^2 y_0 x + b^2 x_0 y - (a^2 + b^2)x_0 y_0 = 0.$

10. a) $S(1;1)$; $f'(1) = 2$, $g'(1) = -1$; $\tan \vartheta = 3$, $\vartheta = 71,6°$.

In $(1; f(1))$, t_f : $y = 2x - 1$; n_f : $y = -\frac{1}{2}x + \frac{3}{2}$.

In $(1; g(1))$, t_g : $y = -x + 2$; n_g : $y = x$.

b) $S(\frac{\pi}{4}; \frac{\sqrt{2}}{2})$; $f'(\frac{\pi}{4}) = -\frac{\sqrt{2}}{2}$, $g'(\frac{\pi}{4}) = \frac{\sqrt{2}}{2}$; $\tan \vartheta = 2\sqrt{2}, \vartheta = 70,52°$.

$(\frac{\pi}{4}; f(\frac{\pi}{4}))$, t_f : $y = -\frac{\sqrt{2}}{2}x + \frac{\sqrt{2}}{2}(\frac{\pi}{4} + 1)$; n_f : $y = \sqrt{2}x - \sqrt{2}(\frac{\pi}{4} - \frac{1}{2})$,

$(\frac{\pi}{4}; g(\frac{\pi}{4}))$, t_g : $y = \frac{\sqrt{2}}{2}x - \frac{\sqrt{2}}{2}(\frac{\pi}{4} - 1)$; n_g : $y = -\sqrt{2}x + \sqrt{2}(\frac{\pi}{4} + \frac{1}{2})$.

c) $S(\frac{\pi}{4}; 1)$, $f'(\frac{\pi}{4}) = 2$, $g'(\frac{\pi}{4}) = -2$; $\tan \vartheta = \frac{4}{3}$, $\vartheta = 53,1°$.

$(\frac{\pi}{4}; f(\frac{\pi}{4}))$, t_f : $y = 2x - \frac{\pi}{2} + 1$; n_f : $y = -\frac{1}{2}x + \frac{\pi}{8} + 1$

$(\frac{\pi}{4}; g(\frac{\pi}{4}))$, t_g : $y = -2x + \frac{\pi}{2} + 1$; n_g : $y = \frac{1}{2}x - \frac{\pi}{8} + 1$.

11. a) $f(x) = \sin x$, $g(x) = \tan x$, $\quad f(0) = g(0) = 0$.

$f'(x) \quad = \cos x$, $g'(x) = \frac{1}{\cos^2 x}$, $\quad f'(0) = g'(0) = 1$.

$f''(x) = \; -\sin x$, $g''(x) = \frac{2\sin x}{\cos^3 x}$, $\quad f''(0) = g''(0) = 0$.

$f'''(x) = \; -\cos x$, $g'''(x) = \frac{2\cos^2 x + 6\sin^2 x}{\cos^4 x}$, $\quad f'''(0) = -1$, $g'''(0) = 2$.

$f'''(0) \neq g'''(0)$, Berührung 2. Ordnung.

b) $f(0) = g(0) = 0$; $f'(0) = g'(0) = 1$; $f''(0) = g''(0) = 0$, $f'''(0) = -1$,

aber $g'''(0) = 1$. $f'''(0) \neq g'''(0)$, Berührung 3. Ordnung.

c) $f(x) = \cos x$, $f'(x) = -\sin x$, $f''(x) = -\cos x$, $f'''(x) = \sin x$,

$f^{IV}(x) = \cos x$.

$g(x) = \sqrt{1 - x^2}$, $g'(x) = -x(1 - x^2)^{-\frac{1}{2}}$, $g''(x) = -(1 - x^2)^{-\frac{3}{2}}$,

$g'''(x) = -3x(1 - x^2)^{-\frac{5}{2}}$, $g^{IV}(x) = (-3 - 12x)(1 - x^2)^{-\frac{7}{2}}$.

$f(0) = g(0) = 1$, $f'(0) = g'(0) = 0$, $f''(0) = g''(0) = -1$,

$f'''(0) = g'''(0) = 0$; $f^{IV}(0) = 1, g^{IV}(0) = -3$. Berührung 3. Ordnung.

c) Berührung 3. Ordnung.

$f(x) = \cos x$, $f^{IV}(x) = -3x(1 - x^2)^{-\frac{5}{2}}$, $g(x) = (1 - x^2)^{\frac{1}{2}}$,

$g^{IV}(x) = (-3 - 12x)(1 - x^2)^{-\frac{7}{2}}$; $f(0) = g(0) = 1$, $f'(0) = g'(0) = 0$,

$f''(0) = g''(0) = -1$, $f'''(0) = g'''(0) = 0$, $f^{IV}(0) = 1$, $g^{IV}(0) = -3$.

d) Berührung 3. Ordnung.

12. Berührung der Ordnung $(2n-1)$.

$y^{(k)} = 2n(2n-1)...(2n-k+1)x^{2n-k}$ für $k = 0,...2n$.

13. Tangente an den Kreis: $y - y_0 = -\frac{x_0}{y_0}(x - x_0)$,

d.h. $y = -\frac{x_0}{y_0}x + \frac{x_0^2}{y_0} + y_0$ und wegen $x_0^2 + y_0^2 = 1$

folgt $y = -\frac{x_0}{y_0}x + \frac{1}{y_0}$.

Tangente gleich Gerade:

$-\frac{x_0}{y_0}x + \frac{1}{y_0} = \lambda x + 2 \Rightarrow \lambda = -\frac{x_0}{y_0}$ und $2 = \frac{1}{y_0}$.

Für $y_0 = \frac{1}{2}$ erhält man aus $x_0^2 + (\frac{1}{2})^2 = 1$,

d.h. $x_0 = \pm\frac{\sqrt{3}}{2}$ und damit $\lambda = \mp\sqrt{3}$.

Für $(\frac{\sqrt{3}}{2}; \frac{1}{2})$; $t_1 : y = -\sqrt{3}x + 2$; $n_1 : y = \frac{\sqrt{3}}{3}x$;

Für $(-\frac{\sqrt{3}}{2}; \frac{1}{2})$; $t_2 : y = \sqrt{3}x + 2$; $n_2 : y = -\frac{\sqrt{3}}{3}x$, Abb. 4.5.

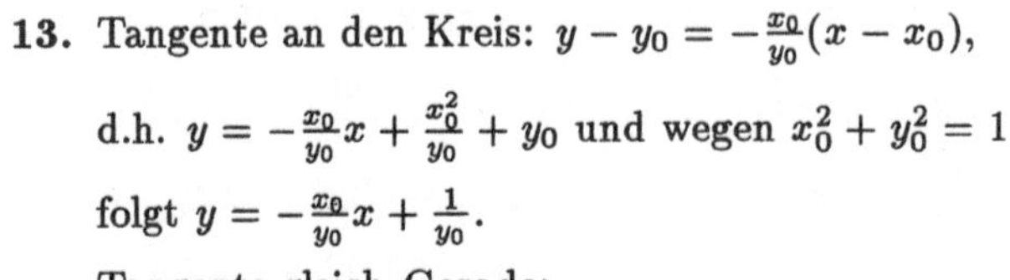

Abb. 4.5

14. Bei Berührung 2. Ordnung muß $f(x_0) = g(x_0)$ und $f'(x_0) = g'(x_0)$ gelten, das bedeutet in unserem Fall $\ln\frac{x_0^2}{2} = \lambda x_0^2$ und $\frac{2}{x_0} = 2\lambda x_0$. Aus der letzten Gleichung folgt $x_0^2 = \frac{1}{\lambda}$ und durch Einsetzen in die erste Gleichung $\ln\frac{1}{2\lambda} = 1$, d.h. $\lambda = \frac{1}{2e}$.

Der Berührungspunkt hat die Koordinaten $(x_0, y_0) = (\sqrt{2e}, 1) \approx (2,33; 1)$.

Tangentengleichung: $y = \sqrt{\frac{2}{e}}x - 1$.

15. $y' = \frac{1}{1+x^2}$, $y'' = \frac{-2x}{(1+x^2)^2}$; $k(x) = \frac{-2x(1+x^2)}{\sqrt{(2+2x^2+x^4)^3}}$.

$y'(0) = 1$, $y''(0) = 0$, $k(0) = 0$.

$y'(1) = \frac{1}{2}$, $y''(1) = -\frac{1}{2}$, $k(1) = -\frac{4}{5\sqrt{5}} \approx -0,36$.

16. a) $y' = -2xe^{-x^2}$, $y'' = (4x^2 - 2)e^{-x^2}$; $k = \frac{(4x^2-2)e^{-x^2}}{\sqrt{(1+4x^2e^{-2x^2})^3}}$.

$k(0) = -2$; $\varrho = \frac{1}{2}$; $\xi = 0, \eta = \frac{1}{2}$.

b) $\dot{x} = -3a\cos^2 t \sin t$, $\ddot{x} = 3a\cos t(2\sin^2 t - \cos^2 t)$,

$\dot{y} = 3a\sin^2 t \cos t$, $\ddot{y} = 6a\sin t(2\cos^2 t - \sin^2 t)$.

$\dot{x}\left(\frac{\pi}{4}\right) = -\frac{3}{4}\sqrt{2}a$, $\dot{y}\left(\frac{\pi}{4}\right) = \frac{3}{4}\sqrt{2}a$, $\ddot{x}\left(\frac{\pi}{4}\right) = \ddot{y} = \frac{3}{4}\sqrt{2}a$.

$k\left(\frac{\pi}{4}\right) = -\frac{2}{3a}$; $\varrho = \frac{3}{2}a$; $\xi = \eta = \sqrt{2}a$.

c) $r' = -2a \sin \varphi$, $r'' = -2a \cos \varphi$; $k(\varphi) = \frac{3\sqrt{2}}{8a\sqrt{1+\cos \varphi}}$.

$$k(0) = \frac{3}{8a}; \quad \varrho(0) = \frac{8}{3}a; \quad \xi = \frac{4}{3}a, \quad \eta = 0.$$

$$k\left(\frac{\pi}{2}\right) = \frac{3\sqrt{2}}{8a}; \quad \varrho\left(\frac{\pi}{2}\right) = \frac{4\sqrt{2}}{3}a; \quad \xi = \frac{4}{3}a, \eta = \frac{2}{3}a.$$

d)
$$
\begin{aligned}
F_x &= 2(2x^3 + 2xy^2 - a^2 x), & F_x(P_0) &= 2a^3, \\
F_y &= 2(2x^2 y + 2y^3 + a^2 y), & F_y(P_0) &= 0, \\
F_{xx} &= 2(6x^2 + 2y^2 - a^2), & F_{xx}(P_0) &= 10a^2, \\
F_{xy} &= 8xy, & F_{xy}(P_0) &= 0, \\
F_{yy} &= 2(2x^2 + 6y^2 + a^2), & F_{yy}(P_0) &= 6a^2.
\end{aligned}
$$

$$k(P_0) = -\frac{3}{a}; \quad \varrho = \frac{1}{3}a; \quad \xi = \frac{2}{3}a, \quad \eta = 0.$$

17. $k(x) = \frac{2}{\sqrt{(1+4x^2)^3}}$; $\quad \varrho(x) = \frac{1}{2}\sqrt{(1+4x^2)^3}$

$\xi(x) = 4x^3, \eta(x) = \frac{1}{2} + 3x^2.$

$\varrho(0) = \frac{1}{2}$; $\quad \xi(0) = 0, \eta(0) = \frac{1}{2}$,

$x^2 + (y - \frac{1}{2})^2 = \frac{1}{4}$ (Abb. 4.6).

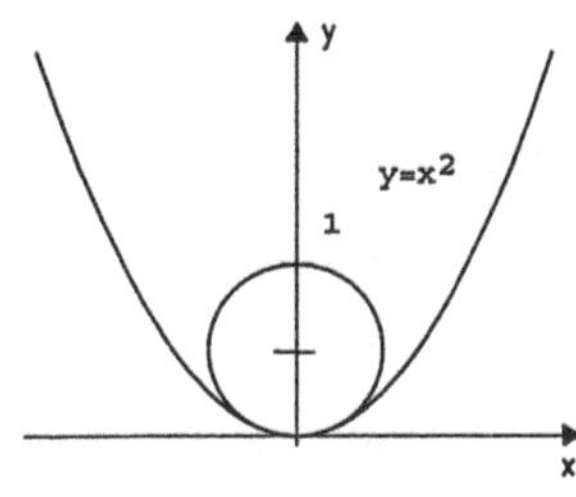

Abb. 4.6

18. $k(x) = \frac{12x^2}{\sqrt{(1+16x^6)^3}}$, $k(0) = 0$; $\quad k'(x) = \frac{24x(1-56x^6)}{\sqrt{1+16x^6}^5}$,

stärkste Krümmung: $x_1 = \sqrt[6]{\frac{1}{56}} \approx 0,51$, $y_1 = \sqrt[3]{(\frac{1}{56})^2} \approx 0,07$; $k_1 = 2,15$.

$$x_2 = -\sqrt[6]{\frac{1}{56}} \approx -0,51, \quad y_2 = \sqrt[3]{(\frac{1}{56})^2} \approx 0,07; \quad k_2 = 2,15.$$

19. $k = \frac{-x}{\sqrt{(1+x^2)^3}}$, $k' = \frac{2x^2-1}{\sqrt{(1+x^2)^5}}$; $x_0 = \frac{\sqrt{2}}{2}$, $y_0 = -\frac{1}{2}\ln 2$.

$k(x_0) = -\frac{2\sqrt{3}}{9} = 0,38$; $(x - \frac{\sqrt{2}}{2})^2 + (y + \frac{1}{2}\ln 2)^2 = \frac{27}{4}$.

20. $k = \frac{1}{\cosh^2 x}$, $k' = -\frac{2\sinh x}{\cosh^3 x}$; $x_0 = 0$, $y_0 = 1$; $\varrho = 1$.

$x^2 + (y - 1)^2 = 1$.

21. $y' = -2\frac{x+x^5}{(x^4-1)^2}$, $y'' = \frac{2(3x^8+12x^4-1)}{(x^4-1)^3}$, rel. Minimum: $(0;0)$.

$k(0) = -2$; $\varrho = \frac{1}{2}$; $\xi = 0$, $\eta = -\frac{1}{2}$; $x^2 + (y + \frac{1}{2})^2 = \frac{1}{4}$.

22. $k = \frac{\sinh x}{\sqrt{(1+\cosh^2 x)^3}}$, $k' = \frac{\cosh x(1+\cosh^2 x-3\sinh^2 x)}{\sqrt{1+\cosh^2 x}^5} = \frac{2\cosh x(1-\sinh^2 x)}{\sqrt{1+\cosh^2 x}^5}$.

$1 - \sinh^2 x = 0 \Rightarrow x_1 = 0,88$, $y_1 = 1$; $\quad k(x_1) = \frac{\sqrt{3}}{9} = 0,19$.

$$x_2 = -0,88, \quad y_2 = -1; \quad k(x_2) = -\frac{\sqrt{3}}{9} = -0,19.$$

23. $y' = \cot x,\ y'' = -(1 + \cot^2 x);$

$k = -\sin x,\ k' = -\cos x,\ k'' = \sin x.$

rel. Maximum von $k(x):\ x_0 = \frac{\pi}{2},\ y_0 = 0;$

$k\left(\frac{\pi}{2}\right) = -1.$

$\left(x - \frac{\pi}{2}\right)^2 + (y + 1)^2 = 1.$ (Abb. 4.7)

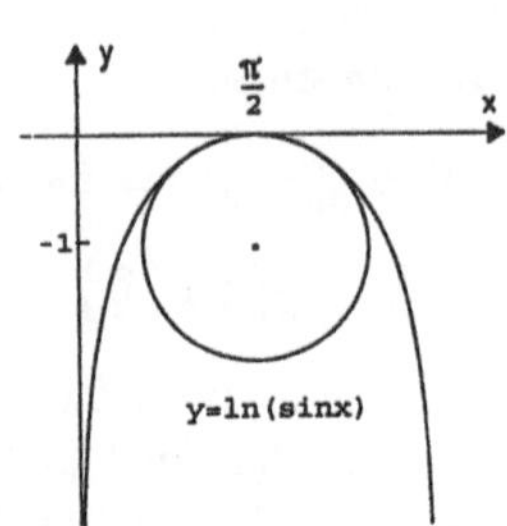

Abb. 4.7

24. $r' = ae^{a\varphi},\ r'' = a^2 e^{a\varphi};\ k(\varphi) = \frac{1}{e^{a\varphi}\sqrt{1+a^2}},$

$$\frac{1}{e^{a\varphi_0}\sqrt{1+a^2}} = \frac{1}{\sqrt{1+a^2}} \Rightarrow \varphi_0 = 0,\ r_0 = 1.$$

25. Tangente in $P_0:$ $\qquad y = x + 1$

Normale durch $P_0:$ $\qquad y = -x + 1,$ (Abb. 4.8)

Gleichung des Kreises : $\quad (x + a)^2 + (y - a - 1)^2 = 2a^2$

unterer Halbkreis : $\qquad y = a + 1 - \sqrt{a^2 - 2ax - x^2}$

$$y' = \frac{a + x}{\sqrt{a^2 - 2ax - x^2}}, \qquad y'' = \frac{2a^2}{\sqrt{a^2 - ax - x^2)^3}};$$

$y(0) = 1, 2^0 = 1;\ y'(0) = 1, e^0 = 1;\ y''(0) = \frac{2}{a}, e^0 = 1.$

Berührung 2. Ordnung für $\frac{2}{a} = 1$, d.h. $a = 2.$

Berührungskreis 2. Ordnung (Krümmungskreis) in $P_0:$ $\qquad$ Abb. 4.8

$(x + 2)^2 + (y - 3)^2 = 8.$

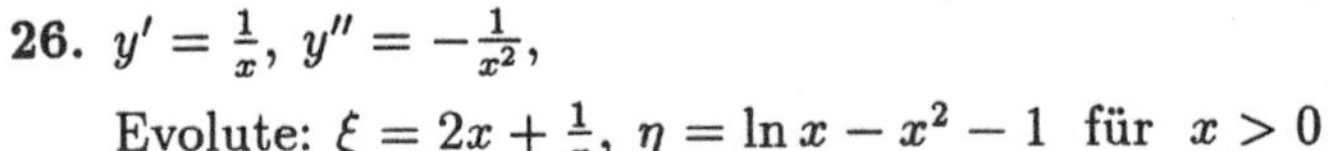

26. $y' = \frac{1}{x},\ y'' = -\frac{1}{x^2},$

Evolute: $\xi = 2x + \frac{1}{x},\ \eta = \ln x - x^2 - 1$ für $x > 0$.

27. $\dot{x} = at\cos t,\ \ddot{x} = a(\cos t - t\sin t),$

$\dot{y} = at\sin t,\ \ddot{y} = a(\sin t + t\cos t).$

Evolute: $\xi = a\cos t;\ \eta = a\sin t \Rightarrow \xi^2 + \eta^2 = a^2$

Die Evolute ist ein Kreis.

28. a) $y' = \frac{1}{4}x^2 - \frac{1}{x^2},\ 1 + y'^2 = 1 + \frac{1}{16}x^4 - \frac{1}{2} + \frac{1}{x^4} = \left(\frac{x^2}{4} + \frac{1}{x^2}\right)^2,$

$$s = \int\limits_{x=2}^{4}\left(\frac{x^2}{4} + \frac{1}{x^2}\right)\mathrm{d}x = \left[\frac{x^3}{12} - \frac{1}{x}\right]_2^4 = \frac{59}{12} \approx 4,92.$$

b) $s = \int\limits_{x=1}^{3} \sqrt{\left(\tfrac{1}{2}x + \tfrac{1}{2x}\right)^2}\ \mathrm{d}x = \tfrac{1}{2} \int\limits_{x=1}^{3} \left(x + \tfrac{1}{x}\right)\mathrm{d}x = \tfrac{1}{2}(4 + \ln 3) \approx 2,55.$

c) $y' = \cot x,\ 1 + y'^2 = \dfrac{1}{\sin x},$

$$s = \int\limits_{x=\frac{\pi}{3}}^{\frac{\pi}{2}} \frac{\mathrm{d}x}{\sin x} = \left[\ln \tan \mid \tfrac{x}{2} \mid\right]_{\frac{\pi}{3}}^{\frac{\pi}{2}} = \tfrac{1}{2}\ln 3 \approx 0,549.$$

d) $y = x^{\frac{3}{2}},\ 1 + y'^2 = \tfrac{1}{4}(4 + 9x),$

$$s = \int\limits_{x=0}^{5} \tfrac{1}{2}\sqrt{4 + 9x}\ \mathrm{d}x = \tfrac{1}{27}\left[(4 + 9x)^{\frac{3}{2}}\right]_{x=0}^{5} = \tfrac{335}{27} \approx 12,41.$$

e) $\dot{x}^2 + \dot{y}^2 = 4t^2(1 + 9t^2),$

$$s = 2 \int\limits_{t=0}^{\frac{\sqrt{3}}{3}} t\sqrt{1 + 9t^2}\ \mathrm{d}t = \tfrac{2}{27}\left[(1 + 9t^2)\right]_{t=0}^{\frac{\sqrt{3}}{3}} = \tfrac{14}{27} \approx 0,52.$$

f) $s = 8 \int\limits_{t=0}^{1} t\sqrt{1 + \tfrac{9}{16}t^2}\ \mathrm{d}t = \tfrac{128}{27}\left[(1 + \tfrac{9}{16}t^2)^{\frac{3}{2}}\right]_{t=0}^{1} = \tfrac{122}{27} \approx 4,52.$

Subst.: $u = 1 + \tfrac{9}{16}t^2.$

g) $\dot{x}^2 + \dot{y}^2 = t^2 + t^2 \cosh^2 t,$

$$s = \int\limits_{t=0}^{1} t \cosh t\ \mathrm{d}t = [t \sinh t - \cosh t]_{t=0}^{1} = 1 + \sinh 1 - \cosh 1 \approx 0,63.$$

h) $r^2 + r'^2 = a^2(\varphi^2 + 1),$

$$s = a \int\limits_{\varphi=0}^{\varphi_0} \sqrt{\varphi^2 + 1}\ \mathrm{d}\varphi = \tfrac{a}{2}\left[\varphi\sqrt{1 + \varphi^2} + \operatorname{arsinh}\varphi\right]_{\varphi=0}^{\varphi_0}$$

$$= \tfrac{a}{2}\left[\varphi_0\sqrt{1 + \varphi_0^2} + \operatorname{arsinh}\varphi_0\right].$$

i) $r' = a \sin^2 \tfrac{\varphi}{3} \cdot \cos \tfrac{\varphi}{3},\ r^2 + r'^2 = a^2 \sin^4 \tfrac{\varphi}{3},$

$$s = \int\limits_{\varphi=0}^{3\pi} a \sin^2 \tfrac{\varphi}{3}\ \mathrm{d}\varphi = \tfrac{3}{2}a\left[\tfrac{\varphi}{3} - \sin \tfrac{\varphi}{3} \cos \tfrac{\varphi}{3}\right]_{\varphi=0}^{3\pi} = \tfrac{3}{2}\pi a.$$

j) $1 + y'^2 = \dfrac{x^2}{x^2 - 1},\ s = \int\limits_{x=1}^{\sqrt{5}} \dfrac{x}{\sqrt{x^2 - 1}}\ \mathrm{d}x = [\sqrt{x^2 - 1}]_{x=1}^{\sqrt{5}} = 2.$

k) $y' = \dfrac{-1}{\sqrt{\mathrm{e}^{2x} - 1}};\ 1 + y'^2 = \dfrac{\mathrm{e}^x}{\sqrt{\mathrm{e}^{2x} - 1}},$ Subst. $t = \mathrm{e}^x.$

$$s = \int\limits_{x=0}^{1} \frac{\mathrm{e}^x}{\sqrt{\mathrm{e}^{2x} - 1}}\mathrm{d}x = \int\limits_{t=1}^{e} \frac{\mathrm{d}t}{\sqrt{t^2 - 1}} = \operatorname{arcosh} \mathrm{e} = \ln(\mathrm{e} + \sqrt{\mathrm{e}^2 - 1}) \approx 1,66.$$

29. $S_1(-2;0)$, $S_2 = (2;0)$. $1 + y'^2 = 1 + x^2$,

$$s = \int\limits_{x=-2}^{2} \sqrt{1 + x^2}\ \mathrm{d}x = \tfrac{1}{2}\big[x\sqrt{1 + x^2} + \operatorname{arsinh} x\big]_{-2}^{2}$$

$$= 2\sqrt{5} + \operatorname{arsinh} 2 \approx 5,92, \quad \text{Abb. 4.9.}$$

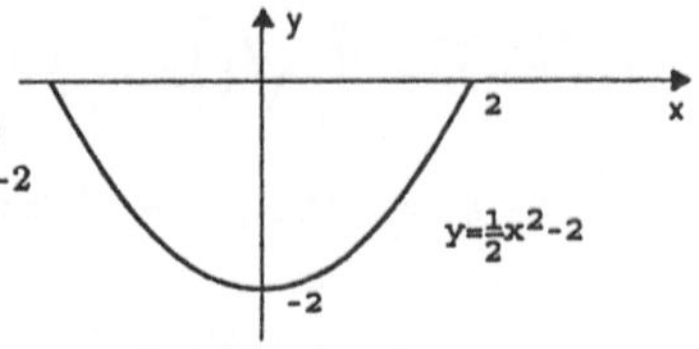

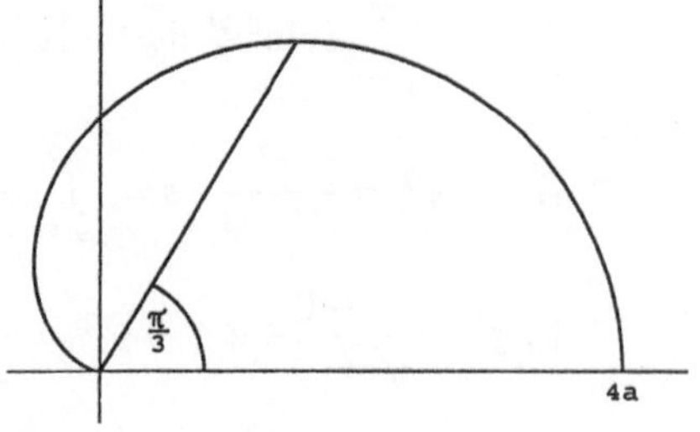

Abb. 4.9

30. $x = 0 \to t = 0$; $y = 0 \to t = 2\sqrt[4]{3}$;

$\dot{x}^2 + \dot{y}^2 = t^6(1 + t^4)$; Subst.: $u = 1 + t^4$

$$s = \int\limits_{t=0}^{2\sqrt[4]{3}} t^3\sqrt{1 + t^4}\ \mathrm{d}t = \tfrac{1}{4} \int\limits_{u=1}^{49} \sqrt{u}\,\mathrm{d}u = \tfrac{1}{6}\big[u^{\frac{3}{2}}\big]_{u=1}^{49} = 57.$$

31. $s = \sqrt{a^2 + 1} \int\limits_{\varphi_1}^{\varphi_2} \mathrm{e}^{a\varphi}\ \mathrm{d}\varphi = \tfrac{1}{a}\sqrt{1 + a^2}\big[\mathrm{e}^{a\varphi_2} - \mathrm{e}^{a\varphi_1}\big] = \tfrac{1}{a}\sqrt{1 + a^2}(r_2 - r_1)$.

$$0 \le \varphi \le \tfrac{\pi}{2}: \qquad s_1 = \sqrt{2}(\mathrm{e}^{\frac{\pi}{2}} - 1) \qquad\qquad \approx 5,389$$

$$\tfrac{\pi}{2} \le \varphi \le \pi: \qquad s_2 = \sqrt{2}(\mathrm{e}^{\pi} - \mathrm{e}^{\frac{\pi}{2}}) = \mathrm{e}^{\frac{\pi}{2}} s_1 \quad \approx 25,923;$$

$$\pi \le \varphi \le \tfrac{3}{2}\pi: \qquad s_3 = \sqrt{2}(\mathrm{e}^{\frac{3}{2}\pi} - \mathrm{e}^{\pi}) = \mathrm{e}^{\pi} s_1 \quad \approx 124,701;$$

$$\tfrac{3}{2}\pi \le \varphi \le 2\pi: \quad s_4 = \sqrt{2}(\mathrm{e}^{2\pi} - \mathrm{e}^{\frac{3}{2}\pi}) \qquad\quad \approx 599,867.$$

32. $r^2 + r'^2 = 80$, $s = 4\sqrt{5} \int\limits_{\varphi=0}^{2\pi} \mathrm{d}\varphi = 8\sqrt{5}\pi$.

$r = 4\big(2\tfrac{x}{r} - \tfrac{y}{r}\big)$, $r^2 = 4(2x - y)$, $x^2 + y^2 = 8x - 4y$,

$(x - 4)^2 + (y + 2)^2 = 20$, Kreis mit Radius $R = 2\sqrt{5}$, Mittelpunkt $M(4;-2)$.

33. $r^2 + r'^2 = 8a^2(1 + \cos\varphi) = 16a^2\cos^2\tfrac{\varphi}{2}$,

$$s = \int\limits_{\varphi=0}^{\pi} 4a\cos\tfrac{\varphi}{2}\ \mathrm{d}\varphi = 8a; \quad \tfrac{s}{2} = 8a\sin\tfrac{\varphi_0}{2}\,,$$

$\sin\tfrac{\varphi_0}{2} = \tfrac{1}{2}$, $\varphi_0 = \tfrac{\pi}{3}$.

Mit dem Winkel $\varphi_0 = \tfrac{\pi}{3}$ wird der obere
Kardioidenbogen halbiert, Abb. 4.10.

Abb. 4.10

34. $s = \int\limits_{t=0}^{t_0} 3a\cos t\sin t\ dt = \frac{3}{2}a\sin^2 t_0, 0 \leq t_0 \leq \frac{\pi}{2}$.

a) $\sin^2 t_0 = \frac{1}{4}$, $t_0 = \frac{\pi}{6}$. Durch Beachtung der Symmetrieverhältnisse findet man die übrigen Parameterwerte, durch die der Bogen in 4 gleiche Teile zerlegt wird, Abb. 4.11.

$t_0 = 0 \mathrel{\widehat{=}} \varphi = 0$

$t_1 = \frac{\pi}{6} \mathrel{\widehat{=}} \varphi_1 = 10,9°$

$t_2 = \frac{\pi}{4} \mathrel{\widehat{=}} \varphi_2 = 45°$

$t_3 = \frac{\pi}{3} \mathrel{\widehat{=}} \varphi_3 = 79,1°$

$t_4 = \frac{\pi}{2} \mathrel{\widehat{=}} \varphi_4 = 90°$

b) Der Bogen wird in 3 gleiche Teile zerlegt durch
$t_0 = 0$, $t_1 = 0,6155$, $t_2 = 0,9553$, $t_3 = \frac{\pi}{2}$, d.h.
$\varphi_0 = 0°$, $\varphi_1 = 19,5°$ $\varphi_2 = 70,53°$, $\varphi_3 = 90°$.

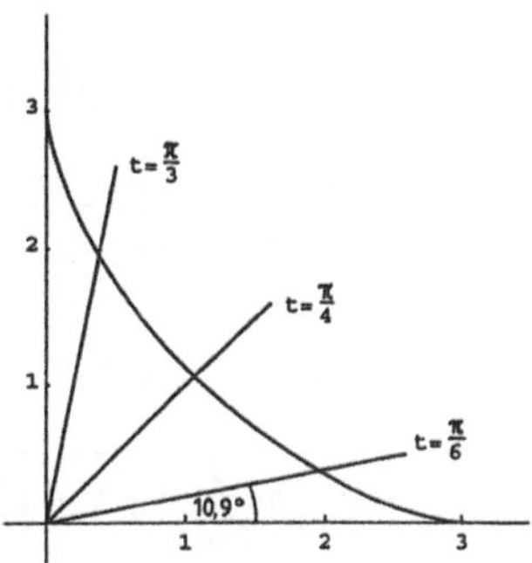

Abb. 4.11

35. a) $s = \int\limits_{x=0}^{1} \cosh x\ dx = \sinh 1 \approx 1,17$.

$$A = 2\pi \int\limits_{x=0}^{1} \cosh^2 x\ dx = \pi(1 + \sinh 1 \cosh 1) \approx 8,84.$$

b) $\quad s = \int\limits_{t=0}^{2} \sinh 2t\ dt = \frac{1}{2}[\cosh 4 - 1] \approx 13,15$.

$$A = 2\pi \int\limits_{t=0}^{2} 2\cosh t \sinh 2t\ dt = \frac{8}{3}\pi[\cosh^3 2 - 1] \approx 437,73.$$

36. a) $s = \int\limits_{x=0}^{3} \frac{1}{2}\left(\frac{1}{\sqrt{x}} + \sqrt{x}\right)dx = 2\sqrt{3}$.

b) $A = 2\pi \int\limits_{x=0}^{3} \left(\sqrt{x} - \frac{1}{3}x\sqrt{x}\right)\frac{1}{2}\left(\frac{1}{\sqrt{x}} + \sqrt{x}\right)dx = \pi\int\limits_{0}^{3}\left(1 + \frac{2}{3}x - \frac{1}{3}x^2\right)dx = 3\pi$.

37. $\dot{x}^2 + \dot{y}^2 = 2e^{2t}$,

a) $s = \int\limits_{t=0}^{\frac{\pi}{2}} \sqrt{2}e^t dt = \sqrt{2}(e^{\frac{\pi}{2}} - 1) \approx 5,39$.

b) $A_{(x)} = 2\pi \int\limits_{x=0}^{\frac{\pi}{2}} \sqrt{2}e^{2t}\sin t\ dt = \frac{2\sqrt{2}}{5}\pi(2e^{\pi} + 1) \approx 84,03$,

$$A_{(y)} = 2\pi \int\limits_{y=0}^{\frac{\pi}{2}} \sqrt{2}e^{2t}\cos t\ dt = \frac{2\sqrt{2}}{5}\pi(e^{\pi} - 2) \approx 37,57.$$

38. $y = x^2,\ 0 \le x \le \sqrt{2};\ x = g(y) = \sqrt{y},\ 0 \le y \le 2.$

a) $\frac{\mathrm{d}x}{\mathrm{d}y} = \frac{1}{2\sqrt{y}},\ \sqrt{1 + (\frac{\mathrm{d}x}{\mathrm{d}y})^2} = \frac{1}{2}\sqrt{\frac{4y+1}{y}}$,

$$A_{(y)} = 2\pi \int\limits_{y=0}^{2} \sqrt{y} \cdot \frac{1}{2}\frac{\sqrt{4y+1}}{\sqrt{y}}\ \mathrm{d}y = \pi \int\limits_{y=0}^{2} \sqrt{4y+1}\ \mathrm{d}y = \frac{13}{3}\pi.$$

b) $y = f(x) = \sqrt{x},\ 0 \le x \le 2.$

c) $A_{(x)} = \pi \int\limits_{x=0}^{2} \sqrt{4x+1}\,\mathrm{d}x = \frac{13}{3}\pi.$

39. $z = x^2,\ x = \sqrt{z},\ 0 \le z \le 2;\ \frac{\mathrm{d}x}{\mathrm{d}z} = \frac{1}{2\sqrt{z}}.$

$$A = 2\pi \int\limits_{z=0}^{2} x\sqrt{1 + (\tfrac{\mathrm{d}x}{\mathrm{d}z})^2}\,\mathrm{d}z = 2\pi \int\limits_{z=0}^{2} \sqrt{z}\sqrt{1 + \tfrac{1}{4z}}\,\mathrm{d}z = \pi \int\limits_{z=0}^{2} \sqrt{4z+1}\,\mathrm{d}z = \frac{13}{3}\pi.$$

5 Differentialrechnung für Funktionen mehrerer Variabler

5.1 Funktionen mehrerer unabhängiger Variabler

Schwerpunkte: Definitionsbereiche, Geometrische Veranschaulichung von Funktionen zweier unabhängiger Variabler, Grenzwert, Stetigkeit

Funktion: $\boxed{u = f(x_1, ..., x_n) = f(\mathbf{x})}$ mit $\mathbf{x} \in D(f) \subseteq R^n$.

Für $n = 2$: $\boxed{z = f(x,y)}$ $\qquad$ mit $(x,y) \in D(f) \subseteq R^2(x,y\text{-Ebene})$.

Geometrisch stellt $z = f(x,y)$ i.a. eine Fläche im R^3 dar. Zur Veranschaulichung dieser Fläche betrachtet man

a) Schnittkurven mit den Koordinatenebenen:

$$\{(x,y,z)| \text{ mit } x = 0\}, \quad y,z\text{-Ebene} \Rightarrow z = f(0,y)$$

$$\{(x,y,z)| \text{ mit } y = 0\}, \quad x,z\text{-Ebene} \Rightarrow z = f(x,0)$$

$$\{(x,y,z)| \text{ mit } z = 0\}, \quad x,y\text{-Ebene} \Rightarrow 0 = f(x,y)$$

b) Schichtenlinien (Schnitte mit Parallelebenen zur x,y-Ebene)

$$\{(x,y,z)| \text{ mit } z = c\} \quad \Rightarrow \boxed{z = f(x,y); z = c}$$

c) Höhenlinien (Niveaulinien): $\boxed{f(x,y) = c}$

(Projektionen der Schichtlinien auf die x,y-Ebene).

Grenzwert: $\boxed{\lim\limits_{\mathbf{x}\to\mathbf{a}} f(\mathbf{x}) = \lim\limits_{(x_1,\dots,x_n)\to(a_1,\dots,a_n)} f(x_1,\dots,x_n) = g}$

bedeutet, daß zu jedem $\varepsilon > 0$ ein $\delta = \delta(\varepsilon) > 0$ existiert, so daß für alle $\mathbf{x}$, deren Abstand von $\mathbf{a}$ kleiner als δ ist, $|f(\mathbf{x}) - g| < \varepsilon$ gilt.Für $n = 2$: Existiert g für $z = f(x,y)$ und $(x,y) \to (a_1, a_2)$, dann existieren

auch die iterierten Grenzwerte

$$\lim_{y\to a_2}\lim_{x\to a_1} f(x,y) = g_1, \quad \lim_{x\to a_1}\lim_{y\to a_2} f(x,y) = g_2$$

und es gilt: $g_1 = g_2 = g$.

Gilt $g_1 \neq g_2$, so existiert g nicht.

Stetigkeit:

$f(\mathbf{x})$ ist an der Stelle $\mathbf{a}$ stetig, wenn $f(\mathbf{a})$ definiert ist, $\lim\limits_{\mathbf{x}\to\mathbf{a}} f(\mathbf{x}) = g$ existiert und $f(\mathbf{a}) = g$ gilt.

Fragen zu 5.1

1. Wodurch veranschaulicht man geometrisch eine Funktion von zwei unabhängigen Variablen?

2. Wie kann man den Definitionsbereich $D(f)$ einer Funktion zweier unabhängiger Variabler beschreiben?

3. Was bedeutet die Gleichung $z = c$ bei der Beschreibung einer Punktmenge (x, y, z) des $\mathbb{R}^3$ oder einer Teilmenge davon?

4. Wie konstruiert man die sog. "Karte einer Funktion zweier unabhängiger Variabler"?

5. Die Funktion $z = f(x,y)$ habe an der Stelle (a, b) den Grenzwert g.
   a) Wie drückt man diesen Sachverhalt mathematisch aus?
   b) Was bedeutet diese Aussage hinsichtlich der Zugehörigkeit der Stelle zum Definitionsbereich?

6. Was kann man über die Existenz des Grenzwertes

$$\lim_{(x,y)\to(a,b)} f(x,y) = g$$

aussagen, wenn die iterierten (zweifachen) Grenzwerte

$$\lim_{y \to b} \lim_{x \to a} f(x,y) = g_1 \quad \text{und} \quad \lim_{x \to a} \lim_{y \to b} f(x,y) = g_2$$

    a) verschiedene Werte annehmen,
    b) gleich sind?

7. Wann ist $z = f(x,y)$ an der Stelle (a,b) stetig?

8. Wann kann man eine Funktion $z = f(x,y)$ an einer Stelle (a,b), an der sie nicht definiert ist, stetig ergänzen, und wie muß die Ergänzung erfolgen?

Aufgaben zu 5.1

1. Geben Sie Definitionsbereich und Wertebereich folgender Funktionen an und skizzieren Sie diese für a), b), d), j):

    a) $z = \sqrt{R^2 - x^2 - y^2}$,   b) $z = \sqrt{x^2 + y^2 - R^2}$,

    c) $z = (R^2 - x^2 - y^2)^{-\frac{1}{2}}$,   d) $z = \sqrt{xy}$,

    e) $z = \frac{4}{x^2+y^2}$,   f) $z = \frac{xy}{y-x}$,

    g) $z = y \ln x$,   h) $z = \ln(y - x^2)$,

    i) $z = \frac{1}{x} + \frac{1}{y}$,   j) $z = \arcsin \frac{x}{a} + \arcsin \frac{y}{b}$,

    k) $z = \sin x + \sqrt{y - a}$,   l) $u = \sqrt{R^2 - x^2 - y^2 - z^2}$.

2. Für die Funktion $z = x + y$ zeichne man die Niveaulinien für $z = 0, \pm 1, \pm 2, \pm 3$ und den Schnitt mit der x, z-Ebene.

3. Für die Funktion $z = 16 - x^2 - 4y^2$ sind
    a) die Niveaulinien für $z = 0, 2, 4, ..., 14$,
    b) die Schnittkurve mit der x, z-Ebene,
    c) die Schnittkurve mit der y, z-Ebene zu skizzieren.

4. Welche Schnittkurven bildet $z = 4x^2 + y^2$ mit den Koordinatenebenen und Parallelebenen zur x, y-Ebene?
Welche Fläche wird durch die Funktion beschrieben?

5. Welche Fläche wird durch die Gleichung $z = \sqrt{x^2 + y^2}$ dargestellt?

6. Berechnen Sie für die Funktionen

a) $z = \dfrac{x^2 - 2x + 3y}{x + y}$ die beiden iterierten Grenzwerte für die Stelle $(0;0)$;

b) $z = \dfrac{x^2 + 2xy + y^2}{x^2 + y^2}$ die beiden iterierten Grenzwerte und die Grenzwerte

längs der Geraden $y = x$ und $y = -x$ für die
Stelle $(0;0)$;

c) $z = \left(\dfrac{x - y}{x + y}\right)^2$ die beiden iterierten Grenzwerte und den Grenzwert

längs der Geraden $y = x$ für die Stelle $(0;0)$.

7. Untersuchen Sie, ob folgende Funktionen $z = f(x, y)$ an der Stelle $(0;0)$
einen Grenzwert besitzen und berechnen Sie diesen gegebenenfalls.

a) $z = \dfrac{\sin axy}{xy}$,   b) $z = \dfrac{2x - y \sin x}{x + y}$,

c) $z = \dfrac{\tan xy}{x^2 + 2y^2}$,   (Beachte: $\lim\limits_{t \to 0} \frac{\tan t}{t} = 1$).

8. Berechnen Sie $\lim\limits_{(x,y) \to (0;\frac{\pi}{2})} e^{xy} \cos y$.

Hinweis: Benutzen Sie Regeln über das Rechnen mit Grenzwerten.

9. Die folgenden Funktionen sind an der Stelle $(0;0)$ nicht definiert.
Prüfen Sie, welche von ihnen sich stetig ergänzen lassen und geben Sie die
Ergänzung an.

a) $z = \dfrac{3x^2 - y}{x^2 + y}$,   b) $z = \dfrac{\sin xy}{xy}$,

c) $z = \dfrac{xy}{x^2 + y^2}$,   d) $z = \dfrac{\sin 3\sqrt{x^2 + y^2}}{\sqrt{x^2 + y^2}}$,

e) $z = \dfrac{a^{x+y} - 1}{x + y}$,   f) $z = \dfrac{x^2 e^y - 5y^2}{x^2 + y^2}$.

5.2   Partielle Ableitungen

Schwerpunkte: Partielle Ableitungen erster und höherer Ordnung, Gradient,
Richtungsableitung, Tangentialebene, Satz von Schwarz

$u = f(\mathbf{x}) = f(x_1, ..., x_n)$,   speziell für $n = 2$: $z = f(x, y)$

Partielle Ableitungen 1. Ordnung von $u = f(\mathbf{x})$ nach x_k:

$$\boxed{f_{x_k}(\mathbf{x}) = \frac{\partial f(\mathbf{x})}{\partial x_k} = \lim_{\Delta x_k \to 0} \frac{f(x_1, ..., x_k + \Delta x_k, ... x_n) - f(x_1, ... x_k, ..., x_n)}{\Delta x_k}}$$

für $k = 1, ..., n$, falls die Grenzwerte existieren.
Partielle Ableitungen von $z = f(x, y)$ nach x bzw. y:

$$z_x = f_x(x, y) = \frac{\partial f(x,y)}{\partial x} = \lim_{\Delta x \to 0} \frac{(x+\Delta x, y) - f(x,y)}{\Delta x}$$

$$z_y = f_y(x, y) = \frac{\partial f(x,y)}{\partial y} = \lim_{\Delta y \to 0} \frac{f(x, y+\Delta y) - f(x,y)}{\Delta y}$$

Gradient von $f(\mathbf{x})$ bzw. $f(x, y)$:

$$\boxed{\operatorname{grad} f(\mathbf{x}) = (f_{x_1}(\mathbf{x}), ..., f_{x_n}(\mathbf{x}))^T = \sum_{k=1}^{n} f_{x_k}(x)\vec{e}_k}$$

$$\operatorname{grad} f(x, y) = f_x(x, y)i + f_y(x, y)j$$

Richtungsableitung von $u = f(\mathbf{x}_0)$ in P_0 in vorgegebener Richtung:

$\vec{r} = (r_1, ..., r_n)^T$ ist Richtungsvektor mit $r = |\vec{r}|$, $\vec{r^0} = \frac{1}{r}\vec{r}$;
α_k der Winkel zwischen $\vec{r}$ und der positiven x_k-Achse.

$$\boxed{\frac{\mathrm{d} f(x_0)}{\mathrm{d} r} = \operatorname{grad} f(\mathbf{x}_0) \cdot \vec{r^0} = \sum_{k=1}^{n} f_{x_k}(\mathbf{x}_0) \cdot \frac{r_k}{r} = \sum_{k=1}^{n} f_{x_k}(\mathbf{x}_0) \cos \alpha_k}$$

Anstieg einer Fläche $z = f(x, y)$ in $P_0(x_0, y_0, z_0)$ in Richtung α bzw. $\vec{r}$:
Eine auf der x, y-Ebene senkrecht stehende und durch P_0 gehende Ebene bildet
mit der x-Achse (x, z-Ebene) den Winkel α. Sie schneidet die Fläche $z = f(x, y)$
in einer Kurve k und die x, y-Ebene in einer Geraden, deren Richtungsvektor
$\vec{r} = (r_1, r_2)^T$ ist. Dann hat die Tangente an die Schnittkurve k in P_0 den Anstieg

$$\begin{aligned}
\tan \vartheta \ &= \frac{\mathrm{d} f(x_0, y_0)}{\mathrm{d} r} = \operatorname{grad} f(x_0, y_0) \cdot \vec{r^0} \\
&= f_x(x_0, y_0)\frac{r_1}{r} + f_y(x_0, y_0)\frac{r_2}{r} \\
&= f_x(x_0, y_0) \cos \alpha + f_y(x_0, y_0) \sin \alpha
\end{aligned}$$

Tangentialebene an die Fläche $z = f(x, y)$ in P_0:

$$\boxed{f_x(x_0, y_0)[x - x_0] + f_y(x_0, y_0)[y - y_0] - [z - z_0] = 0} \ .$$

partielle Ableitungen 2. Ordnung von $z = f(x, y)$:

$$f_{xx} = \frac{\partial^2 f}{\partial x^2} = \frac{\partial \frac{\partial f}{\partial x}}{\partial x}; \ f_{xy} = \frac{\partial^2 f}{\partial x \partial y}; \ f_{yx} = \frac{\partial^2 f}{\partial y \partial x}; \ f_{yy} = \frac{\partial^2 f}{\partial y^2}.$$

partielle Ableitungen n-ter Ordnung von $z = f(x,y)$:

$$\boxed{\frac{\partial^n f(x,y)}{\partial x^k \partial y^{n-k}}} \quad \text{für} \quad k = 1,...,n.$$

Satz von Schwarz (für partielle Ableitungen 2. Ordnung von $z = f(x,y)$):
Existieren f_{xy} und f_{yx} und sind diese stetig, so gilt

$$\boxed{f_{xy}(x,y) = f_{yx}(x,y)}$$

Kettenregel für Funktionen $z = f(x,y)$:

Ist $z = f(x,y)$ nach x und y partiell differenzierbar und $x = x(t)$, $y = y(t)$ nach t differenzierbar, so ist die zusammengesetzte Funktion $z = f[x(t), y(t)]$ nach t differenzierbar und es gilt:

$$\boxed{\frac{\mathrm{d}f(x,y)}{\mathrm{d}t} = \frac{\partial f(x,y)}{\partial x} \cdot \frac{\mathrm{d}x}{\mathrm{d}t} + \frac{\partial f(x,y)}{\partial y} \cdot \frac{\mathrm{d}y}{\mathrm{d}t}}$$

Entsprechend gilt für die zusammengesetzte Funktion $z = f[x(u,v), y(u,v)]$

$$\boxed{\begin{aligned}
\frac{\partial f(x,y)}{\partial u} &= \frac{\partial f(x,y)}{\partial x} \cdot \frac{\partial x}{\partial u} + \frac{\partial f(x,y)}{\partial y} \cdot \frac{\partial y}{\partial u} \\[2ex]
\frac{\partial f(x,y)}{\partial v} &= \frac{\partial f(x,y)}{\partial x} \cdot \frac{\partial x}{\partial v} + \frac{\partial f(x,y)}{\partial y} \cdot \frac{\partial y}{\partial v}
\end{aligned}}$$

Fragen zu 5.2

9. Welche Lage hat die Ebene $y = y_0$ im dreidimensionalen kartesischen Koordinatensystem und was erhält man, wenn man eine Fläche $z = f(x,y)$ mit dieser Ebene schneidet?

10. Was bedeutet die partielle Ableitung $f_x(x_0, y_0)$ der Funktion $z = f(x,y)$ geometrisch?

11. Was versteht man unter dem Anstieg einer Fläche $z = f(x,y)$ im Punkt P_0 in y-Richtung?

12. Welche Form hat der Gradient für eine Funktion $u = (x,y,z)$?

13. Was muß man zur Berechnung des Anstiegs einer Fläche $z = f(x,y)$ im Punkt P_0 in einer ausgewählten Richtung vorgeben, und wie führt man die Berechnung durch?

14. Welchen speziellen Anstieg erhält man, wenn in der Richtungsableitung von $z = f(x,y)$ der Richtungswinkel α gleich $0°$ bzw. $90°$ gewählt wird?

15. Wieviele Tangenten sind nötig, um die Tangentialebene in einem Flächenpunkt festzulegen?

16. Wie kann man prüfen, ob die Tangentialebene in einem Flächenpunkt horizontal (parallel zur x, y-Ebene) liegt?

17. Welche Vereinfachung bietet der Satz von Schwarz bei der Berechnung der partiellen Ableitung 2. Ordnung für die Funktion $u = f(x,y,z)$?

18. $z = f(x,y)$ sei eine mindestens 3-mal stetig partiell ableitbare Funktion. Wieviel partielle Ableitungen 3. Ordnung gibt es und wieviele davon sind i.a. verschieden?

Aufgaben zu 5.2

10. Bilden Sie die partiellen Ableitungen 1. Ordnung von

a) $z = x^3 y^2 + e^y x \ln x + \sqrt{y^3}$,   b) $z = \cos(ax - by)$,

c) $z = \sin \frac{2y}{3x}$,   d) $z = \sinh(x\sqrt{y})$,

e) $z = \sin xy - \cos xy$,   f) $z = y^x \ln x$.

11. Bilden Sie alle partiellen Ableitungen 1. Ordnung von

a) $u = f(x,t) = \ln \sin(x - 2t)$,

b) $u = f(x,y,z,t) = ye^t - z^2 \sin y + t \ln x$,

c) $u = f(x,y,z) = \sqrt{(x^2 + y^2 + z^2)^3}$.

12. Berechnen Sie alle partiellen Ableitungen 2. Ordnung von

a) $z = e^{xy} + \cos y$,   b) $z = x^y$,

c) $z = (\cos x + \sin y)^2$,   d) $z = e^{x^2 + y^2}$.

13. Berechnen Sie alle partiellen Ableitungen 3. Ordnung von

a) $z = x \cdot \ln y$,   b) $z = x^2 \sinh y$,

c) $z = x^3 y^2$,   d) $z = \sin u \cdot \cosh v$.

14. Welchen Wert hat $z_{xy}(\frac{\pi}{4}; \frac{\pi}{2})$ von $z = x \sin(x - y) + y \cos(x - y)$?

15. Bestimmen Sie die Ableitung von $z = f(x, y)$ an der Stelle (x_0, y_0) in der vorgegebenen Richtung (α Richtungswinkel, $\vec{r}$ Richtungsvektor).

a) $z = x^3 - 3xy^2$, $P_0(2; 1)$, $\alpha = 30°$;

b) $z = \ln \frac{x}{y}$, $(1; 1)$, $\alpha = 45°$;

c) $z = e^{x-2y}$, $(\ln 4, \ln 2)$, $\vec{r} = (1; 1)^T$;

d) $z = \operatorname{ar\,sinh} \frac{y}{x}$, $(3, -4)$, $\vec{r} = (3; \sqrt{3})^T$.

16. Gegeben ist eine Fläche durch $z = xe^{y-x} + \ln y$.

a) Welche Koordinaten hat der Flächenpunkt an der Stelle $(1; 1)$?

b) Unter welchem Winkel schneidet die Tangente, die im Punkt $(1, 1, z_0)$ in Richtung $\alpha = 30°$ an die Fläche gelegt wird die x, y-Ebene?

17. Welchen Winkel bildet die Tangente mit der x, y-Ebene, die im Punkt $(1; 0; z_0)$ an die Fläche $z = \sqrt{1 + 2x} \cosh y + \frac{x}{3} \arcsin y$ gelegt wird und deren Projektion auf die x, y-Ebene parallel zum Vektor $\vec{r} = (1, \sqrt{3})^T$ verläuft?

18. Bestimmen Sie die Richtung, in der die Tangente im Punkt $(-\sqrt{3}, 3, z_0)$ der Fläche $z = x^2 + y^2$ parallel zur x, y-Ebene liegt.

19. Gegeben ist die Fläche $z = \ln(x^2 + y^2)$.

Welche Richtung hat die Niveaulinie, die durch den Punkt $(1; 1; z_0)$ geht?

20. Zeigen Sie, daß die Funktion $z = xe^{-\frac{y}{x}}$ eine Lösung der partiellen Differentialgleichung ist:

$$xz_{xy} + 2(z_x + z_y) - yz_{yy} = 0.$$

21. Die Funktion $z = f(x, y)$ ist nach t abzuleiten, wobei bedeuten:

a) $z = f(x, y) = \sin(x^2 + y)$ mit $x = x(t) = t$, $y = y(t) = t^2$;

b) $z = f(x, y) = xy$ mit $x = x(t) = \cos t$, $y = y(t) = \sin t$;

c) $z = f(x, y) = \arctan \frac{y}{x}$ mit $x = e^{2t} + 1$, $y = e^{2t} - 1$.

22. Von der Funktion $z = f(x, y) = xy$ mit $x = x(r, \varphi) = r \cos \varphi$, $y = y(r, \varphi) = r \sin \varphi$ sind die partiellen Ableitungen $\frac{\partial z}{\partial r}$ und $\frac{\partial z}{\partial \varphi}$ zu bilden.

23. Bilden Sie von der Funktion $z = f(x, y) = \frac{x}{y}$ mit $x = x(u, v) = v \cosh u$, $y = y(u, v) = u \sinh v$ die partiellen Ableitungen $\frac{\partial z}{\partial u}$ und $\frac{\partial z}{\partial v}$.

5.3 Sätze über differenzierbare Funktionen

Schwerpunkte: Vollständiges Differential und Fehlerrechnung, implizite Funktionen - Auflösbarkeit und Differenzierbarkeit, Satz von Taylor, notwendige und hinreichende Bedingungen für Extremwerte

Funktionen von zwei unabhängigen Variablen:

$z = f(x, y)$ differenzierbar in $P_0(x_0, y_0) : x = x_0 + \mathrm{d}x, y = y_0 + \mathrm{d}y$.

totales oder vollständiges Differential:

$$\boxed{\mathrm{d}z = \mathrm{d}f(x, y) = f_x(x_0, y_0)\mathrm{d}x + f_y(x_0, y_0)\mathrm{d}y}$$

Bedeutung: Funktionswertänderung bezüglich der in P_0 an die Fläche $z = f(x, y)$ gelegten Tangentialebene für den Übergang $(x_0, y_0) \to (x, y)$.

Funktionen in impliziter Darstellung

Für $F(x, y) = 0$ und $P_0(x_0, y_0)$ gelte:
$F(x_0, y_0) = 0$,
F_x, F_y existieren in einer Umgebung von P_0 und sind dort stetig,
$F_y(x_0, y_0) \neq 0$.
Dann definiert $F(x, y) = 0$ in einer Umgebung von P_0 eine Funktion $f : x \to y = f(x)$, und für diese Funktion gilt

$$\boxed{\begin{aligned} y' = \quad f'(x) \quad &= -\frac{F_x(x,y)}{F_y(x,y)} \\[2mm] f''(x) \quad &= \frac{-F_x^2 F_{yy} + 2F_x F_y F_{xy} - F_y^2 F_{xx}}{F_y^3} \end{aligned}}$$

Taylor-Formel für Funktionen zweier Variabler

$z = f(x, y)$ in $G \subseteq \mathrm{R}^2$ n-mal stetig partiell differenzierbar, in Inneren von G existieren die $(n+1)$-ten partiellen Ableitungen und $x = x_0 + h, y = y_0 + k$ mit $(x_0, y_0), (x, y) \in G$ (h, k hinreichend klein):

$$\boxed{\begin{aligned} f(x, y) = \quad &f(x_0, y_0) + \tfrac{1}{1!}[f_x(x_0, y_0)h + f_y(x_0, y_0)k] \\[2mm] &+ \tfrac{1}{2!}[f_{xx}(x_0, y_0)h^2 + 2f_{xy}(x_0, y_0)hk + f_{yy}(x_0, y_0)k^2] + \ldots + R_n(h, k) \end{aligned}}$$

Restglied: $R_n(h, k) = \frac{1}{(n+1)!}\left[h\frac{\partial}{\partial x} + k\frac{\partial}{\partial y}\right]^{n+1} f(x_0 + \vartheta h, y_0 + \vartheta k)$ mit $0 < \vartheta < 1$

Lokale (relative) Extremwerte bei Funktionen zweier Variabler

$z = f(x, y)$, definiert in $G \subseteq R^2$; $P_0 = (x_0, y_0) \in G$.

$f(x, y)$ hat ein lokales Maximum (Minimum) an der Stelle P_0, wenn eine Umgebung $U(P_0) \subseteq G$ existiert, so daß $f(x, y) \leq f(x_0, y_0)$ $(f(x, y) \geq f(x_0, y_0))$ für alle $(x, y) \in U(P_0)$.

Notwendige Bedingung für lokale Extremwerte:
Existieren die partiellen Ableitungen 1. Ordnung von $z = f(x, y)$ in P_0, so ist

$\boxed{f_x(P_0) = 0 \text{ und } f_y(P_0) = 0}$ eine notwendige Bedingung für die Existenz eines lokalen Extremwertes von $f(x, y)$ an der Stelle P_0.

Alle Lösungen (x, y) des Gleichungssystems $f_x(x, y) = 0$; $f_y(x, y) = 0$ heißen stationäre (oder kritische, oder extremwertverdächtige) Stellen von $z = f(x, y)$.
Hinreichende Bedingung für lokale Extremwerte:
Besitzt $z = f(x, y)$ an der Stelle P_0 stetige partielle Ableitungen 2. Ordnung und ist P_0 eine stationäre Stelle von $f(x, y)$, dann besitzt $f(x, y)$ an dieser Stelle einen lokalen Extremwert, wenn

$$\boxed{D(x_0, y_0) := f_{xx}(x_0, y_0) f_{yy}(x_0, y_0) - f_{xy}^2(x_0, y_0) > 0}$$

Es handelt sich um ein
lokales Maximum, wenn $f_{xx}(x_0, y_0) < 0$ oder $f_{yy}(x_0, y_0) < 0$,
lokales Minimum, wenn $f_{xx}(x_0, y_0) > 0$ oder $f_{yy}(x_0, y_0) > 0$.
Gilt an einer stationären Stelle $D(x_0, y_0) < 0$, dann liegt ein
Sattelpunkt in (x_0, y_0, z_0) vor (keine Extremstelle!).

Fragen zu 5.3

19. Welche Beziehung zwischen Δf und df einer Funktion $z = f(x, y)$ wird für die Fehlerrechnung genutzt? Dabei sei f differenzierbar in P_0 und $\Delta f(x, y) = f(x_0 + dx, y_0 + dy) - f(x_0, y_0)$.

20. Wie lautet das vollständige Differential für eine Funktion $y = f(x_1, x_2, x_3)$?

21. Wie überprüft man, ob ein Ausdruck der Form $P(x, y)dx + Q(x, y)dy$ das vollständige Differential einer Funktion $z = f(x, y)$ ist?

22. Unter welchen Bedingungen ist eine Gleichung $F(x, y, z) = 0$ die implizite Darstellung einer Funktion $f : (x, y) \to z = f(x, y)$?
Wie lauten gegebenenfalls die Formeln für die partiellen Ableitungen von $z = f(x, y)$?

23. Sei $F(x,y) = 0$ die implizite Darstellung einer Kurve.
Wie bestimmt man gegebenenfalls die lokalen Extrema dieser Kurve?

24. $P_0 = (y_0, y_0)$ sei eine stationäre Stelle der Funktion $z = f(x,y)$.
Welche Lage besitzt die Tangentialebene an dieser Stelle?
Welche ausgezeichneten Punkte können in (x_0, y_0, z_0) auftreten, und welche zusätzlichen Bedingungen müssen dabei erfüllt sein?

25. $z = f(x,y)$ besitze an der Stelle (x_0, y_0) einen lokalen Extremwert. Warum ist für den Nachweis, daß es sich dabei um ein lokales Maximum bzw. ein lokales Minimum handelt gleichwertig, ob man $f_{xx}(x_0, y_0)$ oder $f_{yy}(x_0, y_0)$ untersucht?

26. Sei $u = f(x,y,z)$ in $G \subseteq \mathbb{R}^3$ definiert und besitze dort partielle Ableitungen 1. Ordnung. Wie ermittelt man die stationären Stellen von f in G?

Aufgaben zu 5.3

24. Bei der Deformation eines Kreiszylinders werden dessen Abmessungen von $R = 30\text{cm}$ auf $\overline{R} = 30,2\text{cm}$ und dessen Höhe von $H = 80\text{cm}$ auf $\overline{H} = 79,5\text{cm}$ verändert. Berechnen Sie die Volumenänderung direkt und näherungsweise durch Verwendung des totalen Differentials.

25. Wie groß sind absoluter und relativer Fehler für das Volumen eines dreiachsigen Ellipsoids, wenn die Achsen wie folgt gemessen werden: $a = 3 \pm 0,1\text{cm}$, $b = 5 \pm 0,1\text{cm}$, $c = 6 \pm 0,1\text{cm}$.

26. Mit welchem absoluten und relativen Fehler muß man bei der Ermittlung des Volumens und der Gesamtoberfläche eines Kreiskegels rechnen, wenn der Radius $R = 60\text{cm}$ und die Höhe $H = 80\text{cm}$ mit einer Genauigkeit von höchstens 0,2cm gemessen werden?

27. Bei der Vermessung eines Schornsteins wird vom Meßpunkt aus die horizontale Entfernung zum Fußpunkt des Schornsteins mit $s = 80 \pm 0,2\text{m}$ und der Winkel zur Schornsteinoberkante mit $\alpha = 56,5° \pm 0,3°$ gemessen. Wie genau kann man die Höhe des Schornsteins angeben?

28 Für die Funktion $y = f(x)$, die durch $F(x,y) \equiv y \cos x + \frac{x}{y} - 3 = 0$ in impliziter Form gegeben ist, bestimme man die Gleichung der Tangente im Punkt $(0,3)$.

29. Durch $F(x,y) \equiv x^2 - 3xy - 4y^2 + 2x + y - 3 = 0$ ist eine Kurve in der x,y-Ebene beschrieben. Geben Sie die Gleichungen der Tangenten in den Schnittpunkten der Kurve mit der x-Achse an.

30. Gegeben ist eine Kurve durch $x^2 + y^2 + 2x - 2y - 2 = 0$.
Bestimmen Sie die Gleichungen der Tangenten, die parallel zur x-Achse und der Tangenten, die parallel zur y-Achse verlaufen.

31. Man berechne die Anstiege und Gleichungen der Tangenten in den Schnittpunkten der Kurve $e^{xy} - x^2 + y^3 = 0$ mit den Koordinatenachsen.

32. Welchen Anstieg hat die Kurve $\ln y + y + \sinh x - \frac{1}{2}e^x = 0$ $(y > 0)$ im Punkt (x_0, y_0) mit $y_0 = 1$?

33. Gegeben ist eine implizite Funktion durch $F(x,y) \equiv \ln \frac{\sqrt{y}}{x} - 1 = 0$.
Berechnen Sie den Anstieg der Funktion für die Abszisse $x_0 = 1$
a) mit Hilfe der Ableitungsformel für implizite Funktionen,
b) indem Sie die Gleichung explizit nach y auflösen und y' bilden.

34. Wo hat die Kurve $x^3 + y^3 - 3x^2 = 0$ $(x \neq 0)$ eine horizontale Tangente? An welcher Stelle und unter welchem Winkel wir die x-Achse geschnitten?

35. Gegeben sind 2 Flächen durch $x^2 + y^2 + z^2 - 17 = 0$ und $x + y - z + 3 = 0$. Bestimmen Sie die Gleichungen der Niveaulinien für $z = 3$, und berechnen Sie Schnittpunkte und Schnittwinkel dieser Niveaulinien.

36. Bestimmen Sie alle Punkte, in denen die durch $\ln \sqrt{x^2 + y^2} - \arctan \frac{y}{x} = 0$ gegebene Kurve eine vertikale Tangente hat.

37. Ein dreiachsiges Ellipsoid ist durch $\frac{x^2}{4} + y^2 + \frac{z^2}{16} = 1$ gegeben. In den Schnittpunkten mit der Geraden $\vec{x} = (1; -\frac{1}{2}; 0)^T + t(0; 0; 1)^T$ ist die Gleichung der Tangentialebene aufzustellen.
Bestimmen Sie die Gleichung der Schnittgeraden und den Schnittwinkel der beiden Tangentialebenen.

38. In welchen Punkten besitzt die durch $F(x,y) = 0$ beschriebene Kurve lokale Maxima oder Minima?
Geben Sie an um welche Art von Extrema es sich dabei handelt?
a) $F(x,y) \equiv x^2 + 4xy + 6y^2 + 6y - 8 = 0$;
b) $F(x,y) \equiv 3x^2 + 2xy - y^2 + 2x + 19 = 0$;
c) $F(x,y) \equiv e^y + y + \frac{x^2}{2} - x - \frac{1}{2} = 0$.

39. Für die Funktion $z = f(x,y)$ ist an der Stelle (x_0, y_0) die Taylorsche Formel bis einschließlich Glieder 3. Ordnung aufzustellen.

a) $z = f(x,y) = x^2 - y^2 + \sin x \cos y - 1$; $(x_0, y_0) = (\frac{\pi}{2}; 0)$.

b) $z = f(x,y) = x \sin y + x^2 - y :$ $\qquad (x_0, y_0) = (0; \frac{\pi}{2})$.

c) $z = f(x,y) = y \sin x$; $\qquad\qquad (x_0, y_0) = (\frac{\pi}{6}; 2)$.

40. a) Die Funktion $z = e^x \sinh y + e^y \cosh x$ ist an der Stelle $x_0, y_0) = (0,0)$ mit Hilfe der Taylorschen Formel bis einschließlich Glieder 3. Ordnung darzustellen.

b) Unter Verwendung dieser Formel berechne man unter Weglassung des Restgliedes einen Näherungswert für $z(0,1; 0,2)$ auf 3 Dezimalstellen.

41. Untersuchen Sie folgende Funktionen auf lokale (relative) Extremwerte (Lage, Art des Extremwertes, zugehöriger Funktionswert):

a) $z = x^4 - 4xy + 2y^2$,

b) $z = x^3 + y^3 - 9xy + 25$,

c) $z = x^3 + 3xy^2 - 15x - 12y$,

d) $z = \frac{1}{4}x^4 - 2x^3 - \frac{9}{2}x^2 + x^2 y - \frac{1}{2}y^2 + 5$,

e) $z = (3x - 2)^2 + \frac{1}{4}y^4 - \frac{4}{3}y^3 - 6y^2$,

f) $z = \frac{1}{3}x^3 - (x + 4)^2 - (2y - 5)^2$,

g) $z = (2x - 1)^2 + (2 - y)^2 - \ln x^4$ $\qquad$ für $x \neq 0$,

h) $z = y\sqrt{x} - y^2 - x + 6y$ $\qquad\qquad$ für $x > 0$,

i) $z = x^3 y^2 (6 - x - y)$ $\qquad\qquad$ für $x > 0, y > 0$,

j) $z = xy - \ln x^2 + y^2 - 4y - \ln y^2$ $\quad$ für $xy > 0$,

k) $z = e^{x^2}(y^2 + 1)$,

l) $z = x(y + \frac{1}{2}) + \frac{3}{x} - \ln \sqrt{y}$ $\qquad$ für $x \neq 0, y > 0$.

42. Gegeben ist eine Fläche durch

$$z = \frac{x^3}{3} + 2xy - \frac{8}{3}y^3 + \lambda.$$

Wie muß λ gewählt werden, damit die Fläche die x, y-Ebene berührt?

43. Für den skizzierten quaderförmigen Verpackungskarton mit dem Volumen $V = \frac{3}{2}dm^3$ sind Länge, Breite und Höhe so zu berechnen, daß der Materialverbrauch minimal sind, Abb. 5.1. ($\square$ Verschnitt bzw. Klebeflächen)

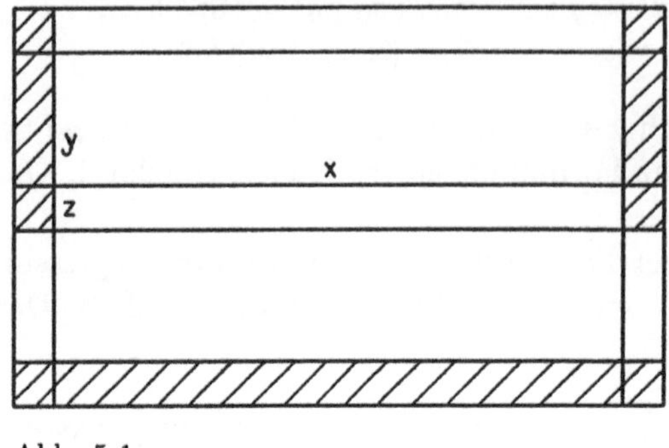

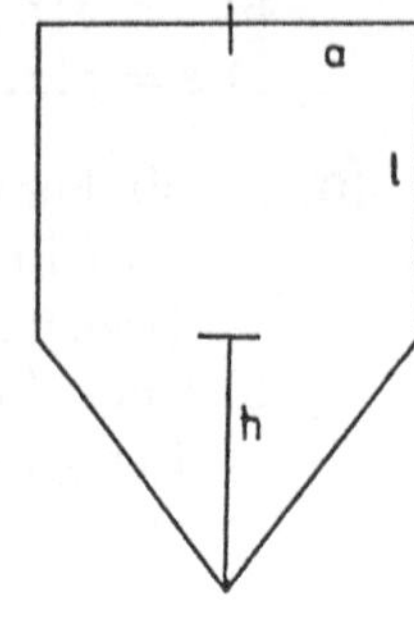

Abb. 5.1   Abb. 5.2

44. Ein Silo hat die Gestalt eines Kreiszylinders mit angesetztem Kegel. Oben sei das Silo mit einem kreisförmigen Deckel verschlossen.

Wie muß man den Radius a, die Länge l des Zylinders und die Höhe h des Kegels wählen, damit bei vorgegebenem Volumen für die Herstellung des Silos möglichst wenig Material verbraucht wird?

(Bei der Berechnung kann man sich auf die notwendigen Bedingungen für Extremwerte beschränken), Abb. 5.2 .

Antworten zu 5

1. Eine Funktion $z = f(x, y)$ läßt sich i.a. geometrisch durch eine Fläche im R^3 darstellen.

2. Der Definitionsbereich besteht aus Punkten der x, y-Ebene. Die Beschreibung erfolgt entweder durch Angabe einer Randkurve oder mittels Ungleichungen für x und y.

3. $z = c$ kann bedeuten.
  - der Punkt $(0, 0, c)$ auf der z-Achse
  - die Gerade $x = c$ in der x, z-Ebene
  - die Gerade $y = c$ in der y, z-Ebene
  - eine Parallelebene zur x, y-Ebene in der Höhe c.

4. Schneidet man die Fläche $z = f(x, y)$ mit den Ebenen $z = c$, so erhält man als Schnittkurven sog. Schichtenlinien. Projiziert man die Schichtenlinien auf die x, y-Ebene, so erhält man die Karte der Funktion (vgl. Geländedarstellungen durch Landkarten). Die Projektionen auf die x, y-Ebene nennt man auch Höhen- oder Niveaulinien.

5. a) $\lim\limits_{(x,y)\to(a,b)} f(x, y) = g$

    b) $z = f(x, y)$ braucht an der Stelle (a, b) selbst nicht definiert zu sein. Wenn sich die unabhängigen Veränderlichen x und y auf einem beliebigen Weg den Werten a und b nähern, so strebt der zugehörige Funktionswert unabhängig vom Weg gegen g.

6. a) Wenn $g_1 \neq g_2$ gilt, so existiert der Grenzwert g nicht.

    b) Wenn $g_1 = g_2$ gilt, so ist die Existenz von g möglich, aber nicht sicher. Die Existenz des Grenzwertes g ist erst dann nachgewiesen, wenn sich bei Annäherung von (x, y) an (a, b) auf beliebigem Weg $g_1 = g_2 = g$ ergibt.

7. $z = f(x, y)$ ist an der Stelle (a, b) stetig, wenn die folgenden Bedingungen erfüllt sind:
1. Der Funktionswert $f(a, b)$ existiert.
2. Der Grenzwert $\lim\limits_{(x,y)\to(a,b)} f(x, y) = g$ existiert.

3. Es gilt $f(a, b) = g$.

8. Eine Funktion kann stetig ergänzt werden, wenn der Grenzwert

$$\lim_{(x,y)\to(a,b)} f(x, y) = g$$

existiert. In diesem Fall liegt eine hebbare Unstetigkeit vor. Die stetige Ergänzung erhält man durch die Festsetzung

$$f^*(x, y) = \begin{cases} f(x, y) & \text{für} \quad (x, y) \neq (a, b) \\ y & \text{für} \quad (x, y) = (a, b). \end{cases}$$

9. Die Ebene $y = y_0$ liegt parallel zur x, z-Ebene im Abstand y_0. Als Schnittgebilde zwischen der Ebene $y = y_0$ und der Fläche $z = f(x, y)$ erhält man eine Kurve mit der Gleichung $z = f(x, y_0)$.

10. Die partielle Ableitung $f_x(x_0, y_0)$ bedeutet geometrisch der Anstieg der Schnittkurve $z = f(x, y_0)$ in P_0 und wird als Anstieg der Fläche $z = f(x, y)$ in P_0 in x-Richtung interpretiert.

11. Der Anstieg der Fläche $z = f(x, y)$ in P_0 in y-Richtung ist der Anstieg der Schnittkurve $z = f(x_0, y)$ in P_0.

12. Der Gradient hat die Form

$$\operatorname{grad} u = f_x(x, y, z)\vec{i} + f_y(x, y, z)\vec{j} + f_z(x, y, z)\vec{k}$$

13. Man muß neben der Flächengleichung $z = f(x, y)$ und der Stelle (x_0, y_0) eine Richtung in der x, y-Ebene vorgeben. Dies geschieht entweder durch Angabe eines Richtungsvektors $\vec{r} = (r_1, r_2)^T = r_1\vec{i} + r_2\vec{j}$ oder eines Richtungswinkels α, der zur x-Achse gemessen wird.
Den Anstieg der Tangente im Flächenpunkt P_0 in der vorgegebenen Richtung $\vec{r}$ oder α erhält man aus
$$\tan \vartheta = f_x(x_0, y_0)\tfrac{r_1}{r} + f_y(x_0, y_0)\tfrac{r_2}{r} \quad (r = |\vec{r}|) \text{ oder}$$
$$= f_x(x_0, y_0)\cos \alpha + f_y(x_0, y_0)\sin \alpha$$
$$= \operatorname{grad} f \cdot \tfrac{\vec{r}}{r} = \operatorname{grad} f \cdot (\cos \alpha, \sin \alpha)^T.$$

14. In diesem Fall erhält man den Anstieg in x- bzw. y-Richtung.

15. Zur Feststellung der Tangentialebene in einem Flächenpunkt sind 2 Tangenten nötig. Man verwendet i.a. die Tangenten in x- und y-Richtung. Alle übrigen Tangenten lassen sich hieraus kombinieren.

16. Wenn im entsprechenden Flächenpunkt P_0 $f_x(x_0, y_0) = 0$ und $f_y(x_0, y_0) = 0$ gilt, so liegt die Tangentialebene horizontal.

17. Falls die partiellen Ableitungen 2. Ordnung existieren und stetig sind, so gilt: $f_{xy} = f_{yx}, f_{xz} = f_{zx}, f_{yz} = f_{zy}$.
Von den 9 partiellen Ableitungen 2. Ordnung sind bei obiger Voraussetzung maximal 6 voneinander verschieden.

18. Es gibt $2^3 = 8$ partielle Ableitungen 3. Ordnung, wobei 4 i.a. verschieden sind: $z_{xxx}, z_{xxy} = z_{xyx} = z_{yxx}, z_{xyy} = z_{yxy} = z_{yyx}, z_{yyy}$.

19. Wegen der vorausgesetzten Differenzierbarkeit folgt für die Taylor-Formel
$$f(x, y) = f(x_0, y_0) + f_x(x_0, y_0)\mathrm{d}x + f_y(x_0, y_0)\mathrm{d}y + R_1(\mathrm{d}x, \mathrm{d}y)$$
$$f(x, y) - f(x_0, y_0) = \mathrm{d}f + R_1(\mathrm{d}x, \mathrm{d}y)$$
und für hinreichend kleine Abweichungen $\mathrm{d}x, \mathrm{d}y$ wird auch $R_1(\mathrm{d}x, \mathrm{d}y)$ hinreichend klein, so daß man $\Delta f(x, y) \approx \mathrm{d}f(x, y)$ erhält. Die Fehlerrechnung baut darauf auf, die Funktionswertänderung Δf angenähert mit Hilfe von $\mathrm{d}f$ zu berechnen bzw. abzuschätzen.

20. Sei $y = f(x_1, x_2, x_3)$ in $P_0 = (x_1^0, x_2^0, x_3^0)$ differenzierbar und
$x_1 = x_1^0 + \mathrm{d}x_1, x_2 = x_2^0 + \mathrm{d}x_2, x_3 = x_3^0 = \mathrm{d}x_3$,
dann lautet das vollständige Differential

$$\mathrm{d}y = \frac{\partial f}{\partial x_1}(P_0)\mathrm{d}x_1 + \frac{\partial f}{\partial x_2}(P_0)\mathrm{d}x_2 + \frac{\partial f}{\partial x_3}(P_0)\mathrm{d}x_3.$$

21. Wenn eine Funktion $z = f(x, y)$ existiert, für die $\mathrm{d}z = P((x, y)\mathrm{d}x + Q(x, y)\mathrm{d}y$ gelten soll, so muß $z_x = P(x, y)$ und $z_y = Q(x, y)$ sein und unter entsprechenden Voraussetzungen folgt nach dem Satz von Schwarz $z_{xy} = z_{yx}$, d.h. $P_y = Q_x$. Mit der letzten Bedingung kann überprüft werden, ob der gegebene Ausdruck ein vollständiges Differential ist.

22. Für $F(x, y, z) = 0$ und $P_0(x_0, y_0, z_0)$ gelte:
$F(x_0, y_0, z_0) = 0$,
F_x, F_y, F_z existieren in einer Umgebung von P_0 und sind dort stetig,
$F_z(x_0, y_0, z_0) \neq 0$.
Dann definiert $F(x, y, z) = 0$ in einer Umgebung von P_0 eine Funktion $f : (x, y) \rightarrow z = f(x, y)$, und für diese Funktion gilt:
$z_x = -\frac{F_x}{F_z}$ und $z_y = -\frac{F_y}{F_z}$.

23. Wenn die durch $F(x, y) = 0$ dargestellte Kurve in einem Punkt $P_0(x_0, y_0)$ einen lokalen Extremwert besitzt und in einer Umgebung dieses Punktes implizit eine Funktion $y = f(x)$ definiert, so folgt als notwendige Bedingung
$y'(x_0) = -\frac{F_x(P_0)}{F_y(P_0)} = 0$, d.h. $F_x(P_0) = 0$ (und $F_y(P_0) \neq 0$).
Es handelt sich um ein lokales Maximum bzw. lokales Minimum, wenn
$\frac{F_{xx}(P_0)}{F_y(P_0)} > 0$ bzw. $\frac{F_{xx}(P_0)}{F_y(P_0)} < 0$ erfüllt ist.

24. Unter der Voraussetzung, daß $z = f(x, y)$ in einer Umgebung von $P_0(x_0, y_0)$ stetige partielle Ableitungen erster und zweiter Ordnung besitzt, folgt aus dem Verschwinden der partiellen Ableitungen erster Ordnung an der Stelle P_0 (stationäre Stelle), daß die durch $z = f(x, y)$ dargestellte Fläche in (x_0, y_0, z_0) eine eindeutig bestimmte Tangentialebene besitzt, die horizontal (parallel zur x, y-Ebene) verläuft. Es handelt sich um einen lokalen Extrempunkt, wenn $D(x_0, y_0) = f_{xx}(P_0)f_{yy}(P_0) - f_{xy}^2(P_0) > 0$ und um einen Sattelpunkt, wenn $D(x_0, y_0) < 0$ ist. Der Extrempunkt ist ein lokales Maximum (Minimum), wenn desweiteren $f_{xx}(P_0) < 0$ ($f_{xx}(P_0) > 0$).

25. Unter den in der Antwort zu 24. genannten Voraussetzungen gilt, wenn $z = f(x, y)$ an der Stelle (x_0, y_0) einen lokalen Extremwert besitzt, so ist $D(x_0, y_0) = f_{xx}(P_0)f_{yy}(P_0) - f_{xy}^2(P_0) > 0$. Folglich muß $f_{xx}(P_0)f_{yy}(P_0) > 0$ sein, und das ist nur möglich, wenn beide Faktoren dasselbe Vorzeichen haben, d.h. $\operatorname{sgn} f_{xx}(P_0) = \operatorname{sgn} f_{yy}(P_0)$. Deshalb genügt es, ggf. nur einen dieser beiden Werte zu berechnen.

26. Die stationären Stellen von $u = f(x, y, z)$ im Gebiet G sind (falls solche Stellen existieren) die Lösungen des Gleichungssystems $u_x = 0$ und $u_y = 0$ und $u_z = 0$.

Lösungen zu 5.

1. a) $D(f) = \{(x,y)|x^2 + y^2 \leq R^2\}; W(f) = \{z|0 \leq z \leq R\}$, Abb. 5.3.

b) $D(f) = \{(x,y)|x^2 + y^2 \geq R^2\}; W(f) = \{z|0 \leq z < \infty\}$, Abb. 5.4.

c) $D(f) = \{(x,y)|x^2 + y^2 < R^2\}; W(f) = \{z|\frac{1}{R} < z < \infty\}$.

d) $D(f) = \{(x,y)|x \geq 0; y \geq 0 \text{ und } x \leq 0, y \leq 0\}$.

   $W(f) = \{z|0 \leq z < \infty\}$,   Abb. 5.5.

e) $D(f) = \{(x,y)|(x,y) \neq (0;0)\}; W(f) = \{z|0 \leq z < \infty\}$.

f) $D(f) = \{(x,y)|y \neq x\}; W(f) = \{z|z \in \mathbb{R}\}$.

g) $D(f) = \{(x,y)|x > 0; y \in \mathbb{R}\}; W(f) = \{z|z \in \mathbb{R}\}$.

h) $D(f) = \{(x,y)|y > x^2\}; W(f) = \{z|z \in \mathbb{R}\}$.

i) $D(f) = \{(x,y)|x \neq 0; y \neq 0\}; W(f) = \{z|z \in \mathbb{R}\}$.

j) $D(f) = \{(x,y)| - a \leq x \leq a, -b \leq y \leq b\}; W(f) = \{z| - \pi \leq z \leq \pi\}$,
   Abb. 5.6.

k) $D(f) = \{(x,y)|x \in \mathbb{R}, y \geq a\}; W(f) = \{z| - 1 \leq z < \infty\}$.

l) $D(f) = \{(x,y,z)|x^2 + y^2 + z^2 \leq R^2\}$ (Kugel mit dem Radius R),
   $W(f) = \{u|0 \leq u \leq R\}$.

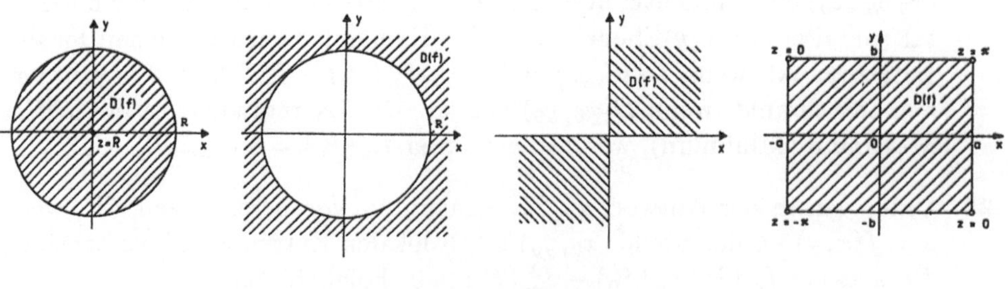

Abb. 5.3   Abb. 5.4   Abb. 5.5   Abb. 5.6

2.

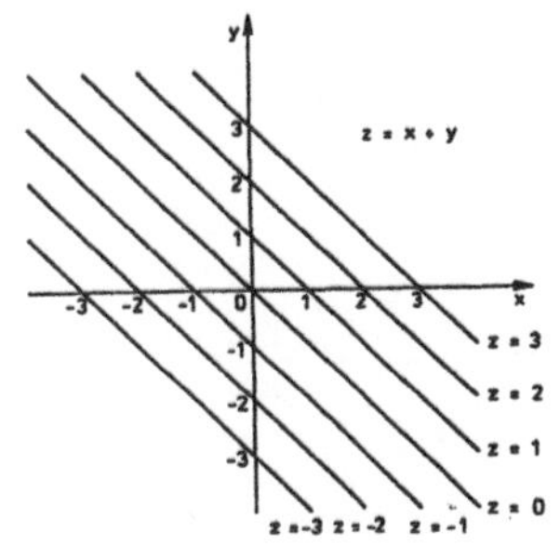

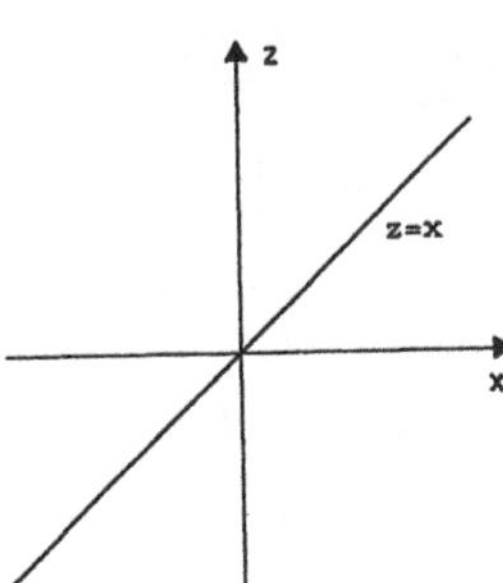

Abb. 5.7 a)

$z = x + y$
stellt eine
Ebene dar

Abb. 5.7 b)

3.

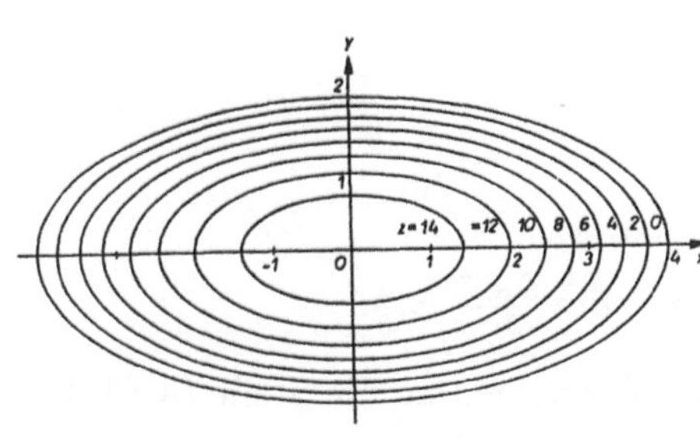

Abb. 5.8 a)

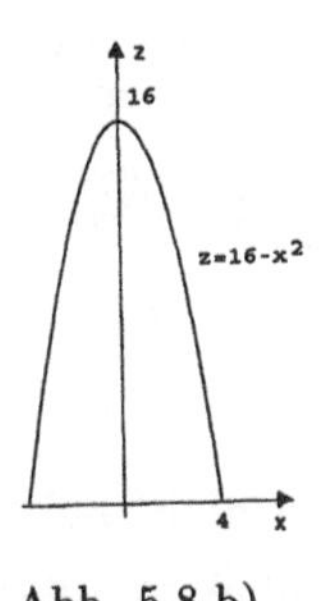

Abb. 5.8 b)

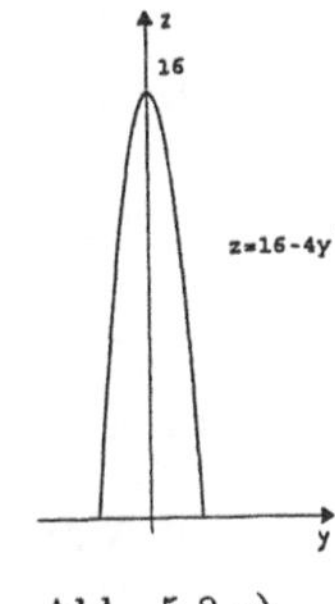

Abb. 5.8 c)

$z = 16 - x^2 - 4y^2$ stellt ein elliptisches Paraboloid dar.

4. $y = 0$ $(x, z$-Ebene), quadratische Parabel $z = 4x^2$;

$x = 0$ $(y, z$-Ebene), quadratische Parabel $z = y^2$;

$z = c$, Ellipsen $\dfrac{x^2}{\frac{c}{4}} + \dfrac{y^2}{c} = 1$.

Die Funktion beschreibt ein elliptisches Paraboloid.

5. $y = 0$; Geradenpaar in der oberen Halbebene

$\qquad z = |x|$

$z = c$; Kreis mit dem Radius $\sqrt{c} : x^2 + y^2 = c^2$.

Die Funktion beschreibt einen Kreiskegel.

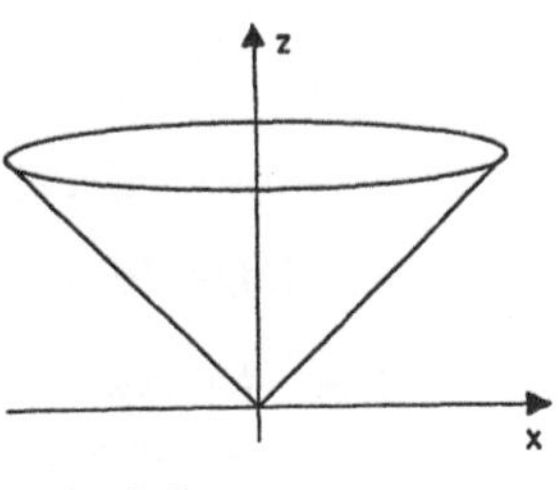

Abb. 5.9

6. a) $g_1 = \lim\limits_{y \to 0} \lim\limits_{x \to 0} \dfrac{x^2 - 2x + 3y}{x + y} = \lim\limits_{y \to 0} 3 = 3,$

$\qquad g_2 = \lim\limits_{x \to 0} \lim\limits_{y \to 0} \dfrac{x^2 - 2x + 3y}{x + y} = \lim\limits_{x \to 0}(x - 2) = -2.$

b) $g_1 = \lim\limits_{y\to 0}\lim\limits_{x\to 0} \frac{x^2+2xy+y^2}{x^2+y^2} = \lim\limits_{y\to 0} 1 = 1$; $g_2 = 1$,

$\quad y = x: \quad \lim\limits_{x\to 0}\frac{4x^2}{2x^2} = \lim\limits_{x\to 0} 2 = 2$,

$\quad y = -x: \quad \lim\limits_{x\to 0} 0 = 0$.

c) $g_1 = 1$; $g_2 = 1$; $y = x: \; g_3 = 0$.

7. a) $t = axy \to \lim\limits_{t\to 0}\left(a\frac{\sin t}{t}\right) = a$.

b) $g_1 = \lim\limits_{y\to 0}\lim\limits_{x\to 0}\frac{2x-y\sin x}{x+y} = 0$,

$\quad g_2 = \lim\limits_{x\to 0}\lim\limits_{y\to 0}\frac{2x-y\sin x}{x+y} = 2$.

$\quad g_1 \neq g_2$, es existiert kein Grenzwert.

c) $g_1 = 0$; $g_2 = 0$, aber für $y = x: \; \lim\limits_{x\to 0}\frac{\tan x^2}{3x^2} = \frac{1}{3}$.

Man erhält nicht bei allen Annäherungen an die Stelle $(0,0)$ denselben Wert, folglich existiert g nicht.

8. Wegen $\lim\limits_{(x,y)\to(0;\pi)} e^{xy} = 1$ und $\lim\limits_{y\to\pi}\cos y = -1$ folgt unter Verwendung der Regeln für das Rechnen mit Grenzwerten

$$\lim\limits_{(x,y)\to(0;\pi)} e^{xy}\cos y = 1.$$

9. a) $g_1 = -1$; $g_2 = 3$;   keine Ergänzung möglich.

b) $\lim\limits_{(x,y)\to(0,0)}\frac{\sin xy}{xy} = \lim\limits_{t\to 0}\frac{\sin t}{t} = 1$, $\qquad z^* = \begin{cases} \frac{\sin xy}{xy} & \text{für } (x,y) \neq (0,0) \\ 1 & \text{für } (x,y) = (0,0) \end{cases}$

stetige Ergänzung möglich;

c) Längs der Geraden $y = ax$ gilt: $\lim\limits_{x\to 0}\frac{ax^2}{x^2+ax^2} = \frac{a}{1+a}$.

Der Grenzwert hängt von der Wahl der Geraden ab, folglich ist keine Ergänzung möglich.

d) $t = 3\sqrt{x^2+y^2}$; $\lim\limits_{t\to 0} 3\cdot\frac{\sin t}{t} = 3$; $z* = \begin{cases} \frac{\sin 3\sqrt{x^2+y^2}}{\sqrt{x^2+y^2}} & \text{für } (x,y) \neq (0,0) \\ 3 & \text{für } (x,y) = (0,0). \end{cases}$

e) $t = x + y$; $\lim\limits_{t \to 0} \frac{a^t - 1}{t} = \ln a$; $z^* = \begin{cases} \frac{a^{x+y}-1}{x+y} & \text{für } (x,y) \neq (0,0) \\ \ln a & \text{für } (x,y) = (0,0). \end{cases}$

f) $g_1 = 1$; $g_2 = -5$; keine Ergänzung möglich.

10. a) $z_x = 3x^2 y^2 + e^y(1 + \ln x)$, $z_y = 2x^3 y + e^y x \ln x + \frac{3}{2}\sqrt{y}$.

b) $z_x = -a\sin(ax - by)$, $z_y = b\sin(ax - by)$.

c) $z_x = -\frac{2y}{3x^2}\cos\frac{2y}{3x}$, $z_y = \frac{2}{3x}\cos\frac{2y}{3x}$.

d) $z_x = \sqrt{y}\cosh x\sqrt{y}$, $z_y = \frac{x}{2\sqrt{y}}\cosh x\sqrt{y}$.

e) $z_x = y\cos xy + y\sin xy$, $z_y = x\cos xy + x\sin xy$.

f) $z_x = y^x(\ln x \ln y + \frac{1}{x})$, $z_y = xy^{x-1}\ln x$.

11. a) $u_x = \cot(x - 2t)$, $u_t = -2\cot(x - 2t)$.

b) $u_x = \frac{t}{x}$, $u_y = e^t - z^2\cos y$, $u_z = -2z\sin y$, $u_t = ye^t + \ln x$.

c) $u_x = 3x\sqrt{x^2 + y^2 + z^2}$, $u_y = 3y\sqrt{x^2 + y^2 + z^2}$, $u_z = 3z\sqrt{x^2 + y^2 + z^2}$.

12. a) $z_x = ye^{xy}$, $z_y = xe^{xy} - \sin y$;

$z_{xx} = y^2 e^{xy}$, $z_{xy} = z_{yx} = e^{xy}(1 + xy)$, $z_{yy} = x^2 e^{xy} - \cos y$.

b) $z_x = yx^{y-1}$, $z_y = x^y \ln x$;

$z_{xx} = y(y-1)x^{y-2}$, $z_{xy} = z_{yx} = x^{y-1}(1 + y\ln x)$, $z_{yy} = x^y(\ln x)^2$.

c) $z_{xx} = -2(\cos 2x + \cos x \sin y)$, $z_{yy} = 2(\cos 2y - \cos x \sin y)$,

$z_{xy} = z_{yx} = -2\sin x \cos y$.

d) $z_{xx} = 2(1 + 2x^2)e^{x^2+y^2}$, $z_{xy} = 4xye^{x^2+y^2}$, $z_{yy} = 2(1 + 2y^2)e^{x^2+y^2}$.

13. a) $z_x = \ln y$, $z_y = \frac{x}{y}$; $z_{xx} = 0$, $z_{xy} = \frac{1}{y}$, $z_{yy} = -\frac{x}{y^2}$;

$z_{xxx} = z_{xxy} = z_{xyx} = z_{yxx} = 0$, $z_{xyy} = z_{yxy} = z_{yyx} = -\frac{1}{y^2}$, $z_{yyy} = \frac{2x}{y^3}$.

b) $z_{xxx} = 0$, $z_{xxy} = z_{xyx} = z_{yxx} = 2\cosh y$,

$z_{xyy} = z_{yxy} = z_{yyx} = 2x\sinh y$, $z_{yyy} = x^2\cosh y$.

c) $z_{xxx} = 6y^2$, $z_{xxy} = z_{xyx} = z_{yxx} = 12xy$,

$\quad z_{xyy} = z_{yxy} = z_{yyx} = 6x^2$, $z_{yyy} = 0$.

d) $z_{uuu} = -\cos u \cosh v$, $z_{uuv} = z_{uvu} = z_{vuu} = \sin u \sinh v$,

$\quad z_{uvv} = z_{vuv} = z_{vvu} = -\cos u \cosh v$, $z_{vvv} = \sin u \sinh v$.

14. $z_{xy} = (x-1)\sin(x-y) + (y-1)\cos(x-y)$, $z_{xy}(\frac{\pi}{4}; \frac{\pi}{2}) = \frac{\sqrt{2}}{8}\pi$.

15. a) $\frac{df}{dr} = (3x^2 - 3y^2)\cos\alpha - 6xy\sin\alpha$; $\frac{df(2;1)}{dr}\big|_{\alpha=30°} = 1,794$.

b) $\frac{df}{dr} = \frac{1}{x}\cos\alpha - \frac{1}{y}\sin\alpha$; $\frac{df(1;1)}{dr}\big|_{\alpha=45°} = 0$.

c) $\frac{df}{dr} = e^{x-2y} \cdot \frac{r_1}{r} - 2e^{x-2y} \cdot \frac{r_2}{r}$; $\frac{df(\ln 4, \ln 2)}{dr} = -\frac{\sqrt{2}}{2}$.

d) $\frac{df}{dr} = \frac{1}{x\sqrt{x^2+y^2}}(-y\frac{r_1}{r} + x\frac{r_2}{r})$; $\frac{df(3,-4)}{dr} = 0,3309$.

16. a) $z(1;1) = 1$,

b) $\tan\vartheta = e^{y-x}(1-x)\cos\alpha + (xe^{y-x} + \frac{1}{y}\sin\alpha)$,

$\quad$ Für $(1,1)$ und $\alpha = 30°$: $\tan\vartheta = 1$, $\vartheta = 45°$.

17. $z_x = \frac{1}{\sqrt{1+2x}}\cosh y + \frac{1}{3}\arcsin y$, $z_x(1;0) = \frac{1}{\sqrt{3}}$;

$z_y = \sqrt{1+2x}\sinh y + \frac{x}{3\sqrt{1-y^2}}$, $z_y(1;0) = \frac{1}{3}$;

$\tan\vartheta = \frac{1}{\sqrt{3}}$, $\vartheta = 30°$.

18. $\tan\vartheta = 2x\cos\alpha + 2y\sin\alpha$, $0 = x\cos\alpha + y\sin\alpha \Rightarrow$

$\tan\alpha = -\frac{x}{y}$; $\tan\alpha\big|_{(-\sqrt{3},3)} = \frac{\sqrt{3}}{3} \Rightarrow \alpha = 30°$.

19. $\tan\vartheta = \frac{2}{x^2+y^2}(x\cos\alpha + y\sin\alpha)$, $0 = x\cos\alpha + y\sin\alpha$.

$\tan\alpha = -\frac{x}{y}$, $\tan\alpha\big|_{(1,1)} = -1 \Rightarrow \alpha = 135°$.

20. $z_x = (1 + \frac{y}{x})\mathrm{e}^{-\frac{y}{x}}$, $z_y = -\mathrm{e}^{-\frac{y}{x}}$, $z_{xy} = -\frac{y}{x^2}\mathrm{e}^{-\frac{y}{x}}$, $z_{yy} = \frac{1}{x}\mathrm{e}^{-\frac{y}{x}}$;

$(-x\frac{y}{x^2} + 2(1 + \frac{y}{x} - 1) - \frac{y}{x})\mathrm{e}^{-\frac{y}{x}} = 0$.

21. a) $\frac{\mathrm{d}z}{\mathrm{d}t} = 2x\cos(x^2 + y) \cdot 1 + \cos(x^2 + y) \cdot 2t = 4t\cos(2t^2)$.

b) $\frac{\mathrm{d}z}{\mathrm{d}t} = y(-\sin t) + x\cos t = -\sin^2 t + \cos^2 t = \cos 2t$.

c) $\frac{\partial z}{\partial x} = -\frac{y}{x^2+y^2}$, $\frac{\partial z}{\partial y} = \frac{x}{x^2+y^2}$, $\frac{\mathrm{d}x}{\mathrm{d}t} = 2\mathrm{e}^{2t}$, $\frac{\mathrm{d}y}{\mathrm{d}t} = 2\mathrm{e}^{2t}$,

$\frac{\mathrm{d}z}{\mathrm{d}t} = \frac{2\mathrm{e}^{2t}}{\mathrm{e}^{4t}+1} = \frac{2}{\mathrm{e}^{2t}+\mathrm{e}^{-2t}} = \frac{1}{\cosh 2t}$.

22. $\frac{\partial z}{\partial r} = y\cos\varphi + x\sin\varphi = 2r\sin\varphi\cos\varphi = r\sin 2\varphi$,

$\frac{\partial z}{\partial \varphi} = -yr\sin\varphi + xr\cos\varphi = r^2(-\sin^2\varphi + \cos^2\varphi) = r^2\cos 2\varphi$.

23. $\frac{\partial z}{\partial u} = \frac{1}{y}v \cdot \sinh u - \frac{x}{y^2}\sinh v = \frac{v}{u}\left(\frac{\sinh u}{\sinh v} - \frac{\cosh u}{u\sinh v}\right)$;

$\frac{\partial z}{\partial v} = \frac{1}{y} \cdot \cosh u - \frac{x}{y^2}u\cosh v = \frac{\cosh u}{u\sinh v}(1 - v\coth v)$.

24. $V = f(R, H) = \pi R^2 H$, $V = 72000\pi\,\mathrm{cm}^3$, $\overline{V} = 72507\pi\,\mathrm{cm}^3$,
$\Delta V = \overline{V} - V = 507{,}18\pi\,\mathrm{cm}^3 = 1593{,}353\,\mathrm{cm}^3$;
$\mathrm{d}V = \pi(2RH\mathrm{d}R + R^2\mathrm{d}H)\,\mathrm{cm}^3 = (2 \cdot 30 \cdot 80 \cdot 0{,}2 - 30^2 0{,}5)\,\mathrm{cm}^3$
$= 510\pi\,\mathrm{cm}^3 = 1602{,}212\,\mathrm{cm}^3$.

25. $|\mathrm{d}V| = \frac{4}{3}\pi(bc|\mathrm{d}a| + ac|\mathrm{d}b| + ab|\mathrm{d}c|) = \frac{42}{5}\pi \approx 26{,}39$;

$\frac{|\mathrm{d}V|}{V} = 0{,}07; (7\%)$.

26. $V = f(R, H) = \frac{1}{3}\pi R^2 H$, $\mathrm{d}V = \frac{\pi}{3}(2RH\mathrm{d}R + R^2\mathrm{d}H)$;

$|\mathrm{d}V| = 880\pi\,\mathrm{cm}^3 \approx 2764{,}60\,\mathrm{cm}^3$. $\frac{|\mathrm{d}V|}{V} = 0{,}0092; (0{,}9\%)$.

$F = f(R, H) = \pi R\sqrt{R^2 + H^2} + \pi R^2$,

$\mathrm{d}F = \pi\{(\sqrt{R^2 + H^2}+R^2(\sqrt{R^2 + H^2})^{-1}+2R)\mathrm{d}R+RH(\sqrt{R^2 + H^2})^{-1}\mathrm{d}H\}$;

$|\mathrm{d}F| = 60{,}4\pi\,\mathrm{cm}^2 \approx 191\,\mathrm{cm}^2$. $\frac{|\mathrm{d}F|}{F} = 0{,}006; (0{,}6\%)$.

27. $H = f(s, \alpha) = s \cdot \tan \alpha;\, dH = \tan \alpha \, ds + \frac{s}{\cos^2 \alpha} d\alpha.$

$|dH| = 1{,}677\text{m};\, \frac{|dH|}{H} = 0{,}0139;\, H = 120{,}87 \pm 1{,}68\text{m}.$

28. $F_x = -y \sin x + \frac{1}{y},\, F_y = \cos x - \frac{x}{y^2};$

$y' = -\frac{F_x}{F_y} = \frac{y^3 \sin x - y}{y^2 \cos x - x};\, y'(0, 3) = -\frac{1}{3}.\, t: \, y = -\frac{1}{3}x + 3.$

29. $y = 0 \Rightarrow x^2 + 2x - 3 = 0;\, x_1 = 1, x_2 = -3$

$y' = -\frac{F_x}{F_y} = -\frac{2x - 3y + 2}{-3x - 8y + 1}$

$y'(1; 0) = 2;\, t_1 : y = 2(x - 1);$

$y'(-3; 0) = 0{,}4;\, t_2 : y = \frac{2}{5}(x + 3).$

30. $F_x = 2x + 2 = 0,\, x = -1 \Rightarrow y^2 - 2y - 3 = 0,\, y_1 = 3, y_2 = -1$

$t \parallel x\text{-Achse}: P_1(-1; 3)$ und $P_2(-1; -1);\, t_1 : y = 3,\, t_2 : y = -1.$

$F_y = 2y - 2 = 0,\, y = 1 \rightarrow x^2 + 2x - 3 = 0,\, x_3 = -3,\, x_4 = 1$

$t \parallel y\text{-Achse}: P_3(-3; 1)$ und $P_4(1; 1)\, t_3 : x = -3,\, t_4 : x = 1.$

31. $x = 0,\, y^3 = -1,\, y = -1.\, y = 0,\, x^2 = 1,\, x = -1,\, x = 1.$

$y' = -\frac{y e^{xy} - 2x}{x e^{xy} + 3y^2},\, y'(0, -1) = \frac{1}{3};\, t_1 : \, y = \frac{1}{3}x - 1.$

$y'(-1; 0) = 2,\, t_2 : y = 2(x + 1).\, y'(1; 0) = 2,\, t_3 = 2(x - 1).$

32. Beachte: $\sinh x = \frac{1}{2}e^x - \frac{1}{2}e^{-x} \Rightarrow \ln y + y - \frac{1}{2}e^{-x} = 0,$

$y_0 = 1 \Rightarrow e^{-x} = 2,\, x_0 = -\ln 2.$

$y' = -\frac{y e^{-x}}{2(1 + y)};\, y'(-\ln 2; 1) = -\frac{1}{2}.$

33. $x_0 = 1 \Rightarrow y_0 = e^2.$

a) $F_x = -\frac{1}{x},\, F_y = \frac{1}{2y};\, y' = \frac{2y}{x};\, y'(1; e^2) = 2e^2.$

b) $y = e^{2(1 + \ln x)} = e^2 x^2;\, y' = 2e^2 x,\, y'(1; e^2) = 2e^2.$

34. $F_x = 3x^2 - 6x = 0$, $x_1 = 2$, $y_1 = \sqrt[3]{4}$; $y' = -\frac{x(x-2)}{y^2}$.

$y = 0 \Rightarrow x^3 - 3x^2 = 0$, $x_s = 3$, $y'(3;0) = \infty$, $\tau_s = 90°$.

35. $z = 3:\ x^2 + y^2 = 8$, $\qquad S_1(-2;2;3)$, $S_2(2;-2;3)$.
$\qquad\qquad\quad x + y = 0$.

$y' = -\frac{x}{y}$; $y'(S_1) = 1$; $y'(S_2) = 1$.

$y' = -1$; $y'(S_1) = -1$; $y'(S_2) = -1$.

Schnittwinkel in S_1 und S_2: $\tau_1 = \tau_2 = 90°$.

36. $z_x = \frac{x+y}{x^2+y^2}$, $z_y = \frac{y-x}{x^2+y^2}$, $z_y = 0 \Rightarrow y = x$.

$\frac{1}{2}\ln 2x^2 = \frac{\pi}{4}$, $(x_1,y_1) = \left(\frac{\sqrt{2}}{2}e^{\frac{\pi}{4}}, \frac{\sqrt{2}}{2}e^{\frac{\pi}{4}}\right)$; $(x_2,y_2) = \left(-\frac{\sqrt{2}}{2}e^{\frac{\pi}{4}}, -\frac{\sqrt{2}}{2}e^{\frac{\pi}{4}}\right)$.

37. $S_1(1;-\frac{1}{2},2\sqrt{2})$; $T_1 : 2x - 4y + \sqrt{2}z - 8 = 0$.

$S_2(1;-\frac{1}{2},-2\sqrt{2})$; $T_2 : 2x - 4y - \sqrt{2}z - 8 = 0$.

$g_s : \vec{x} = (0;-2;0)^T + t(1;\frac{1}{2},0)^T . \tau_s = 35,09°$.

38. a) $y' = -\frac{2x+4y}{4x+12y+6}$; $y' = 0 \Rightarrow y = -\frac{x}{2}$,

$\qquad (x_1,y_1) = (-2;1)$, $\frac{F_{xx}}{F_y}\big|_{(-2;1)} = \frac{1}{5} > 0$,   lok. Maximum.

$\qquad (x_2,y_2) = (8;-4)$, $\frac{F_{xx}}{F_y}\big|_{(8,-4)} = -\frac{1}{5} < 0$, lok. Minimum.

b) $y' = -\frac{3x+y+1}{x-y}$; $y' = 0 \Rightarrow y = -3x - 1$,

$\qquad (x_1,y_1) = \left(-\frac{3}{2};\frac{7}{2}\right)$, $\frac{F_{xx}}{F_y}\big|_{(x_1,y_1)} = -\frac{3}{5} < 0$, lok. Minimum.

$\qquad (x_2,y_2) = (1;-4)$, $\frac{F_{xx}}{F_y}\big|_{(x_2,y_2)} = \frac{3}{5} > 0$,   lok. Maximum.

c) $y' = -\frac{x-1}{e^y+1}$, $(x_0,y_0) = (1,0)$; $\frac{F_{xx}}{F_y} = \frac{1}{2} > 0$, lok. Maximum.

39. a)　$z = x^2 - y^2 + \sin x \cos y - 1, \qquad z\left(\frac{\pi}{2}; 0\right) = \frac{\pi^2}{4};$

$\qquad z_x = 2x + \cos x \cos y, \qquad\qquad z_x\left(\frac{\pi}{2}; 0\right) = \pi;$

$\qquad z_y = -2y - \sin x \sin y, \qquad\quad z_y\left(\frac{\pi}{2}; 0\right) = 0;$

$\qquad z_{xx} = 2 - \sin x \cos y, \qquad\qquad z_{xx}\left(\frac{\pi}{2}; 0\right) = 1;$

$\qquad z_{xy} = -\cos x \sin y, \qquad\qquad z_{xy}\left(\frac{\pi}{2}; 0\right) = 0;$

$\qquad z_{yy} = -2 - \sin x \cos y, \qquad\quad z_{yy}\left(\frac{\pi}{2}; 0\right) = -3;$

$\qquad z_{xxx} = z_{xyy} = -\cos x \cos y, \qquad z_{xxx}\left(\frac{\pi}{2}; 0\right) = z_{xyy}\left(\frac{\pi}{2}; 0\right) = 0;$

$\qquad z_{xxy} = z_{yyy} = \sin x \sin y; \qquad\quad z_{xxy}\left(\frac{\pi}{2}; 0\right) = z_{yyy}\left(\frac{\pi}{2}; 0\right) = 0.$

$z\left(\frac{\pi}{2} + h; k\right) = \frac{\pi^2}{4} + \pi h + \frac{1}{2}h^2 - \frac{3}{2}k^2 + R_3.$

b)　$z\left(h; \frac{\pi}{2} + k\right) = -\frac{\pi}{2} + h - k + h^2 - \frac{1}{2}hk^2 + R^3.$

c)　$z\left(\frac{\pi}{6} + h; 2 + k\right) = 1 + \sqrt{3}h + \frac{1}{2}k - \frac{1}{2}h^2 + \frac{\sqrt{3}}{2}hk - \frac{\sqrt{3}}{6}h^3 - \frac{1}{4}h^2 k + R^3.$

40. a)　$z(h, k) = 1 + 2k + \frac{1}{2}(h^2 + 2hk + k^2) + \frac{1}{3}(3h^2 k + k^3) + R^3;$

b)　$z(0, 1; 0, 2) \approx 1,450.$

41. a)　$z_x = 4x^3 - 4y,\ z_y = -4x + 4y;\ z_{xx} = 12x^2;\ z_{xy} = -4,\ z_{yy} = 4;$

$\qquad z_y = 0 \Rightarrow y = x;\ z_y = 0 \Rightarrow x^3 - y = 0$ bzw. $x(x^2 - 1) = 0;$

$\qquad$ stationäre Stellen $(x_0; y_0):\ (x_1, y_1) = (0; 0);\ (x_2, y_2) = (-1; -1);$
$\qquad (x_3; y_3) = (1; 1).$

$\qquad D(x, y) = z_{xx} \cdot z_{yy} - z_{xy}^2 = 16(3x^2 - 1);$

$\qquad D(x_1, y_1) = -16 < 0,$ kein Extremwert, sondern Sattelpunkt.

$\qquad D(x_2, y_2) = 32 > 0,$ Extremwert; $z_{yy} = 4 > 0 \Rightarrow$ lok. Minimum.

$\qquad D(x_3, y_3 = 32 > 0,$ Extremwert; $z_{yy} = 4 > 0 \Rightarrow$ lok. Minimum.

$\qquad$ Es existieren zwei lokale Minima: $P_2(-1; -1; -1)$ und $P_3(1; 1; -1).$

b)　stationäre Stellen: $(x_1, y_1) = (0; 0)$ und $(x_2, y_2) = (3; 3);$

$\qquad D(x_1, y_1) = -81 < 0,$ kein Extremwert;

$\qquad D(x_2, y_2) = 243 > 0,$ lok. Extremwert; lok. Minimum: $(3; 3; -2).$

c) stationäre Stellen: $(x_1, y_1) = (-2; -1); (x_2, y_2) = (2; 1);$

$$(x_3, y_3) = (-1; -2); (x_4, y_4) = (1; 2).$$

$D(x_1, y_1) = 108 > 0, z_{xx}(x_1, y_1) = -12 < 0,$ lok. Maximum $(-2; -1; 28);$

$D(x_2, y_2) = 108 > 0, z_{xx}(x_2, y_2) = 12 > 0,$ lok. Minimum $(2; 1; -28).$

d) lok. Maximum: $(0; 0; 5);$

Sattelpunkte: $(x_2, y_2) = (3; 9)$ und $(x_3, y_3) = (-1; 1).$

e) lokales Minimum: $(\frac{2}{3}; 6; -180);$

lokales Minimum: $(\frac{2}{3}; -2; -\frac{28}{3});$

Sattelpunkt: $(\frac{2}{3}; 0, -0).$

f) lokales Maximum: $(-2; \frac{5}{2}; -\frac{20}{3});$

Sattelpunkt: $(4; \frac{5}{2}; -\frac{128}{3}).$

g) lokales Minimum: $(1; 2; 1);$

lokales Minimum: $(-\frac{1}{2}; 2, 4 + 4\ln 2).$

h) lokales Maximum: $(4; 4; 12).$

i) $x^2 y^2 (18 - 4x - 3y) = 0$

$x^3 y (12 - 2x - 3y) = 0$

lokales Maximum: $(3; 2; 108).$

j) lokales Minimum: $(1; 2; -2 - 2\ln 2).$

k) lokales Minimum: $(0; 0; 1).$

l) lokales Minimum: $(2; \frac{1}{4}; 3 + \ln 2).$

42. lokales Minimum: $(1 : -\frac{1}{2}; \lambda - \frac{1}{3})$

Für $\lambda = \frac{1}{3}$ wird die x, y-Ebene an der Stelle $(1; -\frac{1}{2})$ berührt.

43. $A = 2xy + 3xz + 4yx + 6z^2; \; V = xyz \Rightarrow z = \frac{V}{xy};$

$A = f(x, y) = 2xy + \frac{3V}{y} + \frac{4V}{x} + \frac{6V^2}{x^2 y^2},$

$A_x = 2y - \frac{4V}{x^2} - \frac{12V^2}{x^3 y^2}; \; 2x^3 y^3 - 4Vxy^2 - 12V^2 = 0,$

$A_y = 2x - \frac{3V}{y^2} - \frac{12V^2}{x^2 y^3}, \; 2x^3 y^3 - 3Vx^2 y - 12V^2 = 0.$

$y = \frac{3}{4}x$. Für $V = \frac{3}{2} \Rightarrow \frac{27}{32}x^6 - \frac{27}{8}x^3 - 27 = 0$

$x_0 = 2; y_0 = \frac{3}{2} : z_0 = \frac{1}{2}; D(2; \frac{3}{2}) > 0$, lok. Minimum.

44. $A = \pi a^2 + 2\pi a l + \pi a \sqrt{a^2 + h^2}$,

$V = \pi a^2 l + \frac{1}{3}\pi a^2 h \Rightarrow l = \frac{V}{\pi a^2} - \frac{1}{3}h$;

$A = f(a, h) = \pi a^2 + \frac{2V}{a} - \frac{2}{3}\pi a h + \pi a \sqrt{a^2 + h^2}$.

$\frac{\partial A}{\partial a} = 2\pi a - \frac{2V}{a^2} - \frac{2}{3}\pi h + \pi\sqrt{a^2 + h^2} + \frac{\pi a^2}{\sqrt{a^2+h^2}}$,

$\frac{\partial A}{\partial h} = -\frac{2}{3}\pi a + \frac{\pi a h}{\sqrt{a^2+h^2}}; \frac{\partial A}{\partial h} = 0 \Rightarrow h = \frac{2}{\sqrt{5}}a$.

Minimaler Materialverbrauch für:

$a = 0,57 \cdot \sqrt[3]{V}, \ h = 0,51\sqrt[3]{V}, \ l = 0,81\sqrt[3]{V}$.

6 Integralrechnung für Funktionen mehrerer Variabler

6.1 Parameterintegral

Schwerpunkte: Parameterintegrale mit variablen und uneigentlichen Grenzen, Differentiation von Parameterintegralen

$I = \{x | a \leq x \leq b\}$; $B = \{(x,y) | x \in I, \ \varphi(x) \leq y \leq \psi(x)\}$; $f(x,y)$ stetig auf B

Parameterintegral:
$$F(x) = \int_{y=\varphi(x)}^{\psi(x)} f(x,y) \, \mathrm{d}y$$

$\psi(x) \to \infty$, $B = \{(x,y) | x \in I, \ y \geq c\}$, $f(x,y)$ stetig auf B

uneigentliches Parameterintegral:
$$F(x) = \int_{y=c}^{\infty} f(x,y) \, \mathrm{d}y$$

Differentiation:

Voraussetzung: $\varphi(x), \psi(x)$ differenzierbar auf I

$f(x,y)$ nach x stetig partiell ableitbar auf B

$$F'(x) = \frac{\mathrm{d}}{\mathrm{d}x} \int_{y=\varphi(x)}^{\psi(x)} f(x,y) \, \mathrm{d}y =$$
$$= \int_{y=f(x)}^{\psi(x)} f_x(x,y) \, \mathrm{d}y + f[\psi(x),y]\psi'(x) - f[\varphi(x),y]\varphi'(x)$$

Spezialfall: $\varphi(x) = c, \ \psi(x) = d$ konstant

$$F'(x) = \frac{\mathrm{d}}{\mathrm{d}x} \int_{y=c}^{d} f(x,y) \, \mathrm{d}y = \int_{y=c}^{d} f_x(x,y) \, \mathrm{d}y$$

Voraussetzung:　$f(x,y)$　und　$f_x(x,y)$　stetig auf B

$$\int\limits_{y=c}^{\infty} f(x,y)\,\mathrm{d}y \quad \text{existiere für alle } x \in I$$

$$\int\limits_{y=c}^{\infty} f(x,y)\,\mathrm{d}y \quad \text{konvergiere gleichmäßig auf } I$$

$$\boxed{F'(x) = \frac{\mathrm{d}}{\mathrm{d}x} \int\limits_{y=c}^{\infty} f(x,y)\,\mathrm{d}y = \int\limits_{y=c}^{\infty} f_x(x,y)\,\mathrm{d}y}$$

Integration:

Voraussetzung:　$F(x)$　stetig auf $[a,b]$

$$\boxed{\int\limits_{x=a}^{b} F(x)\,\mathrm{d}x = \int\limits_{x=a}^{b} \left\{ \int\limits_{y=c}^{d} f(x,y)\,\mathrm{d}y \right\} \mathrm{d}x = \int\limits_{y=c}^{d} \left\{ \int\limits_{x=a}^{b} f(x,y)\,\mathrm{d}x \right\} \mathrm{d}y}$$

Fragen zu 6.1

1. Was stellt ein Parameterintegral $F(x) = \int\limits_{y=\varphi(x)}^{\psi(x)} f(x,y)\,\mathrm{d}y$ dar, und wie behandelt man den Parameter x bei der Berechnung des Parameterintegrals?

2. Wann ist die durch ein Parameterintegral dargestellte Funktion $F(x)$ auf einem Intervall $[a,b]$ stetig ?

3. Unter welchen Voraussetzungen ist die durch ein Parameterintegral dargestellte Funktion $F(x)$ differenzierbar ?

4. Unter welchen Bedingungen darf bei der Integration eines Parameterintegrals die Integrationsreihenfolge vertauscht werden? Ergänzen Sie

$$\int\limits_{x=0}^{b} F(x)\,\mathrm{d}x = \int\limits_{x=a}^{b} \left\{ \int\limits_{y=\varphi(x)}^{\psi(x)} f(x,y)\,\mathrm{d}y \right\} \mathrm{d}x = ?$$

5. Wie lautet die Verallgemeinerung der Ableitungsformel für die partielle Ableitung nach x, wenn das Parameterintegral die folgende Form hat:

$$F(x,y) = \int\limits_{t=\varphi(x,y)}^{\psi(x,y)} f(x,y,t)\,\mathrm{d}t\,.$$

6. Unter welcher Voraussetzung kann ein uneigentliches Parameterintegral der Form

$$F(x) = \int\limits_{y=-\infty}^{d} f(x,y)\,\mathrm{d}y$$

abgeleitet werden, und welche Gestalt nimmt die Formel für die Ableitung an ?

Aufgaben zu 6.1

1. Von folgenden Funktionen ist die 1. Ableitung zu bilden:

a) $\displaystyle F(x) = \int\limits_{t=x}^{x^2} \frac{\cosh xt}{t}\,\mathrm{d}t \quad x \neq 0$

b) $\displaystyle F(\alpha) = \int\limits_{y=0}^{\frac{\alpha}{2}} \arctan \alpha y\,\mathrm{d}y \quad \text{für } 0 < \alpha < \sqrt{\pi}$

c) $\displaystyle h(t) = \int\limits_{y=t}^{2t} \sin(ty)\,\mathrm{d}y \qquad \text{für } t > 0$

d) $\displaystyle F(x) = \int\limits_{y=1}^{1+x^2} \frac{1}{y}\,e^{\sin xy}\,\mathrm{d}y$

e) $\displaystyle h(t) = \int\limits_{x=a}^{b} \frac{e^{tx}}{x}\,\mathrm{d}x \qquad \text{für } t \neq 0$

2. Bilden Sie die 2. Ableitung von

a) $\displaystyle F(x) = \int\limits_{y=1}^{2} \frac{\sinh xy}{y^2}\,\mathrm{d}y$

b) $\displaystyle F(x) = \int\limits_{t=1}^{x} \frac{e^{xt}}{t^2}\,\mathrm{d}t$

3. Berechnen Sie den Anstieg der Funktion

$$\text{a)} \quad F(x) = \int\limits_{t=3x}^{5x} e^{-t^2}\, dt \qquad \text{an der Stelle } x = 0$$

$$\text{b)} \quad F(x) = \int\limits_{t=-\infty}^{5x} e^{-t^2}\, dt \qquad \text{an der Stelle } x = 0$$

$$\text{c)} \quad F(x) = \int\limits_{t=\frac{e}{2}}^{x} \ln(x \cdot \ln t)\, dt \quad \text{für } x > 1 \text{ an der Stelle } x = e$$

4. Berechnen Sie die 1. Ableitung von

$$F(x) = \int\limits_{y=x}^{\infty} \frac{1}{y}\, e^{-xy^2}\, dy \quad (x > 0, y \neq 0)$$

5. Welche Funktion wird durch $\int\limits_{t=0}^{\infty} e^{-t} \cos tx\, dt$ dargestellt ?
Berechnen Sie den Anstieg an der Stelle $x_0 = 1$.

6. Welchen Wert hat das Integral über

$$F(x) = \int\limits_{t=0}^{\frac{\pi}{2}} t\, \sin tx\, dt$$

zwischen $x_1 = 1$ und $x_2 = 2$?

7. Zeigen Sie, daß die Funktion

$$y = f(x) = \int\limits_{t=0}^{x} \sqrt{x - t}\, e^{-at} dt$$

eine Lösung der Differentialgleichung $y' + ay = \sqrt{x}$ ist.

8. Zeigen Sie, daß

$$x(t) = \frac{1}{k} \int\limits_{y=0}^{t} f(y) \sin k(t - y)\, dy$$

die Schwingungsdifferentialgleichung $\ddot{x} + k^2 x = f(t)$ erfüllt.

6.2 Integrale über ebene Bereiche

Schwerpunkte: Inhaltsberechnungen, Masse, Schwerpunktkoordinaten, statische Momente und Trägheitsmomente in kartesischen Koordinaten und Polarkoordinaten

Bereichsintegral:
$$I = \iint_B f(x,y)\ db = \begin{cases} \displaystyle\int_{x=a}^{b}\int_{y=g_1(x)}^{g_2(x)} f(x,y)\ dy\ dx \\[2ex] \displaystyle\int_{y=c}^{d}\int_{x=h_1(y)}^{h_2(y)} f(x,y)\ dx\ dy \end{cases}$$

$B = \{(x,y)\,|\,a \le x \le b, g_1(x) \le y \le g_2(x)\}$ Normalbereich bzgl. der x-Achse

$B = \{(x,y)\,|\,c \le y \le d, h_1(y) \le x \le h_2(y)\}$ Normalbereich bzgl. der y-Achse

$f(x,y)$ stetig auf B

$$\iint_{B_1} f(x,y)\ db + \iint_{B_2} f(x,y)\ db = \int_{B_1 \cup B_2} f(x,y)\ db$$

falls B_1 und B_2 keine inneren Punkte gemeinsam haben .

$$\iint_B cf_1(x,y)\ db + \iint_B cf_2(x,y)\ db = c \iint_B \{f_1(x,y) + f_2(x,y)\}\ db$$

Koordinatensystem	Flächenelement Funktionaldet.	Bereichsintegral als Doppelintegral
kartesische Koord.: x, y	$db = dx\,dy$	$I = \iint\limits_{x\,y} f(x,y)\ dy\,dx$
krummlinige Koord.: u, v	$db = \left\lvert\dfrac{\partial(x,y)}{\partial(u,v)}\right\rvert du\,dv$	$I = \iint\limits_{u\,v} \overline{f}(u,v)\left\lvert\dfrac{\partial(x,y)}{\partial(u,v)}\right\rvert v\,du$
$x = x(u,v), y = y(u,v)$	$\dfrac{\partial(x,y)}{\partial(u,v)} \ne 0$	$\overline{f}(u,v) = f[x(u,v), y(u,v)]$
Polarkoordinaten: r, φ	$db = r\ dr\,d\varphi$	$I = \iint\limits_{r\,\varphi} \overline{f}(r,\varphi)r\ d\varphi\,dr$
$x = r\cos\varphi; y = r\sin\varphi$ mit $r \ge 0$	$\dfrac{\partial(x,y)}{\partial(r,\varphi)} = r$	$\overline{f}(r,\varphi) = f[r\cos\varphi, r\sin\varphi]$
elliptische Koord.: r, φ	$db = abr\ dr\,d\varphi$	$I = \iint\limits_{r\,\varphi} \overline{f}(r,\varphi)\ abr\ d\varphi\,dr$
$x = ar\cos\varphi; y = br\sin\varphi$ mit $0 \le r \le 1$	$\dfrac{\partial(x,y)}{\partial(r,\varphi)} = abr$	$\overline{f}(r,\varphi) = f[ar\cos\varphi, br\sin\varphi]$

Anwendungen:

Flächeninhalt von B $(f(x,y) \equiv 1)$: $\qquad A = \iint\limits_{B} \mathrm{d}b$

Volumen eines Körpers über B
von der x,y − Ebene bis $z = f(x,y)$: $\qquad V = \iint\limits_{B} f(x,y)\,\mathrm{d}b$

Masse von B $(\rho = \rho(x,y)$ Flächendichte$)$: $\qquad m = \iint\limits_{B} \rho\,\mathrm{d}b$

x-Koordinate des Massenschwerpunktes: $\qquad x_s = \frac{1}{m} \iint\limits_{B} x\rho\,\mathrm{d}b$

x-Koordinate des geometrischen Schwerpunktes: $\quad x_s = \frac{1}{A} \iint\limits_{B} x\,\mathrm{d}b$

statisches Moment bzgl. der x-Achse: $\qquad M_x = \iint\limits_{B} y\rho\,\mathrm{d}b$

axiales Trägheitsmoment bzgl. der x-Achse: $\qquad J_x = \iint\limits_{B} y^2\rho\,\mathrm{d}b$

polares Trägheitsmoment bzgl. der x-Achse: $\qquad J_p = \iint\limits_{B}(x^2 + y^2)\rho\,\mathrm{d}b$

Fragen zu 6.2

7. Was bedeutet die Gleichung $x = a$ im $\mathbf{R}^1$, $\mathbf{R}^2$ und $\mathbf{R}^3$?

8. Was bedeutet die Ungleichung $y \geq c$ im $\mathbf{R}^2$ geometrisch ?

9. Ein Normalbereich bzgl. der x-Achse sei durch

   $$B = \{(x,y) | 0 \leq x \leq 4,\ 0 \leq y \leq \frac{x}{2}\} \text{ gegeben .}$$

   Wie stellt sich B als Normalbereich bzgl. der y-Achse dar ?

10. Wann ist es günstig, einen ebenen Bereich als Normalbereich bzgl. der y-Achse aufzufassen ?

11. Durch welche Spezialisierung ist es möglich, bei der Berechnung des Flächeninhalts eines ebenen Bereiches anstelle eines Doppelintegrals ein einfaches Integral zu verwenden ?

12. Welche Schritte muß man bei der Transformation eines Bereichsintegrals auf krummlinige Koordinaten ausführen ?

13. Was bedeuten in Polarkoordinaten die Gleichungen $r = a, \varphi = \frac{\pi}{6}$ und die Ungleichung $r \leq a$?

14. Wie lautet die Formel für das statische Moment bzgl. der y-Achse ?

15. Bei welcher der Integration eines Doppelintegrals dürfen die Grenzen von einer der Integrationsvariablen abhängen ?

Aufgaben zu 6.2

9. Ein Normalbereich bzgl. der x-Achse sei gegeben durch

$$B = \{(x,y)|0 \leq x \leq 2;\ \tfrac{1}{2}x \leq y \leq 3x\}$$

Skizzieren Sie diesen Bereich, und stellen Sie ihn als Normalbereich bzgl. der y-Achse dar.

10. Ein Normalbereich bzgl. der y-Achse sei gegeben durch

$$B = \{(x,y)|0 \leq y \leq \ln 2;\ e^y \leq x \leq 2\}$$

Skizzieren Sie diesen Bereich, und stellen Sie ihn als Normalbereich bzgl. der x-Achse dar.

11. Beschreiben Sie B (Abb. 6.1) analytisch als Normalbereich bzgl. der x- und y-Achse.

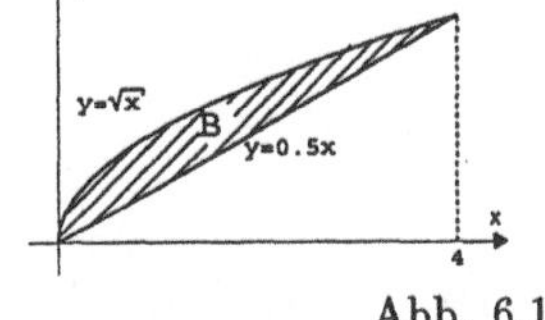

Abb. 6.1

12. Für den in der Abb. 6.2 gegebenen Kreis ist die Gleichung anzugeben. Der eingeschlossene Bereich ist in kartesischen Koordinaten und in Polarkoordinaten durch zweiseitige Ungleichungen zu beschreiben.

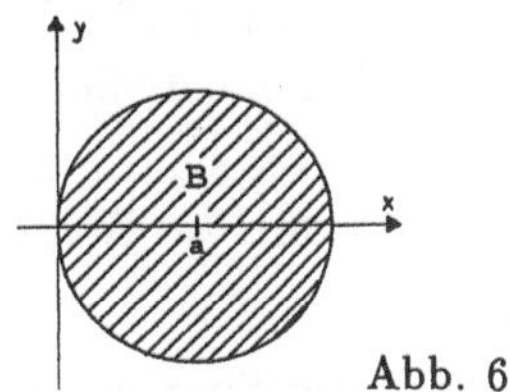

Abb. 6.2

13. Skizzieren Sie den durch die Ungleichungen $x^2 + y^2 \leq 4$, $y \geq 1$ gegebenen Bereich und beschreiben Sie diesen durch zweiseitige Ungleichungen in kartesischen Koordinaten und in Polarkoordinaten.

14. Durch $x^2 + (y-a)^2 \leq a^2$ sei ein ebener Bereich beschrieben. Skizzieren Sie diesen Bereich, und beschreiben Sie ihn mittels Polarkoordinaten.

15. Skizzieren Sie folgende Bereiche, und beschreiben Sie diese mittels Polarkoordinaten:
   a) $B = \{(x,y)|1 \leq x^2 + y^2 \leq 9;\ -x \leq y \leq -\sqrt{3}x\}$
   b) $B = \{(x,y)|x^2 + y^2 \leq 4a^2;\ x \geq a\}$
   c) $B = \{(x,y)|(x+a)^2 + y^2 \leq a^2, x \leq -a, y \geq 0\}$

16. Ein ebener Bereich werde zwischen $0 \leq x \leq \frac{\pi}{2}$ begrenzt von der x-Achse sowie den Kurven $y = \sin x$ und $y = \cos x$. Skizzieren Sie den Bereich, und setzen Sie das Doppelintegral mit einer Belegungsfunktion $f(x,y)$ für die Normalbereiche bzgl. beider Achsen an.

17. Von einem Kreis mit dem Mittelpunkt $(0,0)$ und dem Radius R wird ein
ebener Bereich begrenzt. $f(x,y)$ sei eine auf B stetige Funktion.
Setzen Sie das Bereichsintegral über B mit der Belegungsfunktion $f(x,y)$
an, und verwandeln Sie es in ein Doppelintegral

a) für kartesische Koordinaten

b) für Polarkoordinaten.

18. B sei der in der Abb. 6.3 gegebene Kreissektor.
Auf B sei eine stetige Funktion $f(x,y)$ definiert.
Setzen Sie das Doppelintegral in kartesischen
Koordinaten und in Polarkoordinaten an.

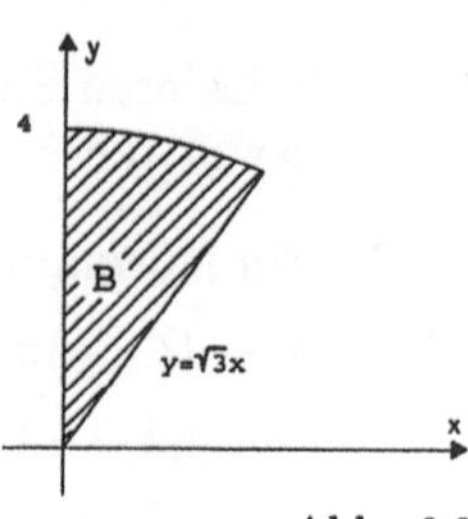

Abb. 6.3

19. Es sei B der in Abb. 6.4 angegebene Bereich.

a) Setzen Sie das Doppelintegral über B für
eine stetige Belegungsfunktion $f(x,y)$ an.

b) Berechnen Sie den Wert des Bereichsintegrals
für die Belegungsfunktion $f(x,y) = \frac{x}{y}$.

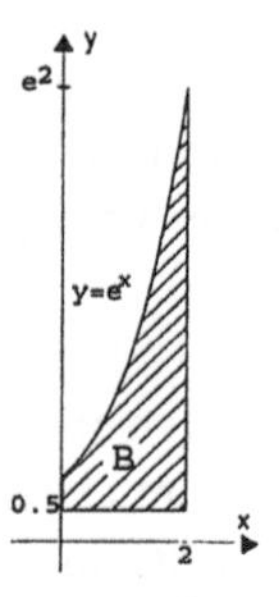

Abb. 6.4

20. Berechnen Sie den Wert des Bereichsintegrals über

$$B = \{(x,y)|x \le 0, y \ge -x, x^2 + y^2 \le a^2\}$$

und der Belegungsfunktion $f(x,y) = y$.

21. Berechnen Sie den Flächeninhalt des in
der Abb. 6.5 angegebenen Kreisringsektors mit Hilfe
eines Doppelintegrals.

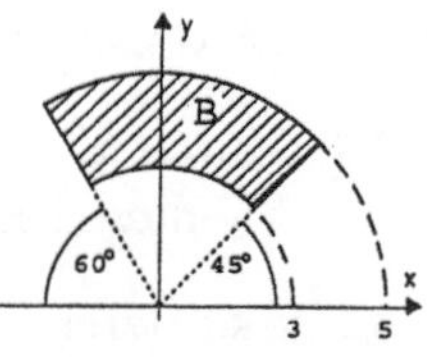

Abb. 6.5

22. Welches Volumen hat ein Körper, der von den Ebenen $x = 1, y = 0$
$y = x, z = 0$ sowie der Fläche $z = \mathrm{e}^{-x^2}$ begrenzt wird ?

23. Ein Hohlzylinder mit dem inneren Radius R_1 und dem äußeren Radius
R_2 steht auf der x,y-Ebene senkrecht. (Zylinderachse gleich z-Achse).
Wie groß ist sein Volumen, wenn er oben durch die Fläche $z = \frac{4}{x^2+y^2}$
abgeschlossen wird ?

24. Ein Körper wird begrenzt von den Flächen $x = 0, y = 2 - \frac{1}{2}x$,
$y = \frac{1}{4}x^2 (x \geq 0)$, der x,y-Ebene und der Fläche $z = x + 2y$.
Wie groß ist sein Volumen ?

25. Der in Abb. 6.6 gegebene Bereich B ist die
Projektion eines auf der x,y-Ebene
senkrecht stehenden Körpers. Wie groß ist sein
Volumen, wenn er oben durch die Fläche
$z = xy$ abgeschlossen wird ?

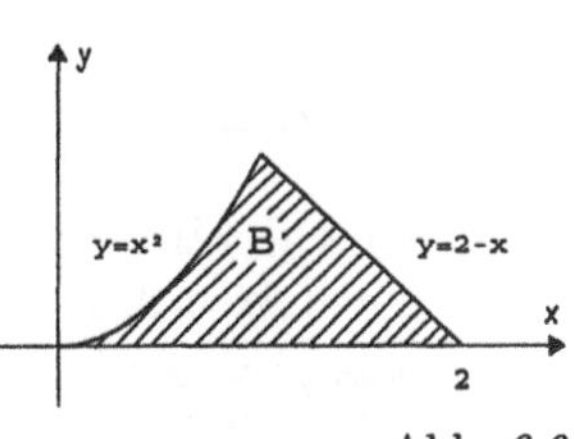

Abb. 6.6

26. Ein Halbzylinder mit dem Radius $R = 3$, dessen Achse mit der z-Achse
zusammenfällt, wird seitlich von der y,z-Ebene, unten durch die x,y-
Ebene und oben durch die Fläche $f(x,y) = xy^2$ begrenzt.
Wie groß ist das eingeschlossene Volumen ?
Ist die Lösung eindeutig bestimmbar ?

27. Wie groß ist das Volumen des Körpers, der von folgenden
Flächen begrenzt wird:
a) Für $x \geq 0 : y = 0, y = x, x^2 + y^2 = 4, z = 0, z = \frac{xy}{x^2+y^2}$.
b) $x^2 + y^2 = 1, z = 0, z = 5\sqrt{x^2 + y^2}$.

28. Wie groß ist die Masse des in Abb. 6.7 gegebenen
ebenen Bereichs B, mit der
Dichtebelegung $\rho(x,y) = \frac{4xy}{x^2+y^2}$?

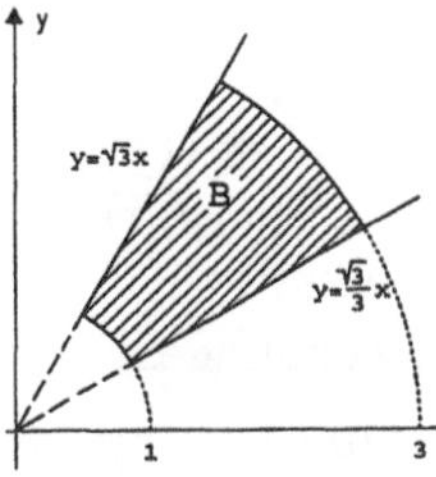

Abb. 6.7

29. Ein ebener Bereich B sei der 12. Teil eines Kreisrings mit den Radius
$R_1 = 1$ und $R_2 = \sqrt{3}$. Er liegt im 1. Quadranten und hat die x-Achse als
Begrenzung.
Skizzieren Sie diesen Bereich und berechnen Sie die Masse für den Fall,
daß er mit der Dichte $\rho(x,y) = \dfrac{4x}{(x^2 + y^2)(1 + x^2 + y^2)}$ belegt ist.

30. a) Gegeben sei ein ebener Bereich B durch $x^2 + y^2 \leq R^2, x \geq 0$.
Welche Koordinaten hat der geometrische Schwerpunkt ?

b) Welche Koordinaten hat der geometrische Schwerpunkt der Viertelellipse $\frac{x^2}{a^2} + \frac{y^2}{b^2} \leq 1, x \geq 0, y \geq 0$?

31. Bestimmen Sie die Koordinaten des geometrischen Schwerpunktes von B
für $B = \{(x,y) | a \leq x \leq a + 1, 0 \leq y \leq e^{-x}\}$.

32. Berechnen Sie das axiale Trägheitsmoment des ebenen Bereichs B bezüglich der Koordinatenachsen, wenn

a) $B = \{(x,y)| - R \le x \le R, 0 \le y \le \sqrt{R^2 - x^2}\}$

b) $B = \{(x,y)| - 1 \le x \le 1;\ e^x \le y \le e\}$

33. Welche Masse hat ein ebener Bereich, der von den Geraden
$x = 1, y = 0, y = x$ berandet wird und mit der Flächendichte
$\rho(x,y) = e^{-x^2}$ belegt ist ?
Wie groß ist die Masse, wenn der Bereich bzgl. x unbegrenzt ist $(x \to \infty)$?

6.3 Integrale über räumliche Bereiche

Schwerpunkte: Volumen, Masse, Schwerpunktkoordinaten, Trägheitsmomente in kartesischen Koordinaten, Zylinder- und
Kugelkoordinaten

Raumintegral:
$$I = \iiint\limits_{T} f(x,y,z)\,\mathrm{d}\tau = \int\limits_{x}\{\int\limits_{y}(\int\limits_{z} f(x,y,z)\,\mathrm{d}z)\,\mathrm{d}y\}\,\mathrm{d}x$$

$$T = \{(x,y,z)|a \le x \le b,\ g_1(x) \le y \le g_2(x),\ h_1(x,y) \le z \le h_2(x,y)\}$$
$$f(x,y,z)\quad \text{stetig auf } T$$

Anwendungen:

Volumen $\quad (f(x,y,z) \equiv 1):\qquad\qquad\qquad\qquad V = \iiint\limits_{T} \mathrm{d}\tau$

Masse $\quad (\rho = \rho(x,y,z)\ \text{Raumdichte}):\qquad m = \iiint\limits_{T} \rho(x,y,z)\,\mathrm{d}\tau$

x-Koordinate des Massenschwerpunktes: $\qquad\qquad x_s = \frac{1}{m}\iiint\limits_{T} x\rho\,\mathrm{d}\tau$

x-Koordinate des geometrischen Schwerpunktes: $\qquad x_s = \frac{1}{V}\iiint\limits_{T} x\,\mathrm{d}\tau$

statisches Moment bzgl. der x,y-Ebene: $\qquad\qquad M_{xy} = \iiint\limits_{T} z\rho\,\mathrm{d}\tau$

planares Trägheitsmoment
bzgl. der $x,y -$ Ebene; $\qquad (r^2 = z^2):$

axiales Trägheitsmoment
bzgl. der $x -$ Achse; $\qquad (r^2 = y^2 + z^2):\qquad\qquad J = \iiint\limits_{T} r^2\rho\,\mathrm{d}\tau$

polares Trägheitsmoment
bzgl. Koordinatenursprung; $\quad (r^2 = x^2 + y^2 + z^2):$

Koordinatentransformation:

Transformationsgleichungen: $x = x(u,v,w),\ y = y(u,v,w),\ z = z(u,v,w)$

Funktionaldeterminante:
$$\frac{\partial(x,y,z)}{\partial(u,v,w)} = \begin{vmatrix} x_u & y_u & z_u \\ x_v & y_v & z_v \\ x_w & y_w & z_w \end{vmatrix}$$

Raumelement:
$$\mathrm{d}\tau = \left| \frac{\partial(x,y,z)}{\partial(u,v,w)} \right| \, \mathrm{d}u\ \mathrm{d}v\ \mathrm{d}w$$

Raumintegral:

$$\boxed{\begin{aligned} I = \iiint\limits_{T} f(x,y,z)\,\mathrm{d}\tau = \int\limits_u \int\limits_v \int\limits_w \overline{f}(u,v,w) \left| \frac{\partial(x,y,z)}{\partial(u,v,w)} \right| \mathrm{d}w\ \mathrm{d}v\ \mathrm{d}u \\ \text{mit } \overline{f}(u,v,w) = f\left[x(u,v,w), y(u,v,w), z(u,v,w)\right] \end{aligned}}$$

Spezialfälle:

a) *Zylinderkoordinaten* (räuml. Polarkoordinaten): r, φ, z

     $x = r\cos\varphi;\ y = r\sin\varphi;\ z = z,$

     mit $r \geq 0;\ 0 \leq \varphi \leq 2\pi;\ z \in R$

     $\dfrac{\partial(x,y,z)}{\partial(r,\varphi,z)} = r$

$$I = \iiint\limits_{T} f(x,y,z)\,\mathrm{d}\tau = \int\limits_r \left\{ \int\limits_\varphi \left(\int\limits_z \overline{f}(r,\varphi,z)\, r\ \mathrm{d}z \right) \mathrm{d}\varphi \right\}\mathrm{d}r$$

b) *Kugelkoordinaten:* r, ϑ, φ

     $x = r\sin\vartheta\cos\varphi;\ y = r\sin\vartheta\sin\varphi;\ z = r\cos\vartheta$

     mit $r \geq 0;\ 0 \leq \vartheta \leq \pi;\ 0 \leq \varphi \leq 2\pi$

     $\dfrac{\partial(x,y,z)}{\partial(r,\vartheta,\varphi)} = r^2 \sin\vartheta$

$$I = \iiint\limits_{T} f(x,y,z)\,\mathrm{d}\tau = \int\limits_r \left\{ \int\limits_\vartheta \left(\int\limits_\varphi \overline{f}(r,\vartheta,\varphi)\cdot r^2 \sin\vartheta\ \mathrm{d}\varphi \right) \mathrm{d}\vartheta \right\}\mathrm{d}r$$

Fragen zu 6.3

16. Welcher Zusammenhang besteht zwischen dem dreifachen (Abschnitt 6.3) und dem zweifachen Integral (Abschnitt 6.2) zur Volumenberechnung eines räumlichen Bereichs?

17. Wie lautet die Formel für die y-Koordinate des Massenschwerpunktes eines räumlichen Bereichs T mit der Dichtebelegung $\rho = \rho(x,y,z)$?

18. Geben Sie für einen räumlichen Bereich T mit der Dichtebelegung
$\rho = \rho(x, y, z)$ die Formel für das
a) statische Moment bzgl. der y, z-Ebene an
b) axiale Trägheitsmoment bzgl. der z-Achse an.

19. Welche Schritte sind bei der Transformation eines Raumintegrals auf
krummlinige Koordinaten auszuführen ?

20. Was muß man für die Transformationsgleichungen $x = x(u, v, w)$,
$y = y(u, v, w)$, $z = z(u, v, w)$ voraussetzen, damit ein Raumintegral in die
neuen Koordinaten transformiert werden kann ?

21. Welche Koordinatentransformation wählt man sinnvollerweise für einen
Zylinder mit elliptischem Querschnitt (a, b Halbachsen,
Zylinderachse gleich z-Achse)?

22. Welche Koordinatensysteme sind zur Beschreibung des
kegelförmigen Bereiches (Abb. 6.8) am besten geeignet ?
Geben Sie zwei Bereichsbeschreibungen an.

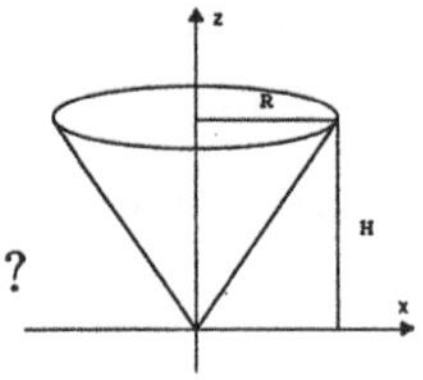

Abb. 6.8

Aufgaben zu 6.3

34. Wie groß ist das Volumen des Körpers, der von den Ebenen $x = 0, y = 0$,
$x = 4, y = x + 2$ sowie $z = 2x + y + 1$ und $z = 4x + 2y + 3$ begrenzt wird?

35. Berechnen Sie das Volumen des Körpers, der von den Flächen $y = 0$,
$y = x^2 (0 \leq x \leq 1), y = 2 - x (1 \leq x \leq 2), z = 0$ und $z = xy$ begrenzt
wird.

36. Ein Körper wird seitlich durch die Flächen $x = 0, y = 10, y = \frac{1}{4}x^2 + 1$,
unten durch die x, y-Ebene und oben durch $z = \frac{x}{y}$ begrenzt. Wie groß ist
das eingeschlossene Volumen?
Hinweis: Setzen Sie den Grundbereich in der x, y-Ebene als Normalbereich bzgl. der x-Achse und als Normalbereich bzgl. der y-Achse an und
entscheiden Sie danach, welcher Ansatz für die Berechnung des Doppelintegrals günstiger ist.

37. Ein Körper wird durch die Ebenen $x = 0, x + y = 1, 2x + y = 2, z = 0$ und
durch die Fläche $z = x^2$ begrenzt.
Welche Masse hat der Körper, wenn die Dichte $\rho(x, y, z) = z$ beträgt?

38. Ein Körper wird begrenzt durch die Ebenen $x = 2, y = 2 - x, y = 2, z = 0$
und die Fläche $z = xy$. Berechnen Sie
a) das Volumen des Körpers
b) die Masse des Körpers für die Dichte $\rho(x, y, z) = (x^2 + y^2) \cdot y^{-1}$

39. Berechnen Sie das Volumen des Körpers, der
die in Abb. 6.9 angegebene Grundfläche hat
und oben von $z = xy$ begrenzt wird.

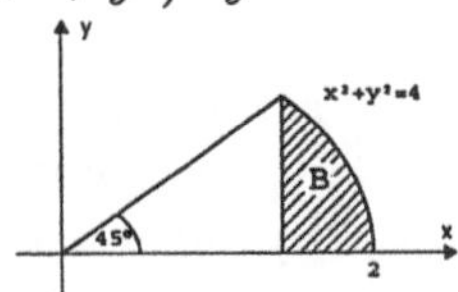

Abb. 6.9

40. Ein Körper wird von den Ebenen $x = 0, y = \frac{1}{\sqrt{3}}x$,
$z = 0$ und den Flächen $x^2 + y^2 = 4 (x \geq 0, y \geq 0), z = 6xy$ begrenzt.
a) Skizzieren Sie die Projektion des Körpers auf die x, y-Ebene.
b) Welche Masse hat der Körper, wenn die Dichte $\rho(x, y, z) = y^2$ beträgt?

41. Ein Körper wird durch die Flächen $x + z = 2, x^2 + y^2 = 4$ und $z = 0$
begrenzt. Die Dichte beträgt $\rho(x, y, z) = 3y^2$. Welche Masse besitzt der
Körper?

42. Ein Körper habe den in Abb. 6.10 angegebenen
Querschnitt und werde unten von der x, y-Ebene
und oben von der Fläche $z = e^{x^2+y^2}$ begrenzt.
Wie groß ist sein Volumen? Welche Masse
hat er für $\rho(x, y, z) = \frac{4xy}{x^2+y^2}$?

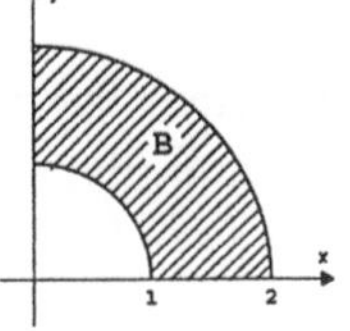

Abb. 6.10

43. Ein zylindrisches Gefäß (Radius R) wird unten durch die x, y-Ebene und
oben durch die Rotationsfläche $z = x^2 + y^2 + a$ begrenzt.
Berechnen Sie die Masse für $\rho = $ const.

44. Berechnen Sie das Volumen des Körpers, der von den Flächen
$x^2 + y^2 = 1, x^2 + y^2 = 9, z = -x - 5$ und $z = 7 - x^2 - y^2$ begrenzt wird.

45. In einer oberen Halbkugel $(x^2 + y^2 + z^2 \leq R^2, z \geq 0)$
befindet sich eine kegelförmige Ausbohrung.
Wie groß ist deren Volumen? Für welchen Winkel
ϑ_0 sind die Volumina der Ausbohrung und des Halb-
kugelrestes gleich groß? (Abb. 6.11).

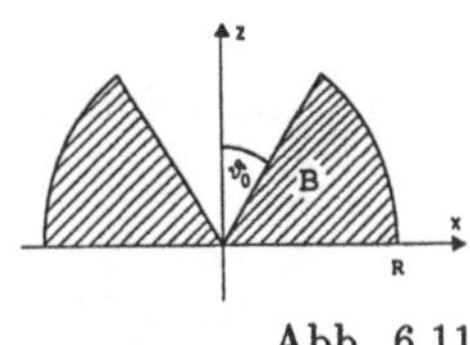

Abb. 6.11

46. Berechnen Sie die Volumina der Körper, die durch die Flächen $z = -1$,
$z = xy, x^2 + y^2 = 1$ und $y = \frac{1}{\sqrt{3}}x$ begrenzt werden.
(Es gibt 2 Körper innerhalb dieser Grenzen).

47. Berechnen Sie den geometrischen Schwerpunkt des Körpers, der von den
Flächen $z = 0, x^2 + y^2 = 1, z = 5\sqrt{x^2 + y^2}$ begrenzt wird.

48. Von dem in Abb. 6.12 gegebenen Prisma
sind die Koordinaten des geometrischen
Schwerpunktes zu berechnen.

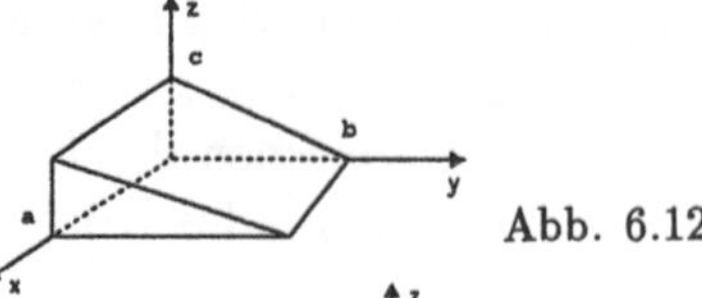

Abb. 6.12

49. a) Von dem in Abb. 6.13 angegebenen Tetraeder
berechne man das Volumen.
b) Für $a = b = c = 1$ sind die Koordinaten des geometrischen Schwerpunktes zu berechnen.

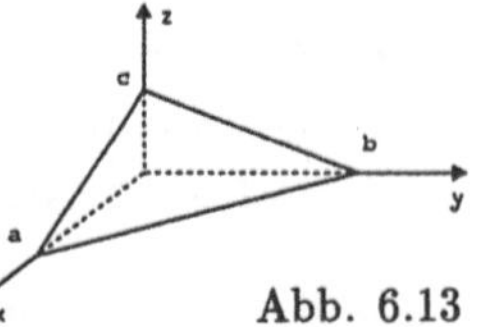

Abb. 6.13

50. Ein Halbzylinder $x^2 + y^2 \leq 16, x \geq 0$ wird von den Ebenen $z = 0$ und
$z = x$ geschnitten. Berechnen Sie
a) das Volumen des von den Flächen eingeschlossenen Körpers
b) die Koordinaten des geometrischen Schwerpunktes

51. Berechnen Sie die Koordinaten des geometrischen Schwerpunktes einer
homogenen Viertelkugel: $x^2 + y^2 + z^2 \leqq 1$ für $y \geq 0, z \geq 0$.

52. Berechnen Sie die Koordinaten des geometrischen Schwerpunktes für den
Kugelkeil, der in Kugelkoordinaten durch
$0 \leq r \leq R, 0 \leq \vartheta \leq \pi, -\varphi_0 \leq \varphi \leq \varphi_0$ beschrieben wird.

53. Gegeben ist eine Kugelkappe (Kugelabschnitt) der
Höhe $H = R - h$ (Abb. 6.14).
a) Berechnen Sie das Volumen mit Hilfe von Kugelkoordinaten.
b) Für welche Höhe H_0 erhält man ein Viertel des
Kugelvolumens?
c) Berechnen Sie die Koordinaten des geometrischen
Schwerpunktes der Kugelkappe.

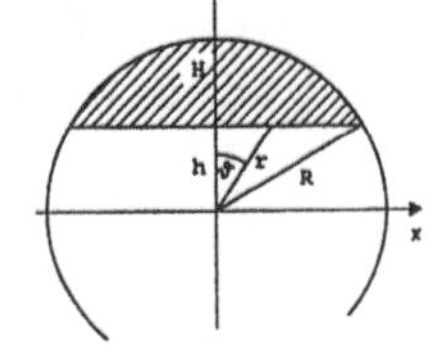

Abb. 6.14

54. Ein halbes dreiachsiges Ellipsoid sei gegeben durch
$\frac{x^2}{a^2} + \frac{y^2}{b^2} + \frac{z^2}{c^2} \leq 1$ mit $y \geq 0$ (Abb. 6.15).
a) Geben Sie eine Darstellung in verallgemeinerten
Kugelkoordinaten an.
b) Berechnen Sie das Volumen mit Hilfe dieser Koordinaten.
c) Berechnen Sie die Koordinaten des geometrischen Schwerpunktes.

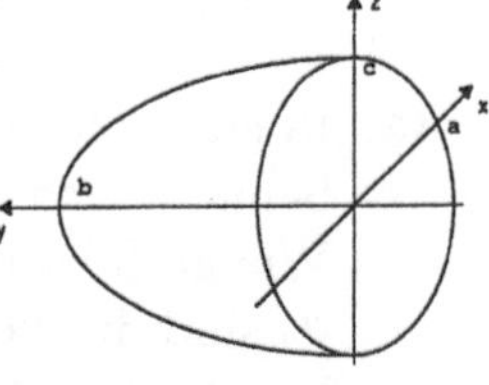

Abb. 6.15

55. Ein Körper wird beschrieben durch die Ungleichungen: $x \geq 0, y \geq x$,
$4 \leq x^2 + y^2 \leq 16, 0 \leq z \leq xy$.
Fertigen Sie eine Skizze des Grundbereiches in der x, y-Ebene an und
berechnen Sie das geometrische Trägheitsmoment bzgl. der z-Achse.

56. Von dem in der Abb. 6.16 angegebenen Prisma
berechne man:
a) das axiale Trägheitsmoment bzgl. der
   z-Achse
b) das planare Trägheitsmoment bzgl. der
   x, y-Ebene ($\rho \equiv 1$)

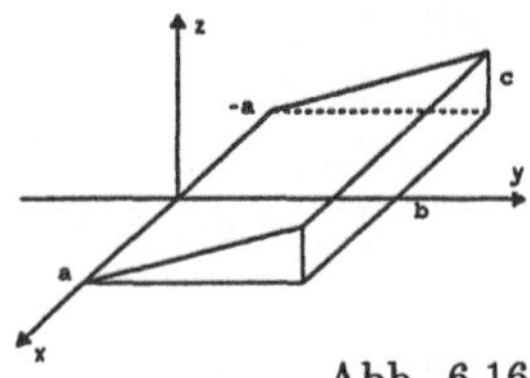

Abb. 6.16

57. Aus einem Hohlzylinder mit dem inneren Radius $R_1 = 1$ und dem äußeren Radius $R_2 = 4$, der unten durch die x, y-Ebene und oben durch die Fläche $z = \frac{x+y}{x^2+y^2}$ begrenzt wird, schneiden die Ebenen $y = \frac{1}{\sqrt{3}}x$ und $y = \sqrt{3}x$ $(x > 0, y > 0)$ ein Segment aus.
Wie groß ist das Volumen dieses Segments?
Berechnen Sie das axiale Trägheitsmoment bzgl. der z-Achse ($\rho \equiv 1$).

58. Gegeben ist eine homogene Halbkreisscheibe.
Berechnen Sie das geometrische Trägheitsmoment
a) bzgl. der z-Achse
b) bzgl. der x-Achse, (Abb. 6.17).

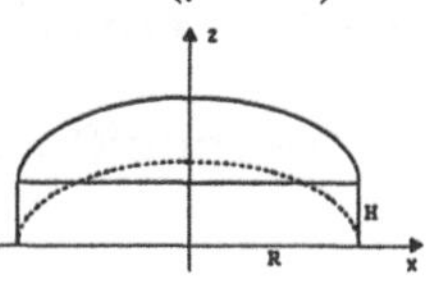

Abb. 6.17

59. Berechnen Sie das geometrische Trägheitsmoment des Kugeloktanden
$x^2 + y^2 + z^2 \leq R^2, x \geq 0, y \geq 0, z \geq 0$ bzgl. der z-Achse.

60. Für eine homogene Kugel (Radius R, Mittelpunkt (0, 0, 0), Dichte $\rho \equiv 1$)
berechne man
a) das axiale Trägheitsmoment bzgl. der z-Achse
b) das polare Trägheitsmoment bzgl. des Koordinatenursprungs.

61. Ein Kugelausschnitt wird nach unten durch die Kegelmantelfläche
$z = \frac{\sqrt{3}}{3}\sqrt{x^2 + y^2}$ und nach oben durch die Kugeloberfläche
$x^2 + y^2 + z^2 = 16(z \geq 0)$ begrenzt. Die Dichte sei $\rho(x, y, z) = z$.
Berechnen Sie
a) die Masse
b) die Koordinaten des geometrischen Schwerpunktes
c) die Koordinaten des Massenschwerpunktes
d) das geometrische Trägheitsmoment bzgl. der z-Achse
e) das Trägheitsmoment bzgl. der z-Achse.

62. Ein Körper wurde beschrieben durch: $z \geq 0, x^2+y^2+z^2 \leq 25, x^2+y^2 \geq 9$.
Berechnen Sie
a) das Volumen
b) die Koordinaten des geometrischen Schwerpunktes
c) das geometrische Trägheitsmoment bzgl. der z- Achse.

63. Gegeben ist ein Kreiszylinder $x^2 + y^2 \leq R^2, 0 \leq z \leq H$ und eine Vektor-funktion $\vec{v} = xz\vec{i} + yz\vec{j} + 3\vec{k}$.
Berechnen Sie die Ergiebigkeit von $\vec{v}$ für das räumliche Gebiet T.
Hinweis: Ergiebigkeit $E = \iiint\limits_{T} \operatorname{div} \vec{v} \, d\tau$.

64. Wie groß ist die Ergiebigkeit in der oberen Halbkugel ($R = 2$) für die Vektorfunktion $\vec{v} = x^2 z^2 \vec{k}$? $(E = \iiint\limits_{T} \operatorname{div} \vec{v} \, d\tau)$

65. Gegeben ist eine Vektorfunktion $\vec{v} = xy\vec{i}$. Wie groß ist die Ergiebigkeit im Halbzylinder $x^2 + y^2 \leq R^2, y \geq 0, 0 \leq z \leq H$?

6.4 Kurvenintegrale

Schwerpunkte: Kurvenintegrale 1. und 2. Art, Bogenlängen, Masse,
Schwerpunktkoordinaten von Kurven im R^2 oder R^3,
im Raum, Arbeit längs eines Weges, elektr. Spannung

Kurvenintegral 1. Art:
$$\overset{B}{\underset{A}{{}^{k}\!\!\int}} f \, ds = \begin{cases} \overset{B}{\underset{A}{{}^{k}\!\!\int}} f[x(s), y(s)] \, ds \\ \overset{B}{\underset{A}{{}^{k}\!\!\int}} f[x(s), y(s), z(s)] \, ds \end{cases}$$

wobei k ein glattes Kurvenstück in der Ebene oder im Raum mit dem Anfangs-punkt A und Endpunkt B ist und $f(x,y)$ bzw. $f(x,y,z)$ stetig auf k sind.

Kurvendarstellung	Bogenelement $ds =$	Kurvenintegral $\overset{B}{\underset{A}{{}^{k}\!\!\int}} f ds =$
$y = f(x)$ $a \leq x \leq b$	$\sqrt{1 + y'^2} \, dx$	$\int\limits_{x=a}^{b} f[x, y(x)]\sqrt{1 + y'^2} \, dx$
$\vec{r} = (x(t), y(t))^T$ $t_1 \leq t \leq t_2$	$\sqrt{\dot{x}^2 + \dot{y}^2} \, dt$	$\int\limits_{t=t_1}^{t_2} f[x(t), y(t)]\sqrt{\dot{x}^2 + \dot{y}^2} \, dt$
$\vec{r} = (x(t), y(t), z(t))^T$ $t_1 \leq t \leq t_2$	$\sqrt{\dot{x}^2 + \dot{y}^2 + \dot{z}^2} \, dt$	$\int\limits_{t=t_1}^{t_2} f[\ ]\sqrt{\dot{x}^2 + \dot{y}^2 + \dot{z}^2} \, dt$ $f[\ ] = f[x(t), y(t), z(t)]$

Anwendungen:

Bogenlänge einer Kurve im R^3 $(f(x,y,z) \equiv 1)$: $\quad s = \int\limits_{t_1}^{t_2} \sqrt{\dot{x}^2 + \dot{y}^2 + \dot{z}^2}\, dt$

Masse von $k(\rho = \rho(x,y,z)$ Liniendichte): $\quad m = \int\limits_{A}^{B} \rho ds$

x-Koordinate des Schwerpunktes von k: $\quad x_s = \frac{1}{m} \int\limits_{A}^{B} x\rho\, ds$

Fläche innerhalb einer geschlossenen Kurve: $\quad F = \frac{1}{2} \oint \{x dy - y dx\}$

Kurvenintegral 2. Art:

$$\boxed{\;^k\!\!\int\limits_{A}^{B} \vec{f} \cdot d\vec{r} = \;^k\!\!\int\limits_{A}^{B} \{P(x,y,z)\, dx + Q(x,y,z)\, dy + R(x,y,z)\, dz\}\;}$$

wobei $\quad \vec{f} = \begin{pmatrix} P(x,y,z) \\ Q(x,y,z) \\ R(x,y,z) \end{pmatrix} \qquad d\vec{r} = \begin{pmatrix} dx \\ dy \\ dz \end{pmatrix}$

Darstellung	Schrittvektor $d\vec{r} =$	Kurvenintegral $\;^k\!\!\int\limits_{A}^{B} \vec{f} \cdot d\vec{r} =$
$y = f(x)$ $a \leq x \leq b$	$\begin{pmatrix} dx \\ dy \end{pmatrix} = \begin{pmatrix} 1 \\ f'(x) \end{pmatrix} dx$	$\;^k\!\!\int\limits_{A}^{B} \{P\,[\;] + Q\,[\;]\, f'(x)\, dx$ $P\,[\;] = P\,[x,\, f(x)]$
$\vec{r} = \begin{pmatrix} x(t) \\ y(t) \end{pmatrix}$ $t_1 \leq t \leq t_2$	$\begin{pmatrix} \dot{x}(t) \\ \dot{y}(t) \end{pmatrix} dt$	$\int\limits_{t=t_1}^{t_2} \{P\,[\;]\dot{x}(t) + Q\,[\;]\,\dot{y}(t)\}\, dt$ $P\,[\;] = P\,[x(t),\, y(t)]$
$\vec{r} = \begin{pmatrix} x(t) \\ y(t) \\ z(t) \end{pmatrix}$ $t_1 \leq t \leq t_2$	$\begin{pmatrix} \dot{x}(t) \\ \dot{y}(t) \\ \dot{z}(t) \end{pmatrix} dt$	$\int\limits_{t=t_1}^{t_2} \{P\,[\;]\dot{x} + Q\,[\;]\,\dot{y} + R\,[\;]\dot{z}\}\, dt$ $P\,[\;] = P\,[x(t),\, y(t),\, z(t)],\; \dot{x} = \dot{x}(t)$

Beachte: $\quad ^k\!\!\int\limits_{A}^{B} c\vec{f} \cdot d\vec{r} = c\;^k\!\!\int\limits_{A}^{B} \vec{f} \cdot d\vec{r} \qquad$ und $\qquad ^k\!\!\int\limits_{A}^{B} \vec{f} \cdot d\vec{r} = - \;^{(-k)}\!\!\int\limits_{A}^{B} \vec{f} \cdot d\vec{r}$

Anwendung:

Arbeit ($\vec{F}$ Kraftfeld): $\qquad\qquad\qquad\qquad W = {}^{k}\!\!\int\limits_{A}^{B} \vec{F} \cdot d\vec{r}$

el. Spannung ($E(\vec{r})$ el. Feldstärke): $\qquad U_{AB} = \int\limits_{A}^{B} E(\vec{r})\, d\vec{r}$

Sonderfall:

Gilt für $\vec{f}$ in einem einfach zusammenhängenden Gebiet, das k enthält

$$\boxed{P_y = Q_x,\ P_z = R_x,\ Q_z = R_y}\quad \text{(Integrabilitätsbedingung)},$$

so existiert eine Stammfunktion (Potentialfunktion) $u = u(x, y, z)$ mit $u_x = P, u_y = Q, u_z = R$ (grad $u = \vec{f}$) und das Kurvenintegral heißt vom Weg unabhängig. In diesem Fall gilt:

$$\boxed{{}^{k}\!\!\int\limits_{A}^{B} \vec{f}d\vec{r} = u(B) - u(A)} \quad \text{und} \quad \boxed{\oint \vec{f}d\vec{r} = 0}$$

Fragen zu 6.4

23. Welche Art Integral erhält man aus dem Kurvenintegral
$$I = {}^{k}\!\!\int\limits_{(x_1,y_1)}^{(x_2,y_2)} f(x,y)ds, \text{ wenn man } y = \text{const.} = 0 \text{ setzt?}$$

24. Wie lautet die Darstellung des Bogenelements für Polarkoordinaten?

25. Was sagt der Mittelwertsatz der Integralrechnung für das Kurvenintegral 1. Art aus?

26. Wie lautet die Formel für die y-Koordinate des geometrischen Schwerpunktes einer Kurve?

27. Was versteht man unter einem Koordinatenweg (gebrochener Streckenzug)?
Wie lautet die Parameterdarstellung eines Koordinatenweges, der die Punkte (x_1, y_1) und (x_2, y_2) miteinander verbindet?

28. Ist ein Kurvenintegral von der Parameterdarstellung des Integrationsweges abhängig?

29. Wie überprüft man die Wegunabhängigkeit eines Kurvenintegrals 2. Art ($^{k}\!\!\int\limits_{A}^{B}\{P(x,y)dx + Q(x,y)dy\}$) in einem einfach zusammenhängenden Gebiet?

30. Es sei $G \subset \mathbf{R}^2$ ein Gebiet und $\vec{f}$ ein stetig differenzierbares Gradientenfeld auf G. Welchen Wert hat ein Kurvenintegral 2. Art von f längs eines ganz in G verlaufenden, geschlossenen differenzierbaren Weges?

31. In welcher Art ist ein Kurvenintegral 2. Art von der Orientierung des Weges abhängig?

32. Welche physikalische Größe stellt $k\int\limits_{A}^{B} \{P(x,y)\mathrm{d}x + Q(x,y)dy\}$ dar, wenn P und Q als Komponenten einer resultierenden Kraft interpretiert werden?

Aufgaben zu 6.4

66. Berechnen Sie die Bogenlänge des durch $0 \le t \le t_o$ bestimmten Abschnitts der räumlichen Spirale mit der Parameterdarstellung
$\vec{r} = at\cos t\ \vec{e}_1 + at\sin t\ \vec{e}_2 + \sqrt{3}\ at\ \vec{e}_3$.

67. Berechnen Sie die Koordinaten des geometrischen Schwerpunktes

  a) des durch $0 \le x \le 1$ bestimmten Stückes der Kurve $y = \frac{x^2}{2}$

  b) des Abschnitts der Kettenlinie $y = \cosh x$, der allgemein durch $x_1 \le x \le x_2$ und speziell durch $x_1 = 0$ und $x_2 = 1$ begrenzt wird

  c) eines Bogens der Astroide: $x = a\cos^3 t,\ y = a\sin^3 t$ für $0 \le t \le \frac{\pi}{2}$

  d) des oberen Bogens der Kardioide: $r = 2a(1 + \cos\varphi)$ für $0 \le \varphi \le \pi$.

68. Es sind die Koordinaten des geometrischen Schwerpunktes des Abschnitts der Schraubenlinie $\vec{r} = (a\cos t;\, a\sin t,\, bt)^T$ allgemein für $t_1 \le t \le t_2$ und speziell für die halbe Windung $0 \le t \le \pi$ zu berechnen.

69. Für den Halbkreisbogen (Abb. 6.18) ist das geometrische Trägheitsmoment bzgl. der x- und y-Achsen zu berechnen.

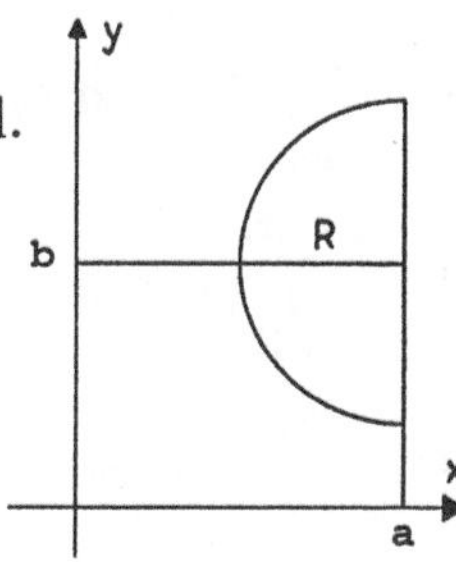

Abb. 6.18

70. Berechnen Sie das geometrische Trägheitsmoment des Zykloidenbogens:
$x = a(t - \sin t),\ y = a(1 - \cos t)$ für $0 \le t \le 2\pi$ bzgl. der x-Achse.

71. Gegeben sind die Punkte $A(0;2)$ und $B(1;3)$ sowie eine Funktion $\vec{f}(x,y) = (x - y; xy)^T$. Welchen Wert hat $I = {}^k\!\int_A^B \vec{f} \cdot d\vec{r}$, wenn der Weg von A nach B führt und k wie folgt gewählt wird:

a) k ist der Koordinatenweg: $(0;2) \to (1;2) \to (1;3)$
b) k ist der Koordinatenweg: $(0;2) \to (0;3) \to (1;3)$
c) k ist die geradlinige Verbindung
d) k ist der Parabelbogen $y = x^2 + 2$.

72. Berechnen Sie den Wert des Kurvenintegrals

a) $I = {}^k\!\int\limits_{(1;2)}^{(3;5)} \{(2xy + 2)\,dx - (x^2 - 2y)\,dy\}$,

　　wenn k die geradlinige Verbindung der Punkte $(1;2)$ und $(3;5)$ ist.

b) $I = {}^k\!\int\limits_{(0;1)}^{(\frac{\pi}{3};0)} \{(e^y - \sin x)\,dx + (y - xe^y)\,dy\}$,

　　wenn k der Koordinatenweg $k_1 : (0;1) \to (\frac{\pi}{3};1) \to (\frac{\pi}{3};0)$
　　bzw. $k_2 : (0;1) \to (0;0) \to (\frac{\pi}{3};0)$ ist.

c) $I = {}^k\!\int\limits_{(1;0)}^{(3;\pi)} (x\cos y - \frac{1}{x})\,dx - \frac{1}{2}x^2\sin y\,dy\}$,

　　wenn für k die beiden möglichen Koordinatenwege gewählt werden.

73. Es sei G ein einfach zusammenhängendes Gebiet und k eine ganz in G verlaufende Kurve. Prüfen Sie, welche der folgenden Kurvenintegrale wegunabhängig sind. Der Wert der wegunabhängigen Kurvenintegrale ist mittels Potentialfunktion zu berechnen. Für die wegabhängigen Kurvenintegrale berechne man die Werte, indem man für k die beiden Koordinatenwege wählt:

a) $I = {}^k\!\int\limits_{(0;1)}^{(1;2)} \{y\cosh xy\,dx + (x\cosh xy + 2y)\,dy\}$

b) $I = {}^k\!\int\limits_{(0;1)}^{(1;2)} \{x\cosh xy\,dx + y\cosh xy\,dy\}$,

c) $I = {}^k\!\int\limits_{(0;-1)}^{(1;2)} \{y\cosh xy\,dx + (x\cosh xy - y^2)\,dy\}$.

74. Sei G ein einfach zusammenhängendes Gebiet und k eine ganz in G verlaufende Kurve. Zeigen Sie, daß folgende Kurvenintegrale wegunabhängig sind, und berechnen Sie deren Wert mittels Potentialfunktion oder indem Sie für k einen Koordinatenweg wählen.

a) $I = {}^k\!\!\int\limits_{(0;0)}^{(2;1)} \{xe^{2y+1}dx + x^2e^{2y+1}dy\}$,

b) $I = {}^k\!\!\int\limits_{(1;\frac{\pi}{4})}^{(5;\frac{\pi}{2})} \{(2x + \sin y)\,dx + (x\cos y + \sin y)\,dy\}$,

c) $I = {}^k\!\!\int\limits_{(0;\frac{\pi}{6})}^{(1;\frac{\pi}{2})} \{\dfrac{2x}{x^2 + \sin y}\,dx + \dfrac{\cos y}{x^2 + \sin y}\,dy\}$,

d) $I = {}^k\!\!\int\limits_{(0;0)}^{(3;2)} \{(y^2 + 2)\cosh 2x\,dx + y\sinh 2x\,dy\}$.

75. k sei eine Kurve, die in einem einfach zusammenhängenden Gebiet verläuft.

Berechnen Sie den Wert von $I = {}^k\!\!\int\limits_{(1;0)}^{(e;1)} \{(xy + \alpha\frac{y^2}{x})\,dx + (6y\ln x + \beta x^2)\,dy\}$,

indem Sie für k beide Koordinatenwege wählen.
Für welche α und β wird I wegunabhängig?

76. Gegeben sei $I = {}^k\!\!\int\limits_{(0;2;1)}^{(1;4;3)} \{2xz\,dx + (x - y)\,dy + yz\,dz\}$.

Berechnen Sie I, wenn für k der Koordinatenweg
$(0;2;1) \to (1;2;1) \to (1;4;1) \to (1;4;3)$ gewählt wird.

77. G sei ein einfach zusammenhängendes Gebiet und k eine ganz in G verlaufende Kurve. Zeigen Sie, daß

$$I = {}^k\!\!\int\limits_{(0;0;0)}^{(1;2;3)} \{2xy - 2z)\,dx + (x^2 + 2yz)\,dy + (y^2 - 2x)\,dz\}$$

wegunabhängig ist und berechnen Sie I, indem Sie

a) für k den Koordinatenweg $(0;0;0) \to (1;0;0) \to (1;2;0) \to (1;2;3)$ wählen

b) für k die geradlinige Verbindung von $(0;0;0)$ nach $(1;2;3)$ wählen

c) die Potentialfunktion bestimmen.

78. G sei ein einfach zusammenhängendes Gebiet und k eine Kurve, die ganz in G verläuft. Zeigen Sie, daß folgende Kurvenintegrale wegunabhängig sind und berechnen Sie deren Wert mittels Potentialfunktion.

a) $I = {}^k \int_{(1;0;1)}^{(2;3;4)} \{(2xz - y^3)\,dx + (2\sqrt{z} - 3xy^2)\,dy + (x^2 + \frac{y}{\sqrt{z}})\,dz\}$

b) $I = {}^k \int_{(1;0;-1)}^{(4;\frac{\pi}{2};e)} \{(2x\cos y + \frac{1}{2\sqrt{x}}\ln z)\,dx + (\cos y - x^2\sin y)\,dy + \frac{\sqrt{x}}{z}dz\}$

79. Gegeben ist ein elektrisches Feld $\vec{E}$. Zeigen Sie, daß $\vec{E}$ ein Potentialfeld ist. Berechnen Sie den Spannungsabfall zwischen A und B.

     a) $\vec{E} = xe^{2y}\vec{e}_1 + (x^2e^{2y} + 3y^2)\vec{e}_2$; $A(0;1)$, $B(2;2)$

     b) $\vec{E} = (3 - z^2; z; y - 2xz)^T$; $A(0;1;2)$, $B(1;4;3)$

80. Bestimmen Sie die mechanische Arbeit W, die bei der Verschiebung eines Massenpunktes der Masse m vom Anfangspunkt A zum Endpunkt B längs eines geradlinigen Weges unter Einwirkung einer Kraft $\vec{F}$ verrichtet wird.

     a) $\vec{F} = (y\cos x + \sin x; 2y + \sin x)^T$; $A(\frac{\pi}{4};1)$, $B(\frac{\pi}{2};3)$

     b) $\vec{F} = (1 + x)\vec{e}_1 - 2z\vec{e}_2 + (x + 2y)\vec{e}_3$; $A(1;0;1)$, $B(2;1;3)$.

6.5   Oberflächenintegrale

Schwerpunkte: Oberflächenintegral 1. und 2. Art, Inhalt von Oberflächen, Masse, Schwerpunktkoordinaten, Trägheitsmomente, Vektorfluß, Integralsatz von Gauß, Integralsatz von Stokes

Parameterdarstellung eines

glatten Flächenstücks Ω $\vec{r} = \vec{r}(u,v) = \begin{pmatrix} x\,(u,v) \\ y\,(u,v) \\ z\,(u,v) \end{pmatrix}$

mit $u_1 \leq u \leq u_2$; $v_1 \leq v \leq v_1$:

partielle Ableitungen: $\frac{\partial \vec{r}}{\partial u} = \vec{r}_u = \begin{pmatrix} x_u \\ y_u \\ z_u \end{pmatrix}$; $\frac{\partial \vec{r}}{\partial v} = \vec{r}_v = \begin{pmatrix} x_v \\ y_v \\ z_v \end{pmatrix}$

Gaußsche Fundamentalgrößen: $E = \vec{r}_u \cdot \vec{r}_u,\ G = \vec{r}_v \cdot \vec{r}_v,\ F = \vec{r}_u \cdot \vec{r}_v$

Oberflächenelement: $d\omega = |\vec{r}_u \times \vec{r}_v|\,du\,dv = \sqrt{EG - F^2}\,du\,dv$

Oberflächenintegral 1. Art:

$$I = \iint\limits_{\Omega} f(x,y,z)\ \mathrm{d}\omega = \int\limits_{u}\int\limits_{v} \overline{f}(u,v)\sqrt{EG - F^2}\ \mathrm{d}v\mathrm{d}u$$

wobei $f(x,y,z) = f[x(u,v),\,y(u,v),\,z(u,v)] = \overline{f}(u,v)$ stetig auf Ω ist.

Anwendungen:

Inhalt einer Oberfläche Ω:

$$A = \iint\limits_{\Omega}\ \mathrm{d}\omega = \int\limits_{u}\int\limits_{v} |\vec{r}_u \times \vec{r}_v|\ \mathrm{d}v\mathrm{d}u = \int\limits_{u}\int\limits_{v} \sqrt{EG - F^2}\ \mathrm{d}v\mathrm{d}u$$

Spezialfall: Ω ist durch $z = f(x,y)$ dargestellt und
B ist die Projektion von Ω auf die x,y-Ebene

$$A = \iint\limits_{\Omega}\mathrm{d}\omega = \iint\limits_{B} \sqrt{1 + z_x^2 + z_y^2}\ \mathrm{d}b \qquad \text{(Bereichsintegral)}$$

Masse von Ω ($\rho_F = \rho(x,y,z)$ Flächendichte): $m = \iint\limits_{\Omega} \rho_F\ \mathrm{d}\omega$

x-Koordinate des Massenschwerpunktes von Ω: $x_s = \dfrac{1}{m} \iint\limits_{\Omega} x\ \rho_F\ \mathrm{d}\omega$

x-Koordinate des geometrischen Schwerpunktes: $x_s = \dfrac{1}{A} \iint\limits_{\Omega} x\ \mathrm{d}\omega$

Trägheitsmoment bzgl. der z-Achse: $J_z = \iint\limits_{\Omega} (x^2 + y^2)\rho_F\ \mathrm{d}\omega$

Oberflächenintegral 2. Art:

$$\begin{aligned}
I = \iint\limits_{\Omega} \vec{f}\cdot \mathrm{d}\vec{w} &= \int\limits_{u}\int\limits_{v} \vec{f}^{\,*}(u,v)\cdot(\vec{r}_u \times \vec{r}_v)\ \mathrm{d}u\mathrm{d}v \\
&= \int\limits_{u}\int\limits_{v} \begin{vmatrix} P^* & Q^* & R^* \\ x_u & y_u & z_u \\ x_v & y_v & z_v \end{vmatrix}\ \mathrm{d}v\mathrm{d}u
\end{aligned}$$

Dabei ist $\vec{f}(x,y,z) = [P(x,y,z);\ Q(x,y,z);\ R(x,y,z)]^T$ eine auf Ω definierte stetige Vektorfunktion mit der Parameterdarstellung

$$\vec{f}(x,y,z) = \vec{f}^*(u,v) = \begin{pmatrix} P\,[x(u,v),y(u,v),z(u,v)] \\ Q\,[x(u,v),y(u,v),z(u,v)] \\ R\,[x(u,v),y(u,v),z(u,v)] \end{pmatrix} = \begin{pmatrix} P^*\,(u,v) \\ Q^*\,(u,v) \\ R^*\,(u,v) \end{pmatrix}.$$

Für das Differential $\mathrm{d}\vec{\omega}$ gilt: $\quad \mathrm{d}\vec{\omega} = (\vec{r}_u \times \vec{r}_v)\,\mathrm{d}u\mathrm{d}v.$

Vektorfluß$\quad$($\vec{v}$ Stromdichte): $\qquad\qquad \Phi = \iint\limits_{\Omega} \vec{v} \cdot \mathrm{d}\vec{\omega}$

Wirbelfluß: $\qquad\qquad\qquad\qquad\qquad W = \iint\limits_{\Omega} \mathrm{rot}\ \vec{v} \cdot \mathrm{d}\vec{\omega}$

Integralsatz von Gauß:

$$\boxed{\ \iiint\limits_{T} \mathrm{div}\ \vec{v}\ \mathrm{d}\tau\ \ = \iint\limits_{\Omega} \vec{v} \cdot \vec{n}^{\,o}\ \mathrm{d}\omega\ }$$

$T\quad$ räumlicher Bereich

$\Omega\quad$ stückweise glatte geschlossene Oberfläche von Ω,
$\qquad \vec{r} = \vec{r}(u,v)$ mit $\vec{r}_u \times \vec{r}_v \neq \vec{0}$

$\vec{n}^{\,o}\quad$ Einheitsnormalenvektor von Ω, $\vec{n}^{\,o} = \dfrac{\mathrm{grad}\ \Omega}{|\,\mathrm{grad}\ \Omega\,|}$
$\qquad$ (nach außen gerichtet)

$\vec{v}\quad$ stetig partiell ableitbare Vektorfunktion

Integralsatz von Stokes:

$$\boxed{\ {}^{k}\!\oint\ \vec{v} \cdot \mathrm{d}\vec{r}\ \ = \iint\limits_{\Omega} \mathrm{rot}\ \vec{v} \cdot \vec{n}^{\,o}\ \mathrm{d}\omega\ }$$

$\Omega\quad$ stückweise glatte Fläche, $\vec{r} = \vec{r}(u,v)$
$\qquad$ zweimal stetig partiell ableitbar

$k\quad$ positiv orientierte stückweise glatte Randkurve von Ω

$\vec{n}^{\,o}\quad$ Einheitsnormalenvektor von Ω

$\vec{v}\quad$ stetig partial ableitbare Vektorfunktion

Fragen zu 6.5

33. Was versteht man unter einer Fläche,
und wann spricht man von einer glatten Fläche?

34. Durch $\vec{r} = \vec{r}(\varphi, z) = (R\cos\varphi, R\sin\varphi, z)^T$ mit $0 \leq \varphi \leq 2\pi$, $0 \leq z \leq H$
wird die Oberfläche eines Kreiszylinders (Radius R, Höhe H, Zylinderachse gleich z-Achse) dargestellt.
Wie lautet die Parameterdarstellung des Kreiszylinders mit gleichem Radius und gleicher Höhe, dessen Achse mit der y-Achse zusammenfällt?

35. Wie gelangt man ausgehend von den Kugelkoordinaten zu einer Parameterdarstellung der Kugeloberfläche?

36. Ist der Wert eines Oberflächenintegrals von der Wahl der Parameterdarstellung für die Fläche abhängig?

37. $\vec{r} = \vec{r}(u, v) = \vec{r}(x(u, v),\ y(u, v),\ z(u, v))^T$ sei eine nach u und v stetig partiell differenzierbare Parameterdarstellung einer glatten Fläche und
$P_o = \vec{r}(u_o, v_o)$ ein Punkt dieser Fläche.
Welche geometrische Bedeutung haben $\vec{r}_u(u, v)$ bzw. $\vec{r}_v(u, v)$?

38. $\vec{r} = \vec{r}(u, v)$ sei die Parameterdarstellung einer glatten Fläche. Wie kann man den Einheitsnormalenvektor einer Tangentialebene berechnen, die die Fläche im Punkt (u_o, v_o) berührt?

39. Ω sei eine glatte Fläche (Abb. 6.19).
Wodurch kann man ein Flächenstück
$d\omega$ am besten approximieren?

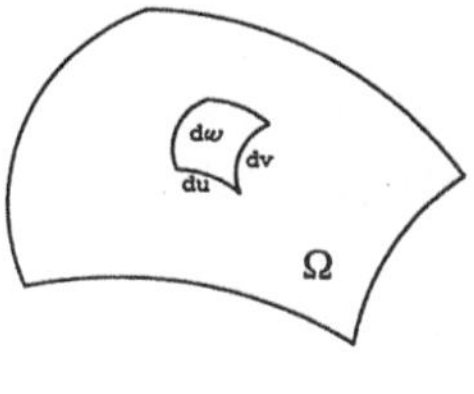

Abb. 6.19

40. Wie lautet das Oberflächenelement $d\omega$
für die Koordinatenebene $z = 0$?
Was ergibt sich durch zyklische Vertauschung von x, y und z?

41. Unter welchen Bedingungen ergibt das Gebietsintegral

$$\iint\limits_B \sqrt{1 + z_x^2 + z_y^2}\ db$$

den Inhalt eines i.a. gekrümmten Flächenstückes Ω?

42. Wie kann man die z-Koordinate des geometrischen Schwerpunktes und des Massenschwerpunktes einer Fläche Ω berechnen?

Aufgaben zu 6.5

81. Die Ebenen $y = 0$; $x = \sqrt{3}$; $y = x$ begrenzen einen prismatischen Körper, der unten von der x, y-Ebene und oben von der parabolischen Zylinderfläche $z = c - \frac{1}{2} x^2$ begrenzt wird.

     a) Skizzieren Sie den Schnitt des Körpers mit der x, y-Ebene.

     b) Berechnen Sie den Inhalt der gekrümmten Begrenzungsfläche.

82. Ein Kreiszylinder schneidet aus der Ebene $z = 3 - 2x + 2y$ eine Ellipse aus (Abb. 6.20). Welchen Flächeninhalt hat die Ellipse?

83. Wie groß ist der Flächeninhalt, den ein Prisma mit den Seitenflächen $x = 0, y = \frac{x}{2}$ und $y = 2$ aus der Fläche $z = \cos 2x + \sqrt{3}y$ ausschneidet?

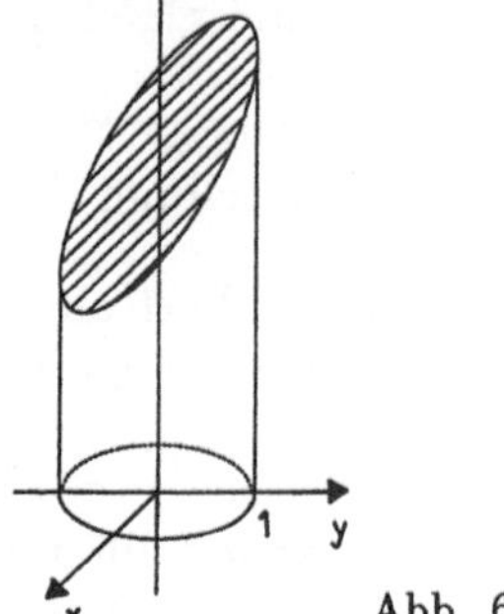

Abb. 6.20

84. Wie groß ist der Flächeninhalt des Teils der Fläche $z = x^2 + y^2 + a^2$, der vom Kreiszylinder $x^2 + y^2 = 2$ ausgeschnitten wird?

85. Wie groß ist das Flächenstück, das ein prismatischer Körper über der Grundfläche B aus der Fläche $z = x^2 + \sqrt{3}\, y$ ausschneidet? (Abb. 6.21)

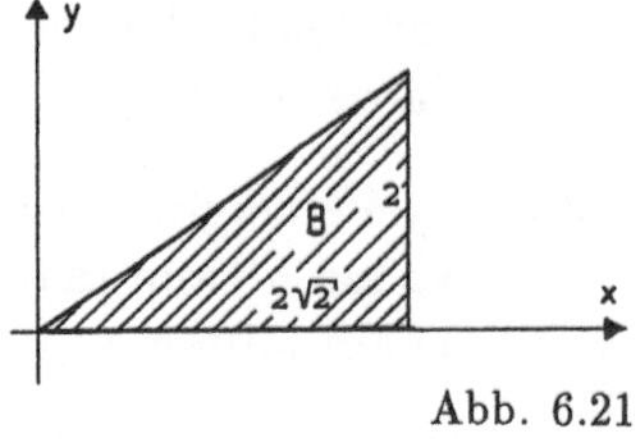

Abb. 6.21

86. Berechnen Sie den Inhalt des Flächenstücks von $z = \frac{1}{2} x^2$, das zwischen den Ebenen $y = \frac{x}{2}$, $y = 2x$ und $x = 2\sqrt{2}$ liegt.

87. Aus dem oberen Teil der Kugeloberfläche $x^2 + y^2 + z^2 = 4$ $(z \geq 0)$ wird durch den elliptischen Zylinder $\frac{x^2}{4} + y^2 = 1$ ein Flächenstück ausgeschnitten. Welchen Flächeninhalt hat dieses Stück?

88. Wie groß ist das Teilstück des Kreiszylinders $x^2 + z^2 = 1$, das innerhalb des Kreiszylinders $x^2 + y^2 = 1$ liegt.

89. Berechnen Sie den Inhalt der Flächenstücke, deren Punkte folgenden Relationen genügen:

a) $y \geq 0$, $x \leq 2\sqrt{2}$, $y \leq \frac{1}{2}x$, $z = \frac{3}{2}x^2 - \sqrt{8}\,y$

b) $y \geq 0$, $x \leq 2$, $y \leq \frac{1}{5}x^2$, $z = 2x^2\sqrt{x} + 2\sqrt{6}y$

c) $0 \leq x \leq \operatorname{arcosh} 2$, $0 \leq y \leq 3x$, $z = \sqrt{3}x + 6\cosh\frac{y}{3}$

d) $0 \leq x \leq 1$, $-x \leq y \leq x$, $z = \frac{2}{3}\sqrt{2}\,(x+y)^{\frac{3}{2}}$

90. Berechnen Sie für die obere Halbkugelfläche den geometrischen Schwerpunkt und das geometrische Trägheitsmoment bzgl. der z-Achse.
[Hinweis: Verwenden Sie die Parameterdarstellung
$x = R\sin\vartheta\,\cos\varphi$, $y = R\sin\vartheta\,\sin\varphi$, $z = R\cos\vartheta$]

91. Gegeben ist die Oberfläche eines Rotationsparaboloids durch $z = x^2 + y^2$. Für das durch $z \leq 2$ begrenzte Flächenstück berechne man

   a) die Koordinaten des geometrischen Schwerpunktes

   b) das geometrische Trägheitsmoment bzgl. der Rotation um die z-Achse (vgl. 4.3 Aufgabe 39).

92. Ein Kreiszylinder (Radius R, Zylinderachse gleich z-Achse) wird unten von der x,y-Ebene und oben durch die Fläche $z = R + xy$ begrenzt.

   a) Berechnen Sie den Inhalt des Flächenstücks von $z = R + xy$, das innerhalb des Zylinders liegt.

   b) Welchen Inhalt hat der Zylindermantel? [Hinweis: Verwenden Sie die Parameterdarstellung $x = R\cos\varphi$, $y = R\sin\varphi$, $z = z$]

   c) Berechnen Sie das Trägheitsmoment des Zylindermantels bzgl. der z-Achse.

93. Ein Kegelmantel $z = \sqrt{x^2 + y^2}$ der Höhe H ist mit der Flächendichte $\rho = \rho(x,y) = x^2$ belegt.

   a) Welche Masse hat der Kegelmantel?

   b) Welche Koordinaten hat der Massenschwerpunkt?

94. Gegeben ist eine Vektorfunktion $\vec{v} = (x^2;\ 2y+3;\ z+5)^T$ und ein räumlicher Bereich, der von den Ebenen $x = 0$, $y = 0$, $z = 0$, $x = 3$, $y = 4$, $z = 5$ begrenzt wird.

   a) Berechnen Sie den Vektorfluß durch alle Berandungsebenen.

   b) Prüfen Sie das Ergebnis durch Anwendung des Gaußschen Integralsatzes.

95. Wie groß ist der Vektorfluß durch die Kugeloberfläche $x^2 + y^2 + z^2 = R^2$ für die Vektorfunktion $\vec{v} = x^3\,\vec{i} + y^3\,\vec{j} + z^3\,\vec{k}$? (Hinweis: Verwenden Sie den Integralsatz von Gauß).

96. Wie groß ist der Vektorfluß durch die obere Halbkugelfläche (Radius R), wenn die Vektorfunktion durch $\vec{v} = x^2\,z^2\,\vec{k}$ gegeben ist?
Prüfen Sie das Ergebnis durch Anwendung des Gaußschen Integralsatzes.

97. Gegeben ist die Vektorfunktion $\vec{v} = y^2\,\vec{i} - z\,\vec{j} + 4x^2\,z\,\vec{k}$ und ein Kreiszylinder $T = \{(x,y,z) \mid x^2 + y^2 \le R^2,\ 0 \le z \le H\}$.
Berechnen Sie die Ergiebigkeit von $\vec{v}$ in T, den Vektorfluß durch die Basis- und Deckfläche des Zylinders und schließen Sie daraus auf den Vektorfluß durch die Zylindermantelfläche.

98. Bestätigen Sie den Gaußschen Integralsatz für den Kreiszylinder
$x^2 + y^2 \le R^2,\ 0 \le z \le H$

     a) mit der Vektorfunktion $\vec{v} = (xz,\ yz, 3)^T$ und

     b) mit der Vektorfunktion $\vec{v} = xy\vec{j} + z\vec{k}$.

99. Gegeben ist eine Viertelkugel durch $x^2 + y^2 + z^2 \le 9,\ z \ge 0,\ y \ge 0$ und eine Vektorfunktion $\vec{v} = xz\vec{i} + yz\vec{j} + z^2\vec{k}$.
Berechnen Sie den Vektorfluß durch alle Begrenzungsflächen.

100. Ein ebenes Gebiet wird von den Geraden $y = 0$, $x = 3$ und $y = 2x$ berandet. Bestätigen Sie den Integralsatz von Stokes für die Vektorfunktion $\vec{v} = (x; xy; yz)^T$.

101. Bestätigen Sie den Integralsatz von Stokes für das Vektorfeld
$\vec{v} = (-y;\ x;\ z^2)^T$, wenn die Randkurve k der Kreis $x^2 + y^2 = R^2$ in der x,y-Ebene ist und die eingespannte Fläche Ω

     a) die Kreisfläche selbst

     b) die obere Hälfte der Kugeloberfläche $x^2 + y^2 + z^2 = R^2$, $z \ge 0$ ist.

102. Berechnen Sie den Wirbelfluß $\iint_\Omega \vec{n}^o\cdot \operatorname{rot}\vec{v}\ df$ für die Vektorfunktion $\vec{v} = x^2\vec{i} + z^2\vec{j} + y^2\vec{k}$, wobei Ω

     a) der Teil der Ebene $x + y + z = 1$ ist, für den gilt $x \ge 0$, $y \ge 0$, $z \ge 0$.

     b) der Teil der Ebene $x - y + z = 1$ ist, für den gilt $x \ge 0$, $y \le 0$, $z \ge 0$.

Antworten zu 6

1. Das Parameterintegral ist eine Funktion, die im vorliegenden Fall von einer unabhängigen Veränderlichen abhängt. Der Parameter x wird bei der Integration wie eine Konstante behandelt.

2. $F(x)$ ist stetig, wenn der Integrand $f(x,y)$, und die Grenzen $\varphi(x)$ und $\psi(x)$ auf B setig sind.

3. Falls $f(x,y)$ sowie $f_y(x,y)$ stetig und $\varphi(x)$ und $\psi(x)$ differenzierbar sind, kann man $F'(x)$ bilden.

4. Genau dann, wenn $\varphi(x)$ und $\psi(x)$ konstant sind, gilt

$$\int\limits_{x=a}^{b} \left\{ \int\limits_{y=c}^{d} f(x,y)\,\mathrm{d}y \right\}\,\mathrm{d}x = \int\limits_{y=c}^{d} \left\{ \int\limits_{x=a}^{b} f(x,y)\,\mathrm{d}x \right\}\,\mathrm{d}y.$$

5. Die Verallgemeinerung der Ableitungsformel lautet:

$$F_x(x,y) = \frac{\partial F(x,y)}{\partial x} =$$
$$\int\limits_{t=\varphi(x,y)}^{\psi(x,y)} f(x,y,t)\,\mathrm{d}t + f[x,y,\psi(x,y)]\,\psi_x(x,y) - f[x,y,\varphi(x,y)]\,\varphi_x(x,y)$$

6. $f(x,y)$ muß auf B stetig und $F(x)$ gleichmäßig konvergent sein. Dann gilt:

$$F'(x) = \frac{\mathrm{d}}{\mathrm{d}x} \int\limits_{y=-\infty}^{d} f(x,y)\,\mathrm{d}y = \int\limits_{y=-\infty}^{d} f_x(x,y)\,\mathrm{d}y = \lim_{c \to -\infty} \int\limits_{y=c}^{d} f_x(x,y)\,\mathrm{d}y.$$

7. $x = a$ bedeutet im:

R^1 ein Punkt auf der x-Achse (Abb. 6.22a),
R^2 eine Parallelgerade zur y-Achse im Abstand a (Abb. 6.22b),
R^3 eine Parallelebene zur y,z-Ebene im Abstand a (Abb. 6.22c).

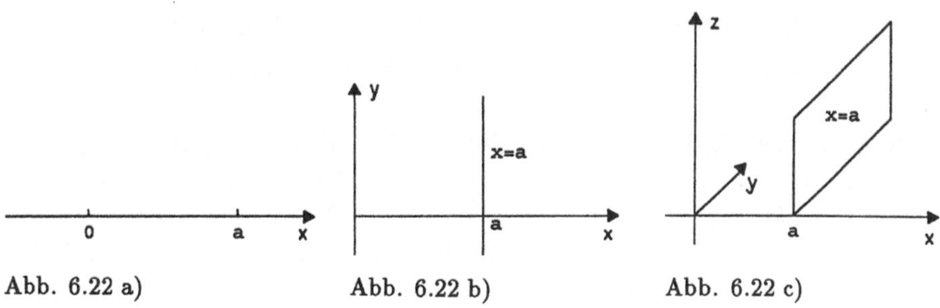

Abb. 6.22 a)   Abb. 6.22 b)   Abb. 6.22 c)

8. Die obere Halbebene einschließlich der Randlinie $y = c$ (Abb. 6.23).

9. $B = \{(x,y) \mid 0 \leq y \leq 2,\ 2y \leq x \leq 4\}$ ist Normalbereich bzgl. der y-Achse, (Abb. 6.24).

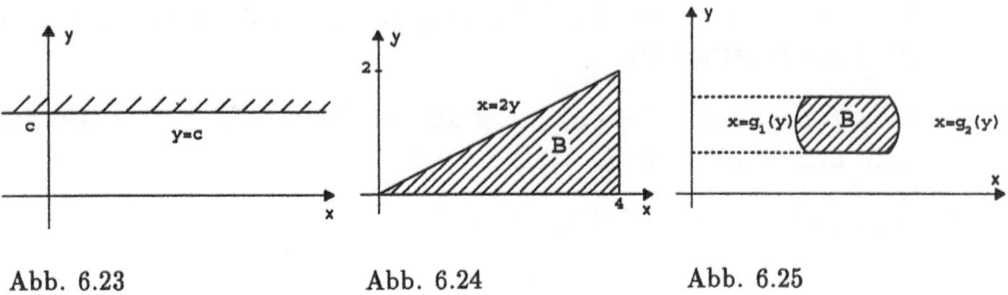

<table>
<tr><td>Abb. 6.23</td><td>Abb. 6.24</td><td>Abb. 6.25</td></tr>
</table>

10. Wenn B durch 2 Parallelgeraden zur x-Achse (im Ausnahmefall können das auch Punkte sein) und zwei explizit nach x gegebene Kurven $x = g_1(y)$ und $x = g_2(y)$ begrenzt wird, ist es günstig, B als Normalbereich bzgl. der y-Achse zu beschreiben, (Abb. 6.25).

11. Falls die untere Grenze durch die x-Achse gebildet wird, erhält man:

$$\int\limits_{x=a}^{b} \int\limits_{y=0}^{f(x)} \mathrm{d}y\,\mathrm{d}x = \int\limits_{x=a}^{b} f(x)\ \mathrm{d}x.$$

12.   1. Beschreibung des Bereichs im u, v-System durch Ungleichungen (Grenzen des Doppelintegrals)

     2. Transformation der Belegungsfunktion

$$f(x,y) = f[x(u,v),\ y(u,v)] = \overline{f}(x,y)$$

     3. Transformation des Flächenelementes db mit Hilfe der Funktionaldeterminate (Jacobi-Determinate) $\mathrm{d}\overline{b} = \left| \frac{\partial(x,y)}{\partial(u,v)} \right|\ \mathrm{d}u\ \mathrm{d}v.$

13. $r = a$ ist ein Kreis um den Pol mit dem Radius a (Abb. 6.26a).
$\varphi = \frac{\pi}{6}$ ist ein Strahl, der vom Pol ausgeht und mit der Polachse (x-Achse) einen Winkel von 30° bildet (Abb. 6.26b).
$r \leq a$ ist eine Kreisscheibe (Radius a, Pol gleich Mittelpunkt) einschließlich ihrer Randpunkte (Abb. 6.26c).

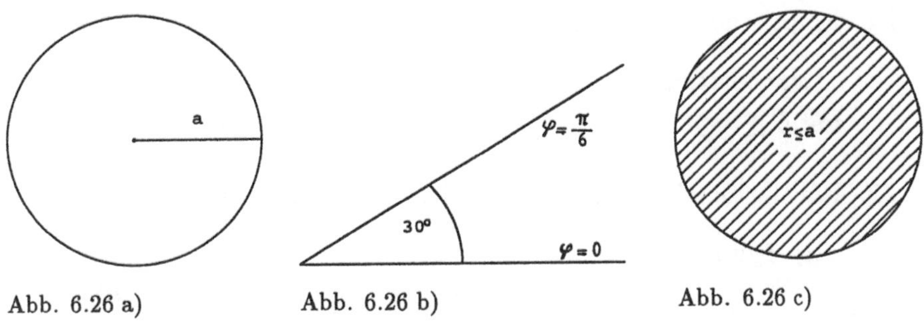

Abb. 6.26 a)   Abb. 6.26 b)   Abb. 6.26 c)

14. Statisches Moment bzgl. der y-Achse: $M_y = \iint\limits_B x\rho \; \mathrm{d}b$.

15. Nur die Grenzen des inneren Integrals dürfen von einer Integrationsvariablen, und zwar der des äußeren Integrals, abhängen.

16. Da die Belegungsfunktion bei der Volumenberechnung identisch 1 ist, kann die innere Integration über z sofort ausgeführt werden.

$$V = \int\limits_{x=a}^{b} \int\limits_{y=g_1(x)}^{g_2(x)} \int\limits_{z=h_1(x,y)}^{h_2(x,y)} \mathrm{d}z\mathrm{d}y\mathrm{d}x = \int\limits_{x=a}^{b} \int\limits_{y=g_1(x)}^{g_2(x)} \left\{ h_2(x,y) - h_1(x,y) \right\} \mathrm{d}y\mathrm{d}x$$

Für $h_1(x,y) \equiv 0 \; x,y$-Ebene:

$$V = \int\limits_{x=a}^{b} \int\limits_{y=g_1(x)}^{g_2(x)} h(x,y) \; \mathrm{d}y\mathrm{d}x = \iint\limits_B h(x,y) \; \mathrm{d}b.$$

17. $y_s = \frac{1}{m} \iiint\limits_T y \; \rho \; \mathrm{d}\tau$

18. a) $M_{y,z} = \iiint\limits_T x \; \rho \; \mathrm{d}\tau$ b) $J_z = \iiint\limits_T (x^2 + y^2)\rho \; \mathrm{d}\tau$

19.   1. Beschreibung des Bereichs T im u,v,w-System durch Ungleichungen und damit Festlegung der Grenzen: $\overline{T} = \{(u,v,w)|\ldots\}$

   2. Transformation der Belegungsfunktion:
   $f(x,y,z) = f[x(u,v,w),\; y(u,v,w),\; z(u,v,w)] = \overline{f}(u,v,w)$

   3. Transformation des Raumelementes $\mathrm{d}\tau$ mit Hilfe der Funktionaldeterminate (Jacobideterminate): $\mathrm{d}\tau = \left| \frac{\partial(x,y,z)}{\partial(u,v,w)} \right| \mathrm{d}u\mathrm{d}v\mathrm{d}w$.

20. Die Abbildung von $\overline{T}$ des u,v,w-Raumes auf T des x,y,z-Raumes muß mit Ausnahme von Randpunkten von T eineindeutig sein und sämtliche partiellen Ableitungen 1. Ordnung von x,y,z nach u,v,w müssen in T existieren.

21. Elliptische Zylinderkoordinaten:

$x = ar \cos\varphi,\ y = br \sin\varphi,\ z = z$
mit $0 \le r \le 1,\ 0 \le \varphi \le 2\pi,\ z \in \mathrm{R}$.

22. Für die Beschreibung des kegelförmigen Bereiches sind geeignet:

a) Zylinderkoordinaten:

$$\overline{T} = \{(r,\varphi,z) \mid 0 \le r \le R,\ 0 \le \varphi \le 2\pi,\ \tfrac{H}{R}\, r \le z \le H\}$$

b) kartesische Koordinaten:

$$T = \{(x,y,z) \mid -R \le x \le R,\ -\sqrt{R^2 - x^2} \le y \le \sqrt{R^2 - x^2},$$
$$\tfrac{H}{R}\,\sqrt{x^2 + y^2} \le z \le H\}.$$

23. Wegen $y \equiv 0$ verläuft der Integrationsweg auf der x-Achse. Dann gilt $\mathrm{d}s = \sqrt{\mathrm{d}x^2 + \mathrm{d}y^2} = \mathrm{d}x$. Aus dem Kurvenintegral wird das Riemannsche Integral einer Funktion von einer unabhängigen Veränderlichen.

$$^k\!\!\int\limits_{(x_1,y_1)}^{(x_2,y_2)} f(x,y)\,\mathrm{d}s = \int\limits_{(x_1,0)}^{(x_2,0)} f(x,0)\,\mathrm{d}x = \int\limits_{x_1}^{x_2} \overline{f}(x)\,\mathrm{d}x.$$

24. Das Bogenelement hat die Form $\mathrm{d}s = \sqrt{r^2 + r'^2}\,\mathrm{d}\varphi$, wobei $r' = \frac{\mathrm{d}r}{\mathrm{d}\varphi}$ bedeutet.

25. Sei G ein Gebiet im R^2 und k eine ganz in G verlaufende rektifizierbare Kurve. Dann existiert eine auf G stetige Funktion $f(x,y)$ mit $(x_o, y_o) \in k$, für die $^k\!\!\int\limits_A^B f(x,y)\,\mathrm{d}s = s\,f(x_o, y_o)$ gilt, wobei s die Bogenlänge von k ist.

26. Da $\rho = \rho_o$ ist, gilt: $y_s = \tfrac{1}{s} \int\limits_A^B y\mathrm{d}s = \tfrac{1}{s} \int\limits_{t_1}^{t_2} y(t)\sqrt{x^2 + y^2}\,\mathrm{d}t$.

27. Unter einem Koordinatenweg versteht man einen gebrochenen Weg, der stückweise parallel zu den Koordinatenachsen verläuft.

$k = k_1 \cup k_2$, wobei $k_1 : x_1 \le x \le x_2, y = y_1$ und
$\qquad\qquad k_2 : y_1 \le y \le y_2, x = x_2$
$\qquad$ oder $\overline{k}_1 : y_1 \le y \le y_2, x = x_1$ und
$\qquad\qquad \overline{k}_2 : x_1 \le x \le x_2, y = y_2$

bedeutet.

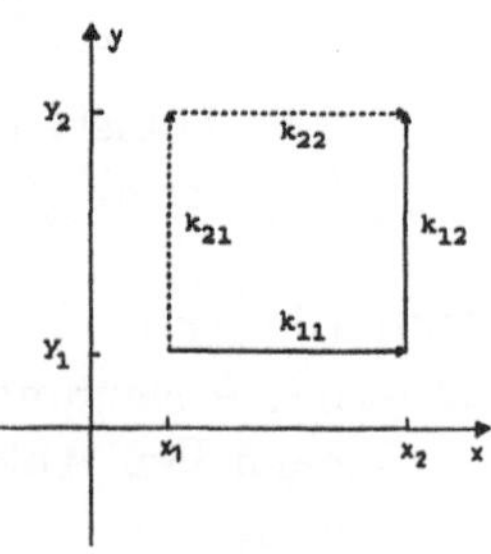

Abb. 6.27

28. Die Parameterdarstellung des Integrationsweges hat keinen Einfluß auf den Wert des Kurvenintegrals.

29. Gilt für das gesamte Gebiet, in dem k verläuft, $P_y = Q_x$, so ist das Kurvenintegral wegunabhängig.

30. Das Kurvenintegral hat in diesem Fall den Wert Null.

31. Ändert man die Orientierung des Weges, so ändert sich beim Kurvenintegral das Vorzeichen.

Es gilt: $\displaystyle {}^k\!\!\int_A^B \{P\ \mathrm{d}x + Q\ \mathrm{d}y\} = -{}^k\!\!\int_B^A \{P\ \mathrm{d}x + Q\ \mathrm{d}y\}.$

32. In diesem Fall kann das Kurvenintegral als Arbeit gedeutet werden, die verrichtet wird, wenn ein Teilchen längs des Weges k von A nach B transportiert wird.

33. Unter einer Fläche versteht man ein zweidimensionales Gebilde im R^3 oder genauer, eine Punktmenge Ω des R^3, zu der es eine Parameterdarstellung $\vec{r} = \vec{r}(u,v) = x(u,v)\ \vec{e}_1 + y(u,v)\ \vec{e}_2 + z(u,v)\ \vec{e}_3$ mit $(u,v) \in F \subset \mathrm{R}^2$ gibt. $\vec{r} = \vec{r}(u,v)$ soll dabei auf einem Gebiet, das F umfaßt, stetig partiell differenzierbar nach u und v sein, wobei $\vec{r}_u \times \vec{r}_v \neq \vec{0}$ sein muß.
Eine Fläche, die in inneren Punkten weder Ecken noch Kanten hat, nennt man glatt.

34. Durch Vertauschen der y- und z-Koordinate erhält man:

$$\vec{r} = \vec{r}(\varphi,y) = (R\cos\varphi, y, R\sin\varphi)^T \quad \text{mit} \quad 0 \le \varphi \le 2\pi,\ 0 \le y \le H.$$

35. Da für alle Punkte der Kugeloberfläche $r = R$ gilt, wird durch

$$\vec{r} = \vec{r}(\vartheta,\varphi) = (R\sin\vartheta\cos\varphi, R\sin\vartheta\sin\varphi, R\cos\vartheta)^T$$

mit $0 \le \vartheta \le \pi,\ 0 \le \varphi \le 2\pi$ die Oberfläche einer Kugel darstellt.

36. Der Wert eines Oberflächenintegrals ist unabhängig von der Parameterdarstellung einer Fläche.

37. $\vec{r}_u$ und $\vec{r}_v$ stellen Anstiege von Tangenten an den Flächenpunkt P_o in Richtung der Parameterlinien u und v dar.

38. Den Normalenvektor kann man über das Vektorprodukt der partiellen Ableitungen berechnen: $\vec{n} = \vec{r}_u(x_o, y_o) \times \vec{r}_v(x_o, y_o)$.

Dann ist der Einheitsnormalenvektor: $\displaystyle \vec{n}_o = \frac{\vec{r}_u(u_o, v_o) \times \vec{r}_v(u_o, v_o)}{|\vec{r}_u(u_o, v_o) \times \vec{r}_v(u_o, v_o)|}.$

39. Ein glattes Flächenstück läßt sich durch ein Parallelogramm, dessen Seiten durch $\vec{r}_u\Delta u$ und $\vec{r}_v\Delta v$ bestimmt werden, am besten approximieren.
Eine Elementarfläche $\Delta\omega$ hat den Inhalt

$$\Delta\omega = |\vec{r}_u \times \vec{r}_v| \; \Delta u\Delta v.$$

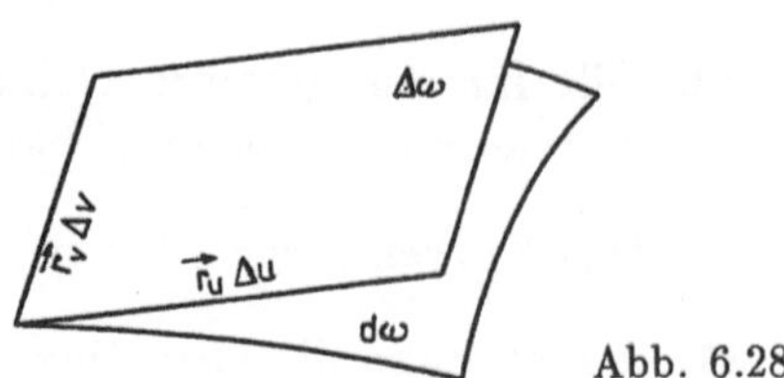

Abb. 6.28

40. Das Oberflächenelement für die x,y-Ebene ist gleich dem Flächenelement:
$d\omega = db = dxdy$.
Durch zyklische Vertauschungen erhält man
für die x,y-Ebene das Flächenelement $d\omega = dx\,dz$
für die y,z-Ebene das Flächenelement $d\omega = dy\,dz$.

41. Wenn eine glatte Fläche in der expliziten Form $z = f(x,y)$ gegeben, die partiellen Ableitungen z_x und z_y existieren und die Projektion des Flächenstücks Ω auf die x,y-Ebene gleich dem ebenen Bereich B ist, stellt das Bereichsintegral über B den Inhalt des gekrümmten Flächenstücks Ω dar.

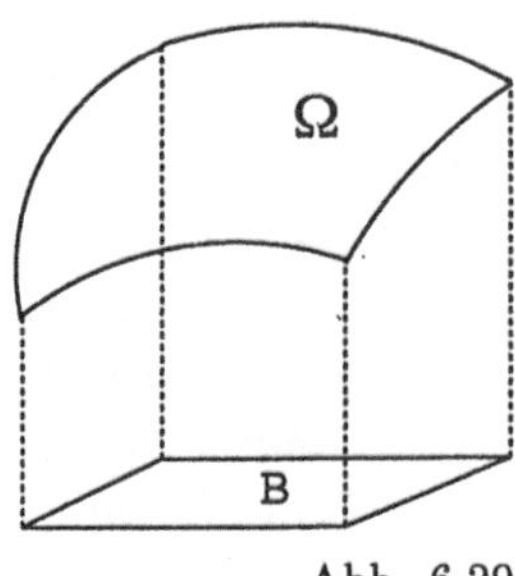

Abb. 6.29

42. Für die z-Koordinate des geometrischen Schwerpunktes gilt:

$$z_s = \frac{1}{A}\iint\limits_{\Omega} z\;d\omega = \frac{1}{A}\int\limits_{u}\int\limits_{v} z(u,v)\sqrt{EG - F^2}\;dvdu$$

und für den Massenschwerpunkt (ρ_F Flächendichte)

$$z_s = \frac{1}{m}\iint\limits_{\Omega} z\,\rho_F\;d\omega = \frac{1}{m}\int\limits_{u}\int\limits_{v} z(u,v)\,\rho_F(u,v)\,\sqrt{EG - F^2}\;dvdu.$$

Lösungen zu 6

1. a)
$$F'(x) = \int_{t=x}^{x^2} \sinh xt \; dt + \frac{\cosh x^3}{x^2} \, 2x - \frac{\cosh x^2}{x} \, x$$
$$= \left[\frac{\cosh xt}{x}\right]_{t=x}^{x^2} + 2\,\frac{\cosh x^3}{x} - \frac{\cosh x^2}{x}$$
$$= \frac{1}{x}\,(3\cosh x^3 - 2\cosh x^2).$$

b)
$$F'(\alpha) = \int_{y=0}^{\frac{\alpha}{2}} \frac{y}{1+\alpha^2 y^2} \; dy + \frac{1}{2}\arctan\frac{\alpha^2}{2}$$
$$= \frac{1}{2\alpha^2}\ln(1+\frac{\alpha^4}{4}) + \frac{1}{2}\arctan\frac{\alpha^2}{2}.$$

c) In diesem Fall kann man das Integral direkt berechnen und danach differenzieren:

$$h(t) = \int_{y=t}^{2t} \sin(ty)\;dy = -\frac{1}{t}(\cos 2t^2 - \cos t^2)$$
$$h'(t) = 4\sin(2t^2) - 2\sin t^2 + \frac{1}{t^2}[\cos(2t^2) - \cos t^2];$$

d)
$$F'(x) = \frac{1}{x}\,e^{\sin(x+x^3)} - \frac{1}{x}\,e^{\sin x} + \frac{2x}{1+x^2}\,e^{\sin(x+x^3)};$$

e)
$$h'(t) = \int_{x=a}^{b} e^{tx}dx = \frac{1}{t}\,(e^{bt} - e^{at}).$$

2. a)
$$F'(x) = \int_{y=1}^{2} \frac{\cosh xy}{y}\;dy.$$
$$F''(x) = \int_{y=1}^{2} \sinh xy \; dy = \frac{1}{x}(\cosh 2x - \cosh x).$$

b) $\quad F'(x) \; = \; \displaystyle\int\limits_{t=1}^{x} \frac{e^{xt}}{t}\,\mathrm{d}t + \frac{1}{x^2}\,e^{x^2},$

$$F''(x) \; = \; \int\limits_{t=1}^{x} e^{xt}\mathrm{d}t + \frac{1}{x}\,e^{x^2} + \frac{2}{x^3}\,(x^2-1)\,e^{x^2} = \frac{4x^2-2}{x^3}\,e^{x^2} - \frac{1}{x}\,e^{x}.$$

3. a) $\quad F'(x) \; = \; 5e^{-25x^2} - 3e^{-9x^2}, \qquad\qquad\qquad F'(0) = 2.$

b) $\quad F'(x) \; = \; 5e^{-25x^2}, \qquad\qquad\qquad\qquad\quad F'(0) = 5.$

c) $\quad F'(x) \; = \; 1 - \dfrac{e}{2x} + \ln(x \, \ln x), \qquad F'(e) = \dfrac{3}{2}.$

4. $\quad F'(x) \; = \; \displaystyle\int\limits_{y=x}^{\infty} -y e^{-xy^2}\,\mathrm{d}y - \frac{1}{x}\,e^{-x^3}$

$$= \; \lim_{b\to\infty} \frac{1}{2x}\,e^{-xb^2} - \frac{1}{2x}\,e^{-x^3} - \frac{1}{x}\,e^{-x^3} = -\frac{3}{2x}\,e^{-x^3}.$$

5. $\quad F(x) = \displaystyle\int e^{-t}\,\cos tx\,\mathrm{d}t = \frac{1}{1+x^2}\,e^{-t}\,(\sin tx - \cos tx),$

$$\int\limits_{t=0}^{\infty} e^{-t}\,\cos tx\,\mathrm{d}t = \lim_{b\to\infty} \frac{1}{1+x^2}\,e^{-b}\,(\sin bx - \cos bx) - \frac{-1}{1+x^2}$$

$$= \frac{1}{1+x^2}.$$

Da $\sin bx$ und $\cos bx$ beschränkt sind, ist $\lim\limits_{b\to\infty} e^{-b}\,(\sin bx - \cos bx) = 0$.

$$F'(x) = \frac{-2x}{(1+x^2)^2}, \qquad F'(1) = -\frac{1}{2}.$$

6. $\quad \displaystyle\int\limits_{x=1}^{2} F(x)\,\mathrm{d}x \; = \; \int\limits_{x=1}^{2} \{ \int\limits_{t=0}^{\frac{\pi}{2}} t\,\sin tx\,\mathrm{d}t \}\,\mathrm{d}x = \int\limits_{t=0}^{\frac{\pi}{2}} \{ \int\limits_{x=1}^{2} t\,\sin tx\,\mathrm{d}x \}\,\mathrm{d}t$

$$= \int\limits_{t=0}^{\frac{\pi}{2}} \Big[-\cos tx \Big]_{x=1}^{2}\,\mathrm{d}t = \Big[\sin t - \frac{1}{2}\sin 2t \Big]_{t=0}^{\frac{\pi}{2}} = 1.$$

7. $\quad y' \;=\; f'(x) = \displaystyle\int\limits_{t=0}^{x} \frac{1}{2\sqrt{x-t}}\, e^{-at}\, dt$

$\qquad\quad =\; \left[-\sqrt{x-t}\, e^{-at}\right]_{t=0}^{x} - a\displaystyle\int\limits_{t=0}^{x} e^{-at}\,\sqrt{x-t}\, dt = \sqrt{x} - ay.$

$\quad y' \;+\; ay = \sqrt{x} \qquad$ wird erfüllt.

8. $\quad \dot{x}(t) \;=\; \displaystyle\int\limits_{y=0}^{t} f(y)\,\cos k(t-y)\, dy,$

$\qquad \ddot{x}(t) \;=\; -k\displaystyle\int\limits_{y=0}^{t} f(y)\,\sin k(t-y)\, dt + f(t) = -k^2\, x(t) + f(t).$

$\quad \ddot{x}(t) \;+\; k^2 x(t) = f(t) \quad$ wird erfüllt.

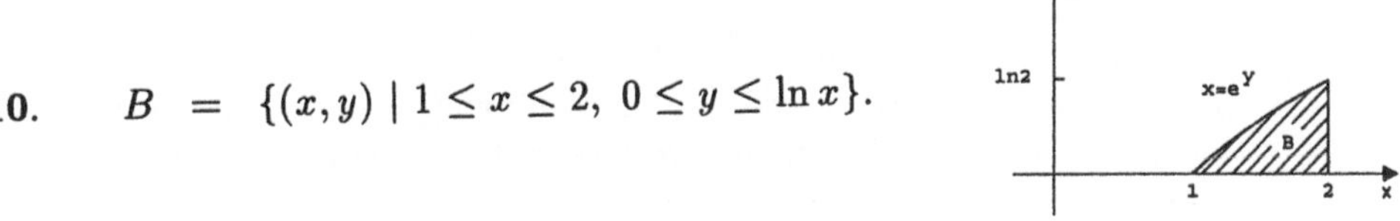

9. $\quad B \;=\; B_1 \cup B_2 \qquad$ wobei

$\qquad B_1 \;=\; \{(x,y)\cdot\mid 0 \le y \le 1,\ \tfrac{1}{3}y \le x \le 2y\},$

$\qquad B_2 \;=\; \{(x,y)\mid 1 \le y \le 6,\ \tfrac{1}{3}y \le x \le 2\}.$

10. $\quad B \;=\; \{(x,y)\mid 1 \le x \le 2,\ 0 \le y \le \ln x\}.$

11. $\quad B \;=\; \{(x,y)\mid 0 \le x \le 4;\ \tfrac{1}{2}x \le y \le \sqrt{x}\},$

$\qquad B \;=\; \{(x,y)\mid 0 \le y \le 2;\ y^2 \le x \le 2y\}.$

12. $\quad (x-a)^2 + y^2 = a^2$

$\qquad B = \{(x,y)\mid 0 \le x \le 2a,\ -\sqrt{2ax - x^2} \le y \le \sqrt{2ax - x^2}\}.$

Aus $x^2 - 2ax + a^2 + y^2 = a^2$, d.h. $x^2 + y^2 = 2ax$ erhält man in Polarkoordinaten: $r^2 = 2\,ar\cos\varphi$ oder $r(r - 2a\cos\varphi) = 0$. Diese Gleichung hat die Lösungen $r_1 = 0$ und $r_2 = 2a\cos\varphi$. Da r nicht negativ werden kann, erhält man den Winkelraum zwischen $-\tfrac{\pi}{2}$ und $\tfrac{\pi}{2}$ (negative und positive y-Achse).

$B = \{(r,\varphi)\mid -\tfrac{\pi}{2} \le \varphi \le \tfrac{\pi}{2};\ 0 \le r \le 2a\cos\varphi\}.$

13.

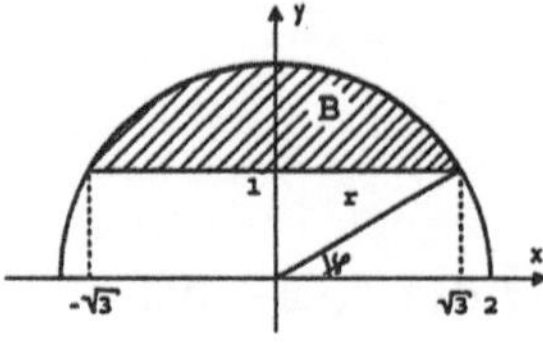

Abb. 6.32

Setzt man $y = 1$ in die Kreisgleichung $x^2 + y^2 = 4$ ein, so erhält man $x^2 = 3$, woraus sich die Lösungen $x_1 = -\sqrt{3}$ und $x_2 = \sqrt{3}$ ergeben. Somit kann der Bereich B wie folgt beschrieben werden (Abb. 6.32):

$$B = \{(x,y)\mid -\sqrt{3} \leq x \leq \sqrt{3},\ 1 \leq y \leq \sqrt{4 - x^2}\}.$$

Aus $\tan\varphi_o = \frac{1}{\sqrt{3}}$ erhält man $\varphi = \frac{\pi}{6}$ und entsprechend aus $\tan\varphi = -\frac{1}{\sqrt{3}}$ den Winkel $\varphi = \pi - \frac{\pi}{6} = \frac{5}{6}\pi$. Die untere Grenze für r erhält man aus der Beziehung $\frac{1}{r} = \sin\varphi$. Somit läßt sich der Bereich B in Polarkoordinaten wie folgt beschreiben:

$$B = \{(r,\varphi)\mid \tfrac{\pi}{6} \leq \varphi \leq \tfrac{5}{6}\pi;\ \tfrac{1}{\sin\varphi} \leq r \leq 2\}.$$

14.

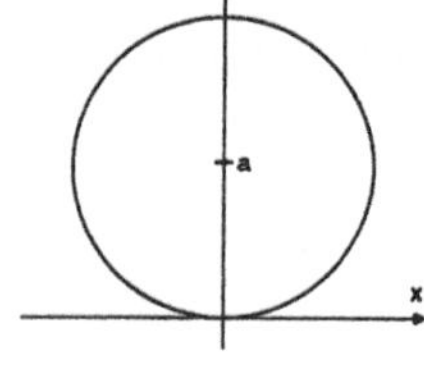

Abb. 6.33

Transformiert man $x^2 + y^2 - 2ay = 0$ auf Polarkoordinaten, so erhält man $r^2 - 2\,ar\sin\varphi = 0$.
Die Lösungen dieser Gleichung bilden die Grenzen für r; der Winkelraum für φ reicht von 0 bis π. Somit läßt sich der Bereich wie folgt beschreiben (Abb. 6.33):

$$B = \{(r,\varphi)\mid 0 \leq \varphi \leq \pi,\ 0 \leq r \leq 2a\sin\varphi\}.$$

15. a) $B = \{(r,\varphi)\mid 1 \leq r \leq 3,\ \dfrac{2}{3}\pi \leq \varphi \leq \dfrac{3}{4}\pi\}.$ (Abb. 6.34a)

b)   Für $x = a$ erhält man aus $x^2 + y^2 = 4a^2, y^2 = 3a^2$, d.h. $y_1 = \sqrt{3}a$ und $y_2 = -\sqrt{3}a$. Aus $\tan\varphi = \frac{\sqrt{3}a}{a} = \sqrt{3}$ erhält man $\varphi = \frac{\pi}{3}$ und aus $\tan\varphi = -\sqrt{3}$ entsprechend $\varphi = -\frac{\pi}{3}$. Die untere Grenze für r ergibt sich aus $\cos\varphi = \frac{a}{r}$. Somit ist:

$$B = \{(r,\varphi)\mid -\frac{\pi}{3} \leq \varphi \leq \frac{\pi}{3};\ \frac{a}{\cos\varphi} \leq r \leq 2a\}. \quad \text{(Abb. 6.34b)}$$

c)   Der Winkelraum reicht von $\frac{3}{4}\pi$ bis π. Die untere Grenze erhält man aus $\cos(180 - \varphi) = \frac{a}{r}$, d.h. $r = -\frac{a}{\cos\varphi}$. (Da $\cos\varphi < 0$ ist, gilt im vorgegebenen Winkelraum $r > 0$). Für die obere Grenze erhält man nach dem Satz des Thales $\cos(180 - \varphi) = \frac{r}{2a}$, d.h. $r = -2a\cos\varphi$. Somit ist:

$$B = \{(r,\varphi)\mid \frac{3}{4}\pi \leq \varphi \leq \pi;\ -\frac{a}{\cos\varphi} \leq r \leq -2a\cos\varphi\}. \quad \text{(Abb. 6.34c)}$$

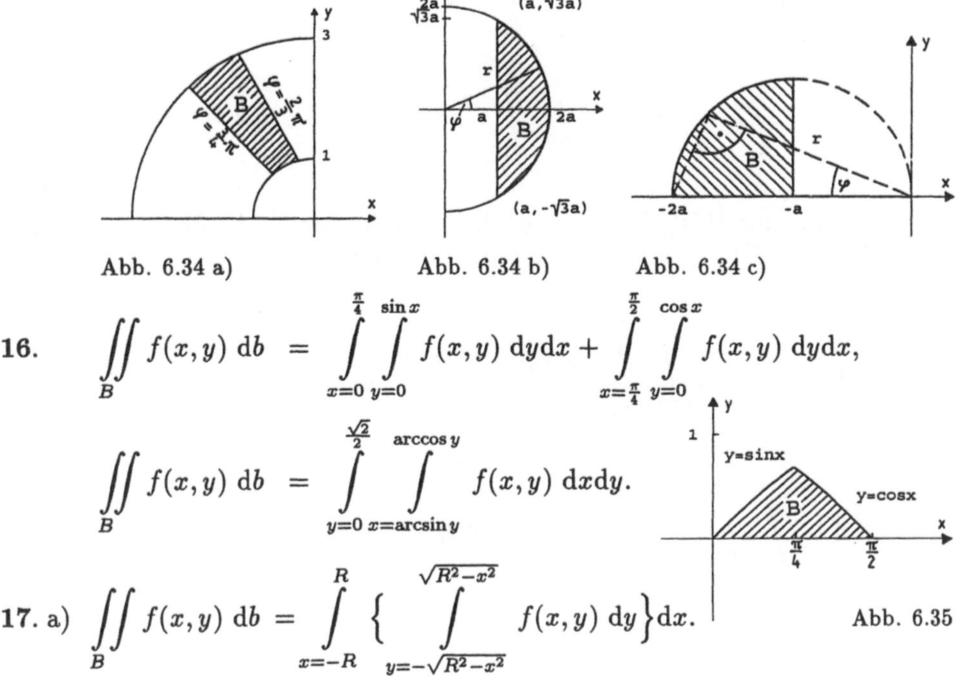

Abb. 6.34 a)   Abb. 6.34 b)   Abb. 6.34 c)

16.
$$\iint\limits_B f(x,y)\,db = \int\limits_{x=0}^{\frac{\pi}{4}} \int\limits_{y=0}^{\sin x} f(x,y)\,dy dx + \int\limits_{x=\frac{\pi}{4}}^{\frac{\pi}{2}} \int\limits_{y=0}^{\cos x} f(x,y)\,dy dx,$$

$$\iint\limits_B f(x,y)\,db = \int\limits_{y=0}^{\frac{\sqrt{2}}{2}} \int\limits_{x=\arcsin y}^{\arccos y} f(x,y)\,dx dy.$$

Abb. 6.35

17. a)
$$\iint\limits_B f(x,y)\,db = \int\limits_{x=-R}^{R} \left\{ \int\limits_{y=-\sqrt{R^2-x^2}}^{\sqrt{R^2-x^2}} f(x,y)\,dy \right\} dx.$$

b)
$$\iint\limits_B f(x,y)\,db = \iint\limits_{B'} f(r\cos\varphi, r\sin\varphi)\,db' = \int\limits_{r=0}^{R} \left\{ \int\limits_{\varphi=0}^{2\pi} \overline{f}(r,\varphi)\, r\,d\varphi \right\} dr.$$

18. Die Gerade $y = \sqrt{3}x$ $(y \geq 0)$ schneidet den Kreis $x^2 + y^2 = 16$ bei $x = 2$. Folglich ist

$$\iint\limits_B f(x,y)\,db = \int\limits_{x=0}^{2} \int\limits_{y=\sqrt{3}x}^{\sqrt{16-x^2}} f(x,y)\,dy dx \quad \text{oder}$$

$$= \int\limits_{y=0}^{2\sqrt{3}} \int\limits_{x=0}^{\frac{\sqrt{3}}{3}y} f(x,y)\,dx dy + \int\limits_{y=2\sqrt{3}}^{4} \int\limits_{x=0}^{\sqrt{16-y^2}} f(x,y)\,dx dy.$$

Dem Anstieg $\tan\alpha = \sqrt{3}$ entspricht ein Bogen von $\alpha = \frac{\pi}{3}$. Dann ist

$$\iint\limits_B f(x,y)\,db = \iint\limits_{B'} f(r\cos\varphi,\ r\sin\varphi)\,db' = \int\limits_{r=0}^{4} \int\limits_{\varphi=\frac{\pi}{3}}^{\frac{\pi}{2}} \overline{f}(r,\varphi)\, r\,d\varphi dr.$$

19. a)
$$\iint\limits_{B} f(x,y)\,db = \int\limits_{x=0}^{2} \int\limits_{y=\frac{1}{2}}^{e^x} f(x,y)\,dydx.$$

b)
$$\iint\limits_{B} \frac{x}{y}\,db = \int\limits_{x=0}^{2} \int\limits_{y=\frac{1}{2}}^{e^x} \frac{x}{y}\,dydx = \frac{8}{3} + 2\ln 2 \approx 4,05.$$

20. Der Bereich B ist ein Kreisausschnitt (Achtelkreis), der im 2. Quadranten liegt. Es ist günstig, Polarkoordinaten zu verwenden.

$$\iint\limits_{B} y\,db = \int\limits_{r=0}^{a} \int\limits_{\varphi=\frac{\pi}{2}}^{\frac{3}{4}\pi} r\sin\varphi\; r\,d\varphi dr = \frac{\sqrt{2}}{6}a^3 \approx 0,24a^3.$$

21.
$$A = \int\limits_{r=3}^{5} \int\limits_{\varphi=\frac{\pi}{4}}^{\frac{2}{3}\pi} r\,d\varphi dr = \frac{10}{3}\pi \approx 10,5.$$

22.
$$V = \int\limits_{x=0}^{1} \int\limits_{y=0}^{x} e^{-x^2}\,dydx = \int\limits_{x=0}^{1} x\,e^{-x^2}\,dx$$

$$= \int\limits_{t=0}^{1} e^{-t}\frac{1}{2}\,dt = \frac{1}{2}\left(1 - \frac{1}{e}\right) \approx 0,32.$$

23. Bei Verwendung von Polarkoordinaten erhält man:

$$z = f(x,y) = \frac{4}{x^2 + y^2} = \overline{f}(r,\varphi) = \frac{4}{r^2},$$

$$V = \int\limits_{r=R_1}^{R_2} \int\limits_{\varphi=0}^{2\pi} \frac{4}{r^2}\; r\,d\varphi dr = 4\Big[\varphi\Big]_{\varphi=0}^{2\pi} \Big[\ln|r|\Big]_{R_1}^{R_2} = 8\pi\ln\frac{R_2}{R_1}.$$

24.
$$V = \int\limits_{x=0}^{2} \int\limits_{y=\frac{1}{4}x^2}^{2-\frac{1}{2}x} (x + 2y)\,dydx = \frac{89}{15} \approx 5,93.$$

25. Es empfiehlt sich, B als Normalbereich bzgl. der y-Achse aufzufassen. Die beiden Kurven schneiden sich im Punkt $(1;1)$.

$$V = \int\limits_{y=0}^{1} \int\limits_{x=\sqrt{y}}^{2-y} xy \; dxdy = \frac{1}{2} \int\limits_{y=0}^{1} (4y - 3y^2 + y^3) \; dy = \frac{7}{24}.$$

26. Es gibt zwei Halbzylinder, die durch die vorgegebenen Randflächen begrenzt werden. Die Berechnung erfolgt in Polarkoordinaten.

$$V_1 = \int\limits_{r=0}^{3} \int\limits_{\varphi=-\frac{\pi}{2}}^{\frac{\pi}{2}} r^3 \cos\varphi \, \sin^2\varphi \, r \; d\varphi dr = \frac{162}{5}.$$

Die Lösung ist *eindeutig* bestimmbar, da für den linken Halbzylinder $x < 0$ gilt und somit $z < 0$ ist. Dann wäre aber die x, y-Ebene nicht mehr untere, sondern obere Begrenzung.

27. a) $\quad V = \int\limits_{r=0}^{2} \int\limits_{\varphi=0}^{\frac{\pi}{4}} \cos\varphi \, \sin\varphi \, r \; d\varphi dr = \left[\frac{1}{2} \sin^2\varphi\right]_{\varphi=0}^{\frac{\pi}{4}} \left[\frac{r^2}{2}\right]_{r=0}^{2} = \frac{1}{2}.$

b) $\quad V = \int\limits_{r=0}^{1} \int\limits_{\varphi=0}^{2\pi} 5 \, r^2 d\varphi dr = 5 \left[\varphi\right]_{\varphi=0}^{2\pi} \left[\frac{r^3}{3}\right]_{r=0}^{1} = \frac{10}{3} \pi.$

28. $\quad m = \int\limits_{r=1}^{3} \int\limits_{\varphi=\frac{\pi}{6}}^{\frac{\pi}{3}} 4r \, \cos\varphi \, \sin\varphi \; d\varphi dr = 4.$

29.

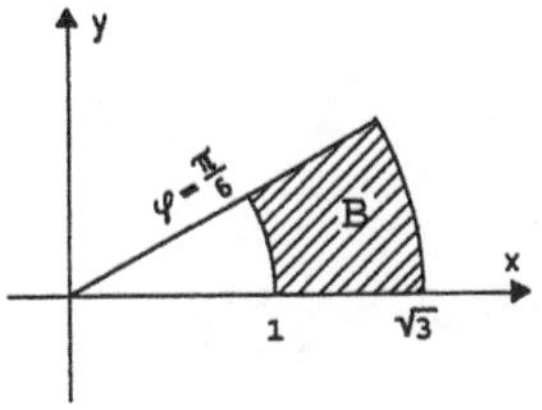

Abb 6.36

$$m = \int\limits_{r=1}^{\sqrt{3}} \int\limits_{\varphi=0}^{\frac{\pi}{6}} \frac{4r \cos\varphi}{r^2(1 + r^2)} \; rd\varphi dr$$

$$= 4 \left[\sin\varphi\right]_{\varphi=0}^{\frac{\pi}{6}} \left[\arctan r\right]_{r=1}^{\sqrt{3}} = \frac{\pi}{6}.$$

30. a) B ist der rechte Halbkreis mit dem Radius R und $A = \frac{1}{2}\pi R^2$.

$$x_s = \frac{1}{A} \int\limits_{r=0}^{R} \int\limits_{\varphi=-\frac{\pi}{2}}^{\frac{\pi}{2}} r^2 \cos\varphi \; d\varphi dr = \frac{4}{3\pi} R \approx 0,42R, \; y_s = 0.$$

b)   Wir verwenden elliptische Koordinaten:

$x = ar\cos\varphi,\; y = br\sin\varphi$ mit $\frac{\partial(x,y)}{\partial(r,\varphi)} = abr,$

$$A \;=\; \int\limits_{r=0}^{1}\int\limits_{\varphi=0}^{\frac{\pi}{2}} abr\, \mathrm{d}\varphi\mathrm{d}r = \frac{\pi}{4}\, ab;$$

$$x_s \;=\; \frac{1}{A}\int\limits_{r=0}^{1}\int\limits_{\varphi=0}^{\frac{\pi}{2}} a^2 br^2 \cos\varphi\, \mathrm{d}\varphi\mathrm{d}r = \frac{4}{3\pi}\, a \approx 0,42\, a,$$

$$y_s \;=\; \frac{1}{A}\int\limits_{r=0}^{1}\int\limits_{\varphi=0}^{\frac{\pi}{2}} ab^2 r^2 \sin\varphi\, \mathrm{d}\varphi\mathrm{d}r = \frac{4}{3\pi}\, b \approx 0,42\, b.$$

31.
$$A \;=\; \int\limits_{x=a}^{a+1}\int\limits_{y=0}^{e^{-x}} \mathrm{d}x\mathrm{d}y = \frac{1}{e^a} - \frac{1}{e^{a+1}} = \frac{e-1}{e^{a+1}};$$

$$x_s \;=\; \frac{1}{A}\int\limits_{x=a}^{a+1}\int\limits_{y=0}^{e^{-x}} x\, \mathrm{d}x\mathrm{d}y = \frac{1}{A}\left[-xe^{-x} - e^{-x}\right]_{x=a}^{a+1}$$

$$=\; \frac{1}{A}\left[-\frac{a+1}{e^{a+1}} - \frac{1}{e^{a+1}} + \frac{a}{e^a} + \frac{1}{e^a}\right] = a + 1 - \frac{1}{e-1},$$

$$y_s \;=\; \frac{1}{A}\int\limits_{x=a}^{a+1}\int\limits_{y=0}^{e^{-x}} y\, \mathrm{d}x\mathrm{d}y = \frac{1}{A}\left[-\frac{1}{4}\, e^{-2x}\right]_{x=a}^{a+1}$$

$$=\; \frac{1}{4A}\left[\frac{1}{e^{2a}} - \frac{1}{e^{2a+2}}\right] = \frac{e+1}{4e^{a+1}}.$$

32. a)
$$J_x \;=\; \int\limits_{r=0}^{R}\int\limits_{r=0}^{\pi} r^3 \sin^2\varphi\, \mathrm{d}\varphi\mathrm{d}r = \frac{\pi}{8}\, R^4,\; J_y = \frac{\pi}{8} R^4.$$

b)
$$J_x \;=\; \int\limits_{x=-1}^{1}\int\limits_{y=e^x}^{e} y^2\, \mathrm{d}y\mathrm{d}x = \frac{5}{9}\, e^3 + \frac{1}{9}\, e^{-3} \approx 11,16.$$

$$J_y \;=\; \int\limits_{x=-1}^{1}\int\limits_{y=e^x}^{e} x^2\, \mathrm{d}y\mathrm{d}x = 5\, e^{-1} - \frac{1}{3}\, e \approx 0,933.$$

33.
$$m = \int\limits_{x=0}^{1}\int\limits_{y=0}^{x} e^{-x^2}\,\mathrm{d}x\mathrm{d}y = \frac{1}{2}\left[1 - e^{-1}\right] \approx 0,316;$$

$$m = \lim_{b\to\infty}\int\limits_{x=0}^{b}\int\limits_{y=0}^{x} e^{-x^2}\,\mathrm{d}x\mathrm{d}y = \lim_{b\to\infty}\frac{1}{2}\left[1 - e^{-x^2}\right]_0^b = \frac{1}{2}.$$

34.
$$V = \int\limits_{x=0}^{4}\int\limits_{y=0}^{x+2}\int\limits_{z=2x+y+1}^{4x+2y+3}\,\mathrm{d}z\mathrm{d}y\mathrm{d}x = \frac{424}{3} = 141,\overline{3}.$$

35.
$$V = \int\limits_{y=0}^{1}\int\limits_{x=\sqrt{y}}^{2-y}\int\limits_{z=0}^{xy}\,\mathrm{d}z\mathrm{d}x\mathrm{d}y = \frac{7}{24} \approx 0,292.$$

36.
$$V = \int\limits_{x=0}^{6}\int\limits_{y=\frac{1}{4}x^2+1}^{10}\int\limits_{z=0}^{\frac{x}{y}}\,\mathrm{d}z\mathrm{d}y\mathrm{d}x$$

$$= \int\limits_{x}\left[x\ln 10 - x\ln\left(\frac{1}{4}x^2 + 1\right)\right]\mathrm{d}x \quad \text{(ungünstig)};$$

$$V = \int\limits_{y=1}^{10}\int\limits_{x=0}^{2\sqrt{y-1}}\int\limits_{z=0}^{\frac{x}{y}}\,\mathrm{d}z\mathrm{d}x\mathrm{d}y = \int\limits_{y=1}^{10}\left[2y - \frac{2}{y}\right]\mathrm{d}y$$

$$= 18 - 2\ln 10 \approx 13,395.$$

37.
$$m = \int\limits_{x=0}^{1}\int\limits_{y=1-x}^{2-2x}\int\limits_{z=0}^{x^2} z\,\mathrm{d}z\mathrm{d}y\mathrm{d}x = \frac{1}{60}.$$

38. a)
$$V = \int\limits_{x=0}^{2}\int\limits_{y=2-x}^{2}\int\limits_{z=0}^{xy}\,\mathrm{d}z\mathrm{d}y\mathrm{d}x = \frac{10}{3};$$

b)
$$m = \int\limits_{x=0}^{2}\int\limits_{y=2-x}^{2}\int\limits_{z=0}^{xy}\frac{x^2+y^2}{y}\,\mathrm{d}z\mathrm{d}y\mathrm{d}x = \frac{56}{5}.$$

39.
$$V = \int\limits_{x=\sqrt{2}}^{2} \int\limits_{y=0}^{\sqrt{4-x^2}} \int\limits_{z=0}^{xy} \mathrm{d}z\,\mathrm{d}y\,\mathrm{d}x = \frac{1}{2}; \quad x_o : \; 2 = \cos 45^\circ \Rightarrow x_o = \sqrt{2}.$$

40. a)

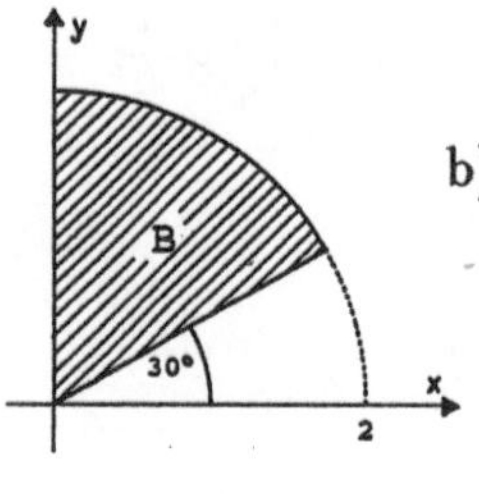

Abb. 6.37

b)
$$\begin{aligned}
B &= \{(x,y)\,|\,x^2 + y^2 \le 4,\; x \ge 0,\; y \ge \frac{1}{\sqrt{3}}x\}; \\
B' &= \{(r,\varphi)\,|\; 0 \le r \le 2,\; \frac{\pi}{6} \le \varphi \le \frac{\pi}{2}\}. \\
\rho &= y^2 = r^2 \sin^2 \varphi, \\
z &= 6xy = 6r^2 \cos \varphi \sin \varphi.
\end{aligned}$$

$$m = \int\limits_{r=0}^{2} \int\limits_{\varphi=\frac{\pi}{6}}^{\frac{\pi}{2}} \int\limits_{z=0}^{6r^2 \sin \varphi \cos \varphi} r^2 \sin^2 \varphi \; r \; \mathrm{d}z\,\mathrm{d}\varphi\,\mathrm{d}r \qquad \text{Subst.: } t = \sin \varphi.$$

$$= \int\limits_{r=0}^{2} \int\limits_{\varphi=\frac{\pi}{6}}^{\frac{\pi}{2}} 6r^5 \sin^3 \varphi \cos \varphi \; \mathrm{d}\varphi\,\mathrm{d}r = \left[r^6\right]_0^2 \int\limits_{t=\frac{1}{2}}^{1} t^3 \mathrm{d}t = 15.$$

41.

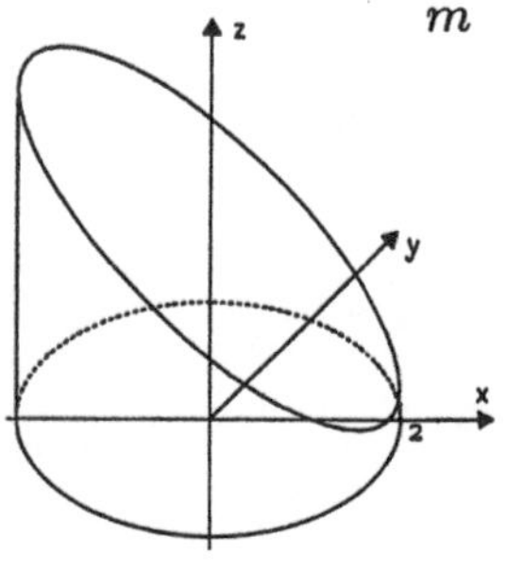

Abb. 6.38

$$m = \int\limits_{r=0}^{2} \int\limits_{\varphi=0}^{2\pi} \int\limits_{z=0}^{2-r\cos\varphi} 3r^2 \sin^2 \varphi \; r \; \mathrm{d}z\,\mathrm{d}\varphi\,\mathrm{d}r$$

$$= 3 \int\limits_{\varphi=0}^{2\pi} \int\limits_{r=0}^{2} (2r^3 \sin^2 \varphi - r^4 \sin^2 \varphi \cos \varphi) \; \mathrm{d}\varphi$$

$$= 3 \int\limits_{\varphi=0}^{2\pi} \left(8 \sin^2 \varphi - \frac{32}{5} \sin^2 \varphi \cos \varphi\right) \mathrm{d}\varphi$$

$$= 3 \left[4\varphi - 4 \sin \varphi \cos \varphi - \frac{32}{15} \sin^3 \varphi\right]_{\varphi=0}^{2\pi} = 24\pi.$$

42.
$$V = \int\limits_{r=1}^{2} \int\limits_{\varphi=0}^{\frac{\pi}{2}} \int\limits_{z=0}^{e^{r^2}} r \; \mathrm{d}z\,\mathrm{d}\varphi\,\mathrm{d}r = \left[\varphi\right]_0^{\frac{\pi}{2}} \int\limits_{r=1}^{2} r \, e^{r^2} \mathrm{d}r$$

$$= \frac{\pi}{4}(e^4 - e) \approx 40,75; \qquad \text{Subst.: } t = r^2.$$

$$m = \int\limits_{r=1}^{2} \int\limits_{\varphi=0}^{\frac{\pi}{2}} \int\limits_{z=0}^{e^{r^2}} 4\cos\varphi \sin\varphi\, r\; dz d\varphi dr = e^4 - e \approx 51,88.$$

43.
$$m = \rho \int\limits_{r=0}^{R} \int\limits_{\varphi=0}^{2\pi} \int\limits_{z=0}^{r^2+a} r\; dz d\varphi dr = \frac{1}{2}\pi\rho R^2 (R^2 + 2a).$$

44.
$$V = \int\limits_{r=1}^{3} \int\limits_{\varphi=0}^{2\pi} \int\limits_{z=-5-r\cos\varphi}^{7-r^2} r\; dz d\varphi dr = 56\pi.$$

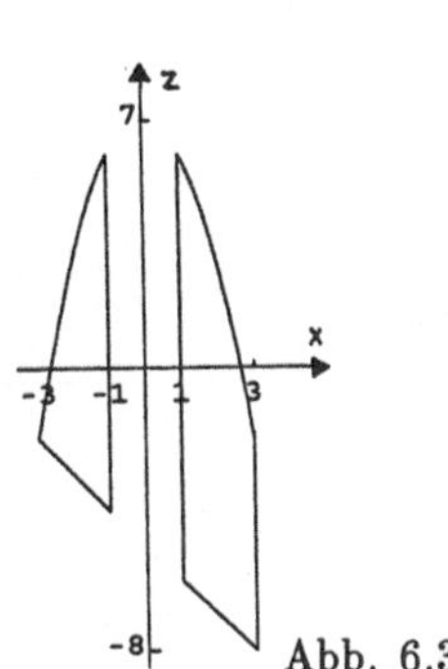

Abb. 6.39

45. Kugelkoordinaten, $\Delta(r,\vartheta,\varphi) = r^2 \sin\vartheta$,
Volumen der Halbkugel: $V_k = \frac{2}{3}\pi R^3$.

$$V = \int\limits_{r=0}^{R} \int\limits_{\vartheta=0}^{\vartheta_o} \int\limits_{\varphi=0}^{2\pi} r^2 \sin\vartheta\; d\varphi d\vartheta dr = \frac{2}{3}\pi R^3 (1 - \cos\vartheta_o),$$

$$V = \frac{1}{2}V_k \Rightarrow \frac{2}{3}\pi R^3 (1 - \cos\vartheta_o) = \frac{1}{3}\pi R^3 \Rightarrow \cos\vartheta_o = \frac{1}{2}, \; \vartheta_o = 60°.$$

46.
$$V_1 = \int\limits_{r=0}^{1} \int\limits_{\varphi=\frac{\pi}{6}}^{\frac{7}{6}\pi} \int\limits_{z=-1}^{r^2 \sin\varphi \cos\varphi} r dz d\varphi dr = \frac{\pi}{2};$$

$$V_2 = \int\limits_{r=0}^{1} \int\limits_{\varphi=\frac{7}{6}\pi}^{\frac{13}{6}\pi} \int\limits_{z=1}^{r^2 \sin\varphi \cos\varphi} r\; dz d\varphi dr = \frac{\pi}{2}.$$

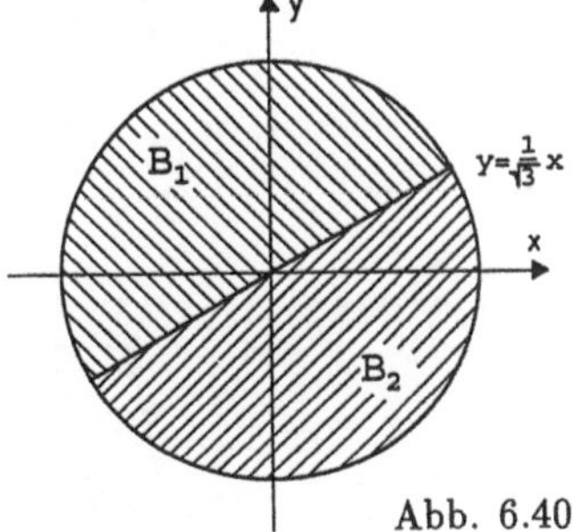

Abb. 6.40

47.
$$V = \frac{10}{3}\pi; \; x_s = y_s = 0, \; z_s = \frac{15}{8}; \quad S = \left(0,0,\frac{15}{8}\right).$$

48.
$$V = \frac{1}{2}abc, \; \frac{y}{b} + \frac{z}{c} = 1 \Rightarrow z = c\left(1 - \frac{y}{b}\right), \; \rho = \rho_o, \; x_s = \frac{a}{2};$$

$$y_s = \frac{1}{V} \int\limits_{x=0}^{a} \int\limits_{y=0}^{b} \int\limits_{z=0}^{c(1-\frac{y}{b})} y\; dz dy dx = \frac{b}{3}, \; z_s = \frac{c}{3}; \; S = \left(\frac{a}{2}, \frac{b}{3}, \frac{c}{3}\right).$$

49. a)

$$V = \int\limits_{x=0}^{a} \int\limits_{y=0}^{b(1-\frac{x}{a})} \int\limits_{z=0}^{c(1-\frac{x}{a}-\frac{y}{b})} \mathrm{d}z\mathrm{d}y\mathrm{d}x = \frac{abc}{6}.$$

Begrenzungsebene: $\frac{x}{a} + \frac{y}{b} + \frac{z}{c} = 1$,   Begrenzungsgerade: $\frac{x}{a} + \frac{y}{b} = 1$.

b) $V = \dfrac{1}{6};\ x_s = \dfrac{1}{V} \int\limits_{x=0}^{1} \int\limits_{y=0}^{1-x} \int\limits_{z=0}^{1-x-y} x\ \mathrm{d}z\mathrm{d}y\mathrm{d}x = \dfrac{1}{4},\ y_s = z_s = \dfrac{1}{4};\ S = (\dfrac{1}{4}, \dfrac{1}{4}, \dfrac{1}{4}).$

50. a) $V = \int\limits_{r=0}^{4} \int\limits_{\varphi=-\frac{\pi}{2}}^{\frac{\pi}{2}} \int\limits_{z=0}^{r\cos\varphi} r\ \mathrm{d}z\mathrm{d}\varphi\mathrm{d}r = \dfrac{128}{3}.$

b) $x_s = \dfrac{3}{4}\pi,\ y_s = 0,\ z_s = \dfrac{3}{8}\pi;\quad S = (\dfrac{3}{4}\pi; 0; \dfrac{3}{8}\pi).$

51. $V = \dfrac{1}{3}\pi,\ x_s = 0;\ S(0, \dfrac{3}{8}; \dfrac{3}{8});$

$$y_s = \frac{1}{V} \int\limits_{r=0}^{1} \int\limits_{\vartheta=0}^{\frac{\pi}{2}} \int\limits_{\varphi=0}^{\pi} r\sin\vartheta\sin\varphi\ r^2\sin\vartheta\ \mathrm{d}\varphi\mathrm{d}\vartheta\mathrm{d}r = \frac{1}{V}\frac{\pi}{8} = \frac{3}{8},$$

$$z_s = \frac{1}{V} \int\limits_{r=0}^{1} \int\limits_{\vartheta=0}^{\frac{\pi}{2}} \int\limits_{\varphi=0}^{\pi} r\cos\vartheta\ r^2\sin\vartheta\ \mathrm{d}\varphi\mathrm{d}\vartheta\mathrm{d}r = \frac{1}{V}\frac{\pi}{8} = \frac{3}{8}.$$

52. $V = \dfrac{4}{3}R^3\ \varphi_o,\ y_s = 0,\ z_s = 0$ (Symmetrie zur $x, z -$ Ebene

und $x, y -$ Ebene);

$$x_s = \frac{1}{V} \int\limits_{r=0}^{R} \int\limits_{\vartheta=0}^{\pi} \int\limits_{\varphi=-\varphi_o}^{\varphi_o} r\sin\vartheta\cos\varphi\ r^2\sin\vartheta\ \mathrm{d}\varphi\mathrm{d}\vartheta\mathrm{d}r = \frac{3}{16}\frac{\sin\varphi_o}{\varphi_o}\ \pi R.$$

53. a) $\dfrac{h}{r} = \cos\vartheta \Rightarrow \vartheta = \arccos\dfrac{h}{r}$ und für größtes ϑ : $\arccos\dfrac{h}{R}.$

$$V = \int\limits_{\varphi=0}^{2\pi} \int\limits_{\vartheta=0}^{\arccos\frac{h}{R}} \int\limits_{r=\frac{h}{\cos\vartheta}}^{R} r^2\sin\vartheta\ \mathrm{d}r\mathrm{d}\vartheta\mathrm{d}\varphi = \frac{\pi}{3}\left[2R^3 - 3R^2h + h^3\right]$$

$$= \frac{\pi}{3}(R - h)^2(2R + h).$$

Hinweis: $\int (R^3 \sin\vartheta - h^3 \frac{\sin\vartheta}{\cos^3\vartheta}) d\vartheta = -R^3 \cos\vartheta - \frac{h^3}{2\cos^2\vartheta}$.

b) $\quad \frac{\pi}{3}\left[2R^3 - 3R^2 h + h^3\right] = \frac{\pi}{3}R^3 \Rightarrow R^3 - 3R^2 h + h^3 = 0$

Numerische Berechnung von h:

$h = 0,347R, \ H = R - h; \ H_o = 0,653R.$

c) $\quad x_s = y_s = 0;$ Hinweis: Subst. für z_s: $t = \cos\vartheta$.

$$z_s = \frac{1}{V} \int\limits_{\varphi=0}^{2\pi} \int\limits_{\vartheta=0}^{\arccos\frac{h}{R}} \int\limits_{r=\frac{h}{\cos\vartheta}}^{R} r^3 \cos\vartheta \sin\vartheta \ dr d\vartheta d\varphi$$

$$= \frac{1}{V} 2\pi \int\limits_{\vartheta=0}^{\arccos\frac{h}{R}} \frac{1}{4}\left(R^4 \sin\vartheta \cos\vartheta - h^4 \frac{\sin\vartheta}{\cos^3\vartheta}\right) d\vartheta$$

$$= \frac{\pi}{2V}\left[-\frac{1}{2}R^4 \cos^2\vartheta - \frac{h^4}{2\cos^2\vartheta}\right]_{\vartheta=0}^{\arccos\frac{h}{R}} = \frac{\pi[R^4 + h^4 - 2R^2 h^2]}{4V}$$

$$= \frac{\pi}{4V}(R^2 - h^2)^2 = \frac{3}{4}\frac{(R+h)^2 (R-h)^2}{(R-h)^2 (2R+h)} = \frac{3}{4}\frac{(R+h)^2}{(2R+h)}.$$

54. a) $\quad x = ar \sin\vartheta \cos\varphi, \ y = br \sin\vartheta \sin\varphi, \ z = cr \cos\vartheta$

$\quad$ mit $\ 0 \le r \le 1, \ 0 \le \vartheta \le \pi, \ 0 \le \varphi \le \pi.$

b) $\quad V = \int\limits_{r=0}^{1} \int\limits_{\vartheta=0}^{\pi} \int\limits_{\varphi=0}^{\pi} abc r^2 \sin\vartheta \ d\varphi d\vartheta dr = \frac{2}{3}\pi abc.$

c) $\quad y_s = \frac{1}{V} \int\limits_{r=0}^{1} \int\limits_{\vartheta=0}^{\pi} \int\limits_{\varphi=0}^{\pi} br \sin\vartheta \sin\varphi \ abc r^2 \sin\vartheta \ d\varphi d\vartheta dr = \frac{3}{8}b,$

$\quad S = (0, \frac{3}{8}b, 0).$

55. $\quad J_z = \int\limits_{r=2}^{4} \int\limits_{\varphi=\frac{\pi}{4}}^{\frac{\pi}{2}} \int\limits_{z=0}^{r^2 \cos\varphi \sin\varphi} r^3 dz d\varphi dr = 168.$

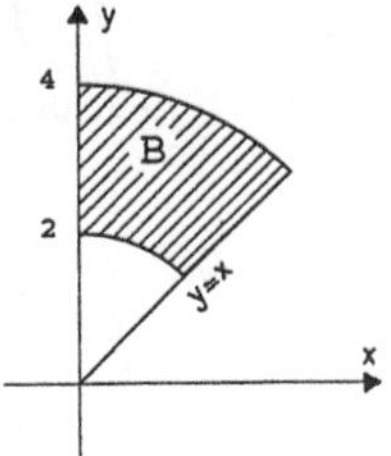

Abb. 6.41

56. a) $\quad J_z \;=\; \displaystyle\int\limits_{x=-a}^{a}\int\limits_{y=0}^{b}\int\limits_{z=0}^{\frac{c}{b}y}(x^2+y^2)\;\mathrm{d}z\mathrm{d}y\mathrm{d}x = \frac{1}{6}abc(2a^2+3b^2).$

b) $\quad J_{xy} \;=\; \displaystyle\int\limits_{x=-a}^{a}\int\limits_{y=0}^{b}\int\limits_{z=0}^{\frac{c}{b}y}z^2\mathrm{d}z\mathrm{d}y\mathrm{d}x = \frac{1}{6}abc^3.$

57. $\quad V \;=\; 3(\sqrt{3}-1);$

$\quad J_z \;=\; \displaystyle\int\limits_{r=1}^{4}\int\limits_{\varphi=\frac{\pi}{6}}^{\frac{\pi}{3}}\int\limits_{z=0}^{\frac{1}{r}(\cos\varphi+\sin\varphi)} r^2 r\;\mathrm{d}z\mathrm{d}\varphi\mathrm{d}r = 21(\sqrt{3}-1)\,\rho.$

58. a) $\quad J_z \;=\; \displaystyle\int\limits_{r=0}^{R}\int\limits_{\varphi=0}^{\pi}\int\limits_{z=0}^{H} r^3\mathrm{d}z\mathrm{d}\varphi\mathrm{d}r = \frac{\pi R^4 H}{4};$

b) $\quad J_x \;=\; \displaystyle\int\limits_{r=0}^{R}\int\limits_{\varphi=0}^{\pi}\int\limits_{z=0}^{H}(r^2\sin^2\varphi+z^2)\,r\;\mathrm{d}z\mathrm{d}\varphi\mathrm{d}r = \frac{\pi R^2 H}{2}\left(\frac{R^2}{4}+\frac{H^2}{3}\right).$

59. $\quad J_z \;=\; \dfrac{1}{15}\pi R^5.$

60. a) $\quad J_z \;=\; \displaystyle\int\limits_{r=0}^{R}\int\limits_{\vartheta=0}^{\pi}\int\limits_{\varphi=0}^{2\pi} r^2\sin^2\vartheta\; r^2\sin\vartheta\;\mathrm{d}\varphi\mathrm{d}\vartheta\mathrm{d}r = \frac{8}{15}\pi R^5 = \frac{2}{5}R^2 V_k.$

b) $\quad J_{(0,0,0)} \;=\; \displaystyle\int\limits_{r=0}^{R}\int\limits_{\vartheta=0}^{\pi}\int\limits_{\varphi=0}^{2\pi} r^2 r^2\sin\vartheta\;\mathrm{d}\varphi\mathrm{d}\vartheta\mathrm{d}r = \frac{4}{5}\pi R^5 = \frac{3}{5}R^2 V_k.$

61. a) $\quad m \;=\; \displaystyle\int\limits_{r=0}^{4}\int\limits_{\vartheta=0}^{\frac{\pi}{3}}\int\limits_{\varphi=0}^{2\pi} r^2\cos\vartheta\; r^2\sin\vartheta\;\mathrm{d}\varphi\mathrm{d}\vartheta\mathrm{d}r = 48\pi.$

b) $\quad x_s \;=\; y_s = 0,\; z_s = \dfrac{1}{V}\iiint\limits_{T} z\,\mathrm{d}\tau = \dfrac{9}{4} = 2,25.$

c) $\quad x_s^* \;=\; y_s^* = 0,\; z_s^* = \dfrac{1}{m}\iiint\limits_{T} z\,\rho\,\mathrm{d}\tau = \dfrac{112}{45}.$

d) $\quad J_z \;=\; \iiint\limits_{T} (x^2 + y^2)\,\mathrm{d}\tau = \dfrac{256}{3}\pi \approx 268.$

e) $\quad J_z^* \;=\; \iiint\limits_{T} (x^2 + y^2)\,\rho\,\mathrm{d}\tau = 192\pi \approx 603.$

62. a) $\quad V \;=\; \dfrac{128}{3}\pi \approx 134,\quad$ (Abb. 6.42)

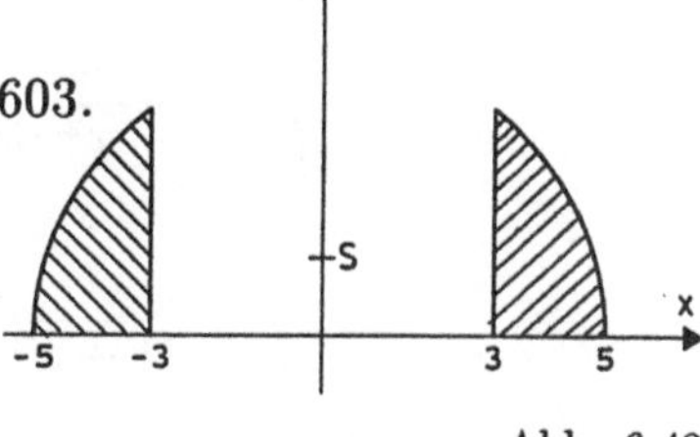

Abb. 6.42

b) $\quad x_s \;=\; y_s = 0,\, z_s = \dfrac{1}{V}\int\limits_{r=3}^{5}\int\limits_{\varphi=0}^{2\pi}\int\limits_{z=0}^{\sqrt{25-r^2}} z\,r\,\mathrm{d}z\mathrm{d}\varphi\mathrm{d}r = \dfrac{1}{V}64\pi = \dfrac{3}{2}.$

c) $\quad J_z \;=\; \rho\int\limits_{r=3}^{5}\int\limits_{\varphi=0}^{2\pi}\int\limits_{z=0}^{\sqrt{25-r^2}} r^3\mathrm{d}z\mathrm{d}\varphi\mathrm{d}r = \dfrac{9856}{15}\pi\rho.$

63. $\quad \operatorname{div}\vec{v} = 2z,\quad E = \int\limits_{r=0}^{R}\int\limits_{\varphi=0}^{2\pi}\int\limits_{z=0}^{H} 2zr\,\mathrm{d}z\mathrm{d}\varphi\mathrm{d}r = \pi R^2 H^2.$

64. $\quad \operatorname{div}\vec{v} \;=\; 2x^2 z = 2r^3\sin^2\vartheta\cos\vartheta\cos^2\varphi,$

$\quad E \;=\; \int\limits_{r=0}^{2}\int\limits_{\vartheta=0}^{\frac{\pi}{2}}\int\limits_{\varphi=0}^{2\pi} 2r^3\sin^2\vartheta\cos\vartheta\cos^2\varphi\; r^2\sin\vartheta\;\mathrm{d}\varphi\mathrm{d}\vartheta\mathrm{d}r = \dfrac{16}{3}\pi.$

65. $\quad \operatorname{div}\vec{v} = y = r\sin\varphi,\; E = \int\limits_{r=0}^{R}\int\limits_{\varphi=0}^{\pi}\int\limits_{z=0}^{H} r^2\sin\varphi\;\mathrm{d}z\mathrm{d}\varphi\mathrm{d}r = \dfrac{2}{3}R^3 H.$

66. $\quad \vec{r} = \begin{pmatrix} at\cos t \\ at\sin t \\ \sqrt{3}a \end{pmatrix}, \quad \dot{\vec{r}} = \begin{pmatrix} a\cos t - at\sin t \\ a\sin t + at\cos t \\ \sqrt{3}a \end{pmatrix}, \quad 0 \le t \le t_o;$

$$ds = \sqrt{\dot{x}^2 + \dot{y}^2 + \dot{z}^2}\; dt = a\sqrt{4 + t^2}\; dt$$

$$s = a \int\limits_{t=0}^{t_o} \sqrt{4 + t^2}\; dt = \frac{a}{2}\left[t_o\sqrt{t_o^2 + 4} + 4\,\mathrm{ar\,sinh}\,\frac{t_o}{2} \right].$$

67. a) $\quad y = \dfrac{x^2}{2};\; ds = \sqrt{1 + x^2}\; dx,$

$$s = \int\limits_{x=0}^{1} \sqrt{1 + x^2}\; dx = \frac{1}{2}\left[x\sqrt{1 + x^2} + \mathrm{ar\,sinh}\,x \right]_0^1 = 1,148.$$

$$x_s = \frac{1}{s} \int\limits_{x=0}^{1} x\sqrt{1 + x^2}\; dx = \frac{1}{s}\left[\frac{1}{3}(\sqrt{1 + x^2})^3 \right]_0^1 = 0,531.$$

$$y_s = \frac{1}{s} \int\limits_{x=0}^{1} \frac{x^2}{2}\sqrt{1 + x^2}\; dx = \frac{1}{2s}\left[\frac{1}{8}x\sqrt{1 + x^2}(2x^2 + 1) - \frac{1}{8}\mathrm{ar\,sinh}\,x \right]_0^1$$

$$= 0,183.$$

Hinweis zu x_s: Subst.: $u = 1 + x^2$

b) $\quad y = \cosh x, \quad ds = \sqrt{1 + \sinh^2 x}\; dx = \cosh x\; dx;$

$$s = \int\limits_{x_1}^{x_2} \cosh x\; dx = \sinh x_2 - \sinh x_1.$$

$$x_s = \frac{1}{s} \int\limits_{x_1}^{x_2} x\cosh x\; dx = \frac{x_2\sinh x_2 - \cosh x_2 - x_1\sinh x_1 + \cosh x_1}{\sinh x_2 - \sinh x_1}$$

$$y_s = \frac{1}{s} \int\limits_{x_1}^{x_2} \cosh^2 x\; dx = \frac{x_2 + \sinh x_2\cosh x_2 - x_1 - \sinh x_1\cosh x_1}{2(\sinh x_2 - \sinh x_1)}$$

Hinweis zu x_s und y_s: partielle Integration

Für $x_1 = 0$, $x_2 = 1$: $s = 1{,}175$, $\quad x_s = 0{,}538$, $\quad y_s = 1{,}197$.

c) $\quad x = a\cos^3 t, \quad y = a\sin^3 t, \quad \dot{x} = -3a\cos^2 t\sin t, \quad \dot{y} = 3a\sin^2 t\cos t,$

$$ds = \sqrt{\dot{x}^2 + \dot{y}^2}\; dt = 3a\sin t \cos t\; dt, \quad s = \int_{t=0}^{\frac{\pi}{2}} ds = \frac{3}{2}a.$$

$$x_s = \frac{1}{s}\int_{t=0}^{\frac{\pi}{2}} x\; ds = \frac{3a^2}{s}\int_{0}^{\frac{\pi}{2}} \cos^4 t \sin t\; dt = \frac{3a^2}{5s}\left[-\cos^5 t\right]_0^{\frac{\pi}{2}} = \frac{2}{5}a,$$

$$y_s = \frac{1}{s}\int_{t=0}^{\frac{\pi}{2}} y\; ds = \frac{3a^2}{s}\int_{0}^{\frac{\pi}{2}} \sin^4 t \cos t\; dt = \frac{3a^2}{5s}\left[\sin^5 t\right]_0^{\frac{\pi}{2}} = \frac{2}{5}a.$$

Hinweis zu s und y_s: $\; u = \sin t$; zu x_s: $\;$ Subst.: $u = \cos t$.

d) $\quad r = 2a(1+\cos\varphi),\; r' = -2a\sin\varphi;\; ds = 2\sqrt{2}\,a\sqrt{1+\cos\varphi}\; d\varphi.$

$$s = 2\sqrt{2}\,a\int_{\varphi=0}^{\pi}\sqrt{1+\cos\varphi}\; d\varphi = 2\sqrt{2}\,a\int_{\varphi=0}^{\pi}\sqrt{2}\cos\frac{\varphi}{2}\; d\varphi = 8a.$$

$$x_s = \frac{4\sqrt{2}\,a^2}{s}\int_{\varphi=0}^{\pi}(1+\cos\varphi)^{\frac{3}{2}}\cos\varphi\; d\varphi$$

$$= \frac{4\sqrt{2}\,a^2}{s}\int_{\varphi=0}^{\pi}\frac{\sin\varphi}{\sqrt{1-\cos\varphi}}\left(\cos\varphi + \cos^2\varphi\right) d\varphi$$

$$= \frac{4\sqrt{2}\,a^2}{s}\left[4\sqrt{1-\cos\varphi} - 2\sqrt{(1-\cos\varphi)^3}\right.$$

$$\left.+\; \frac{2}{5}\sqrt{(1-\cos\varphi)^5}\right]_{\varphi=0}^{\pi} = \frac{8}{5}a.$$

$$y_s = \frac{4\sqrt{2}\,a^2}{s}\int_{\varphi=0}^{\pi}(1+\cos\varphi)^{\frac{3}{2}}\sin\varphi\; d\varphi$$

$$= \frac{8\sqrt{2}\,a^2}{5s}\left[(1+\cos\varphi)^{\frac{5}{2}}\right]_{\varphi=0}^{\pi} = \frac{8}{5}a.$$

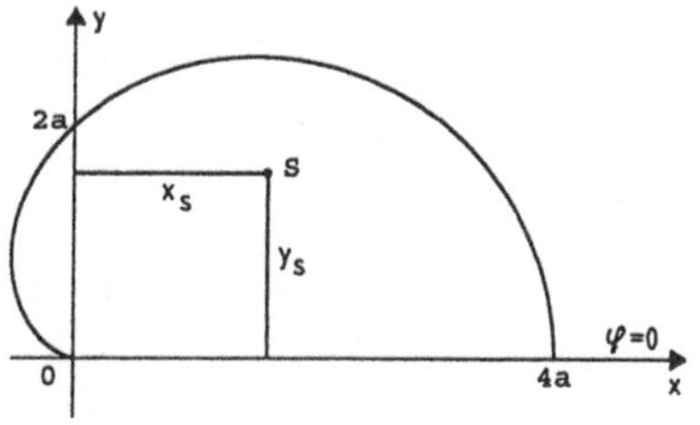

Abb. 6.43

Hinweis zu x_s: $\quad (1+\cos\varphi)^{\frac{1}{2}} = \dfrac{\sqrt{(1+\cos\varphi)(1-\cos\varphi)}}{\sqrt{1-\cos\varphi}} = \dfrac{\sin\varphi}{\sqrt{1-\cos\varphi}}.$

Subst.: $t = 1 - \cos\varphi,\; \cos\varphi = 1 - t,\; dt = \sin\varphi\; d\varphi.$

$\int \frac{\sin\varphi}{\sqrt{1-\cos\varphi}}\left(\cos\varphi + \cos^2\varphi\right) d\varphi = \int \frac{1}{\sqrt{t}}\left(2 - 3t + t^2\right) dt$

$= 4(1-\cos\varphi)^{\frac{1}{2}} - 2(1-\cos\varphi)^{\frac{3}{2}} + \frac{2}{5}(1-\cos\varphi)^{\frac{5}{2}}.$

68.
$$\vec{r} = \begin{pmatrix} a\cos t \\ a\sin t \\ bt \end{pmatrix}, \quad \frac{d\vec{r}}{dt} = \begin{pmatrix} -a\sin t \\ a\cos t \\ b \end{pmatrix},$$

$$ds = \sqrt{\dot{x}^2 + \dot{y}^2 + \dot{z}^2} = \sqrt{a^2 + b^2}\ dt.$$

$$s = \int_{t_1}^{t_2} \sqrt{a^2 + b^2}\ dt = \sqrt{a^2 + b^2}\ (t_2 - t_1);$$

$$x_s = \frac{a\sqrt{a^2 + b^2}}{s} \int_{t_1}^{t_2} \cos t\ dt = a\frac{\sin t_2 - \sin t_1}{t_2 - t_1},$$

$$y_s = \frac{a\sqrt{a^2 + b^2}}{s} \int_{t_1}^{t_2} \sin t\ dt = a\frac{\cos t_1 - \cos t_2}{t_2 - t_1},$$

$$z_s = \frac{b\sqrt{a^2 + b^2}}{s} \int_{t_1}^{t_2} t\ dt = \frac{b}{2}(t_2 + t_1).$$

$$t_1 = 0,\ t_2 = \pi,\ s = \pi\sqrt{a^2 + b^2},\ x_s = 0,\ y_s = \frac{2a}{\pi},\ z_s = \frac{b\pi}{2}.$$

69. Darstellung in Polarkoordinaten: $x = a + R\cos\varphi,\ y = b + R\sin\varphi$.

$$\frac{\pi}{2} \leq \varphi \leq \frac{3}{2}\pi;\ ds = \sqrt{\dot{x}^2 + \dot{y}^2}\ d\varphi = R\ d\varphi;$$

$$J_x = \int_{\varphi=\frac{\pi}{2}}^{\frac{3}{2}\pi} (b^2 + 2Rb\sin\varphi + R^2\sin^2\varphi)R\ d\varphi = \frac{\pi}{2}(2Rb^2 + R^3),$$

$$J_y = \int_{\varphi=\frac{\pi}{2}}^{\frac{3}{2}\pi} (a^2 + 2Ra\cos\varphi + R^2\cos^2\varphi)R\ d\varphi = \frac{\pi}{2}(2Ra^2 + R^3) - 4aR^2.$$

70.
$$x = a(t - \sin t),\ y = a(1 - \cos t),\ 0 \leq t \leq 2\pi.$$
$$\dot{x} = a(1 - \cos t),\ \dot{y} = a\sin t;$$
$$ds = \sqrt{\dot{x}^2 + \dot{y}^2}\ dt = a\sqrt{2}\sqrt{1 - \cos t}\ dt = 2a\sin\frac{t}{2}\ dt.$$

$$J_x \;=\; \int\limits_{t=0}^{2\pi} a^2(1-\cos t)^2\, 2a\sin\frac{t}{2}\;\mathrm{d}t = 2a^3 \int\limits_{t=0}^{2\pi} 4\left(1-\cos^2\frac{t}{2}\right)^2 \sin\frac{t}{2}\;\mathrm{d}t$$

$$=\; 8a^3 \int\limits_{u=1}^{-1} (1-u^2)^2(-2\mathrm{d}u) = 16a^3\left[u - \frac{2}{3}u^3 + \frac{1}{5}u^5\right]_{u=-1}^{1} = \frac{256}{15}a^3.$$

Hinweis: $1 - \cos 2\alpha = 1 - 2\cos^2\alpha + 1 = 2(1 - \cos^2\alpha)$

Subst.: $u = \cos\frac{t}{2}$; $\mathrm{d}u = -\frac{1}{2}\sin\frac{t}{2}\,\mathrm{d}t$.

71.

$$I \;=\; \int\limits_{(0;2)}^{(1;3)} \vec{f}\,\mathrm{d}\vec{r} = \int\limits_{(0;2)}^{(1;3)} \begin{pmatrix} x-y \\ xy \end{pmatrix}\begin{pmatrix} \mathrm{d}x \\ \mathrm{d}y \end{pmatrix}$$

$$=\; \int\limits_{(0;2)}^{(1;3)} \{(x-y)\,\mathrm{d}x + xy\,\mathrm{d}y\}.$$

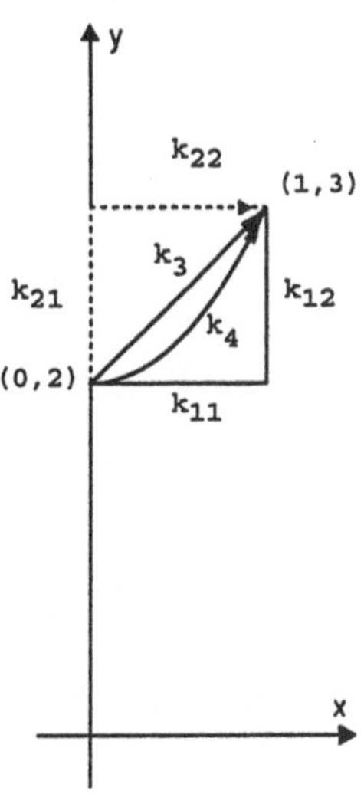

Abb. 6.44

a) Zuerst beschreibt man den Parallelweg zur x-Achse durch $k_{11} : 0 \leq x \leq 1$. Auf diesem Weg gilt $y = 2$ und folglich $\mathrm{d}y = 0$. Das zweite Wegstück verläuft parallel zur y-Achse, $k_{12} : 2 \leq y \leq 3$. Dabei gilt $x = 1$ und $\mathrm{d}x = 0$, (Abb. 6.44).

Folglich nimmt das Kurvenintegral die Form an:

$$I_1 = {}^{k_{11}}\!\!\int\limits_{x=0}^{1} (x-2)\mathrm{d}x + {}^{k_{12}}\!\!\int\limits_{y=2}^{3} y\,\mathrm{d}y = \left[\frac{x^2}{2} - 2x\right]_{x=0}^{1} + \left[\frac{y^2}{2}\right]_{y=2}^{3} = 1.$$

b) In diesem Fall verläuft das 1. Wegstück parallel zur y-Achse, k_{12}: $2 \leq y \leq 3$ mit $x = 0$ ($\mathrm{d}x = 0$) und das 2. Wegstück parallel zur x-Achse, $k_{22} : 0 \leq x \leq 1$ mit $y = 3(\mathrm{d}y = 0)$. Dann ist

$$I_2 = {}^{k_{21}}\!\!\int\limits_{y=2}^{3} 0\,\mathrm{d}y + {}^{k_{22}}\!\!\int\limits_{x=0}^{1} (x-3)\,\mathrm{d}x = \left[\frac{x^2}{2} - 3x\right]_{x=0}^{1} = -\frac{5}{2}.$$

c)   Mit Hilfe der Geraden $y = x + 2$, die für $0 \le x \le 1$ den Anfangs-
punkt $(0;2)$ mit dem Endpunkt $(1;3)$ verbindet, ersetzt man y und
dy in I und erhält:

$$I_3 = {}^{k_3}\!\!\int\limits_{x=0}^{1} \{(x - x + 2)\,dx + x(x + 2)\,dx\} = \int\limits_{x=0}^{1} (x^2 + 2x - 2)\,dx = -\frac{2}{3}.$$

d)   Mit Hilfe der Kurve $y = x^2 + 2$ für $0 \le x \le 1$ ersetzt man y und
dy $(dy = 2x\,dx)$ in I:

$$I_4 = {}^{k_4}\!\!\int\limits_{x=0}^{1} \{(x - x^2 + 2)\,dx + x(x^2 + 2)\,2x\,dx\}$$

$$= \int\limits_{x=0}^{1} (2x^4 + 3x^2 + x - 2)\,dx = -\frac{1}{10}.$$

72. a) $k : y = \dfrac{3}{2}x + \dfrac{1}{2}$ für $1 \le x \le 3;\ dy = \dfrac{3}{2}x;$

$$I = {}^{k}\!\!\int\limits_{x=1}^{3} \left\{ \left[2x\left(\frac{3}{2}x + \frac{1}{2}\right) + 2\right]dx - \left[x^2 - 2\left(\frac{3}{2}x + \frac{1}{2}\right)\right]\frac{3}{2}\,dx \right\} = 42.$$

b) $k_{11} : 0 \le x \le \dfrac{\pi}{3},\ y = 1,\ dy = 0$ und $k_{12} : 1 \ge y \ge 0,\ x = \dfrac{\pi}{3},\ dx = 0;$

$$I_1 = {}^{k_{11}}\!\!\int\limits_{x=0}^{\frac{\pi}{3}} (e - \sin x)\,dx + {}^{k_{12}}\!\!\int\limits_{y=1}^{0} \left(y - \frac{\pi}{3}e^y\right)dy = \frac{2}{3}\pi e - \frac{\pi}{3} - 1.$$

$k_{21} : 1 \ge y \ge 0,\ x = 0,\ dx = 0$ und $k_{22} : 0 \le x \le \dfrac{\pi}{3},\ y = 0,\ dy = 0;$

$$I_2 = {}^{k_{21}}\!\!\int\limits_{y=1}^{0} y\,dy + {}^{k_{22}}\!\!\int\limits_{x=0}^{\frac{\pi}{3}} (1 - \sin x)\,dx = \frac{\pi}{3} - 1.$$

c) $k_{11} : 1 \le x \le 3,\ y = 0,\ dy = 0;\ k_{12} : 0 \le y \le \pi,\ x = 3,\ dx = 0;$

$$I_1 = {}^{k_{11}}\!\!\int\limits_{x=1}^{3} \left(x - \frac{1}{x}\right)dx - {}^{k_{12}}\!\!\int\limits_{y=0}^{\pi} \frac{9}{2}\sin y\,dy = -5 - \ln 3.$$

$$k_{21} : 0 \leq y \leq \pi, \ x = 1, \ dx = 0; \ k_{22} : 1 \leq x \leq 3, \ y = \pi, \ dy = 0;$$

$$I_2 = {}^{k_{21}}\!\!\int\limits_{y=0}^{\pi} \left(-\frac{1}{2}\sin y\right) dy + {}^{k_{22}}\!\!\int\limits_{x=1}^{3} \left(-x - \frac{1}{x}\right) dx = -5 - \ln 3.$$

73. Es ist zu prüfen, ob für $\int\{P(x,y)\,dx + Q(x,y)\,dy\}$ die Bedingung $P_y(x,y) = Q_x(x,y)$ erfüllt ist.

a)
$$\begin{aligned}
P(x,y) &= y\cosh xy, \ Q(x,y) = x\cosh xy + 2y; \\
P_y(x,y) &= \cosh xy + xy\sinh xy, Q_x = \cosh xy + xy\sinh xy.
\end{aligned}$$

Folglich ist das Kurvenintegral wegunabhängig. Es existiert eine Potentialfunktion $u(x,y)$, die sich wie folgt berechnen läßt:
$u(x,y) = \int P(x,y)\,dx = \int y\cosh xy\,dx = \sinh xy + g(y)$.
Da $Q = u_y$ sein muß, vergleichen wir die partielle Ableitung $u_y(x,y)$ mit Q:
$u_y = x\cosh xy + g'(y), \ Q = x\cosh xy + 2y$,
folglich ist $g'(y) = 2y$, woraus sich $g(y) = y^2 + c$ ergibt.
Die Potentialfunktion ist demzufolge $u(x,y) = \sinh xy + y^2 + c$.
Für das Kurvenintegral erhält man

$$I = \int\limits_{(0;1)}^{(1;2)} \{P(x,y)\,dx + Q(x,y)\,dy\} = \left[\sinh xy + y^2\right]_{(0;1)}^{(1;2)} = \sinh 2 + 3.$$

b) $\quad P_y = x^2\sinh xy, \ Q_x = y^2\sinh xy. \ P_y \neq Q_x, \text{d.h.} L$ ist wegabhängig.

$$I_1 = {}^{k_{11}}\!\!\int\limits_{x=0}^{1} x\cosh x\,dx + {}^{k_{12}}\!\!\int\limits_{y=1}^{2} y\cosh y\,dy = 2\sinh 2 - \cosh 2 + 1,$$

$$I_2 = {}^{k_{21}}\!\!\int\limits_{y=1}^{2} y\,dy + {}^{k_{22}}\!\!\int\limits_{x=0}^{1} x\cosh 2x\,dx = \frac{1}{2}\sinh 2 - \frac{1}{4}\cosh 2 + \frac{7}{4}.$$

c) $\quad P_y = Q_x = \cosh xy + xy\sinh xy, L$ ist wegunabhängig.

$$I = \left[u(x,y)\right]_{(0,-1)}^{(1,2)} = \left[\sinh xy - \frac{1}{3}y^3\right]_{(0,-1)}^{(1,2)} = \sinh 2 - 3.$$

74. a) $\quad P_y = Q_x = 2xe^{2y+1}, \ I = 2e^3;$

     b) $\quad P_y = Q_x = \cos y, \ I = 29;$

     c) $\quad P_y = Q_x = -\dfrac{2x\cos y}{(x^2+\sin y)^2}, \ I = 2\ln 2;$

     d) $\quad P_y = Q_x = 2y\cosh 2x; \ I = 3\sinh 6.$

75.
$$I_1 = \int\limits_{x=1}^{e} 0 \ dx + \int\limits_{y=0}^{1} (6y + \beta e^2) \ dy = 3 + \beta e^2;$$

$$I_2 = \int\limits_{y=0}^{1} \beta \ dy + \int\limits_{x=1}^{e} \left(x + \frac{\alpha}{x}\right) dx = \beta + \alpha + \frac{1}{2}(e^2 - 1).$$

$$P_y = x + 2\alpha\frac{y}{x}, \ Q_x = 6\frac{y}{x} + 2\beta x. \ P_y = Q_x \text{ für } \alpha = 3 \text{ und } \beta = \frac{1}{2}.$$

76. $\quad k_1 \ : \ 0 \le x \le 1, \ y = 2, \ z = 1; \ k_2 : 2 \le y \le 4, \ x = 1, \ z = 1;$

      $k_3 \ : \ 1 \le z \le 3, \ x = 1, \ y = 4.$

$$I = \ ^{k_1}\!\!\int\limits_{x=0}^{1} 2x \ dx + \int\limits_{y=2}^{4} (1-y) \ dy + \int\limits_{z=1}^{3} 4z \ dz = 13.$$

77. $\quad P_y = Q_x = 2x; \ P_z = R_x = -2; \ Q_z = R_y = 2y.$

     a) $\quad I_1 = \int\limits_{x=0}^{1} 0 \ dx + \int\limits_{y=0}^{2} dy + \int\limits_{z=0}^{3} 2 \ dz = 8.$

     b) $\quad k_2 : \vec{r} = t(1;2;3)^T \quad \text{für} \quad 0 \le t \le 1, \ d\vec{r} = (1;2;3)^T dt;$

$$I = \ ^{k_2}\!\!\int\limits_{t=0}^{1} (42t^2 - 12t) \ dt = 8.$$

     c) $\quad u(x,y,z) = x^2 y - 2xz + g(x,y),$

         $u_y = x^2 + g_y, \ Q = x^2 + 2yz \to g_y = 2yz, \ g(x,y) = y^2 z + h(z).$

         $u_z = -2x + y^2 + h'(z), \ R = y^2 - 2x \to h'(z) = 0, \ h(z) = c.$

         $L = \Big[u(x,y,z)\Big]_{(0;0;0)}^{(1;2;3)} = \Big[x^2 y - 2xz + y^2 z\Big]_{(0;0;0)}^{(1;2;3)} = 8.$

78. a) $P_y = Q_x = -3y^2,\ P_z = R_x = 2x,\ Q_z = R_y = z^{-\frac{1}{2}};$

$$L = \left[u(x,y,z)\right]_{(1;0;1)}^{(2;3;4)} = \left[x^2 z - xy^3 + 2y\sqrt{z}\right]_{1;0;1}^{(2;3;4)} = -27.$$

b) $P_y = Q_x = -2x\sin y,\ P_z = R_x = \dfrac{1}{2\sqrt{xz}},\ Q_z = R_y = 0;$

$$L = \left[u(x,y,z)\right]_{(1,0,1)}^{(4,\frac{\pi}{2},e)} = \left[x^2\cos y + \sin y + \sqrt{x}\ln z\right]_{(1,0,1)}^{(4,\frac{\pi}{2},e)} = 2.$$

79. a) $P_y = Q_x = 2xe^{2y} \to E$ ist Potentialfeld

$$U_{AB} = \int_A^B \vec{E}\,\mathrm{d}\vec{r} = \int_{(0;1)}^{(2;2)} \{xe^{2y}\,\mathrm{d}x + (x^2 e^{2y} + 3y^2)\,\mathrm{d}y\} = 2e^4 + 7.$$

b) $P_y = Q_x = 0;\ P_z = R_x = -2z;\ Q_z = R_y = 1 \Rightarrow E$ istPotentialfeld;

$$U_{AB} = \int_A^B \vec{E}\,\mathrm{d}\vec{r} = \int_{(0;1;2)}^{(1;4;3)} \{(3 - z^2)\,\mathrm{d}x + z\,\mathrm{d}y + (y - 2xz)\,\mathrm{d}z\} = 4.$$

80. a) $P_y = Q_x = \cos x \Rightarrow \vec{F}$ ist wegunabhängig;

$$W = \int_A^B \vec{F}\,\mathrm{d}\vec{r} = \int_{(\frac{\pi}{4};1)}^{(\frac{\pi}{2},3)} \{(y\cos x + \sin x)\,\mathrm{d}x + (2y + \sin x)\,\mathrm{d}y\} = 11.$$

b) $\vec{r} = \begin{pmatrix} 1 \\ 0 \\ 1 \end{pmatrix} + t\begin{pmatrix} 1 \\ 1 \\ 2 \end{pmatrix},\ 0 \le t \le 1;\ \mathrm{d}\vec{r} = \begin{pmatrix} 1 \\ 1 \\ 2 \end{pmatrix}\mathrm{d}t;$

$$W = \int_A^B \vec{F}\,\mathrm{d}\vec{r} = \int_{(1;0;1)}^{(2;1;3)} \{(1 + x)\,\mathrm{d}x - 2z\,\mathrm{d}y + (x + 2y)\,\mathrm{d}z\}$$

$$= \int_{t=0}^{1} (3t + 2)\,\mathrm{d}t = \frac{7}{2}.$$

81. a) Ω ist Teil eines parabolischen Zylindermantels.

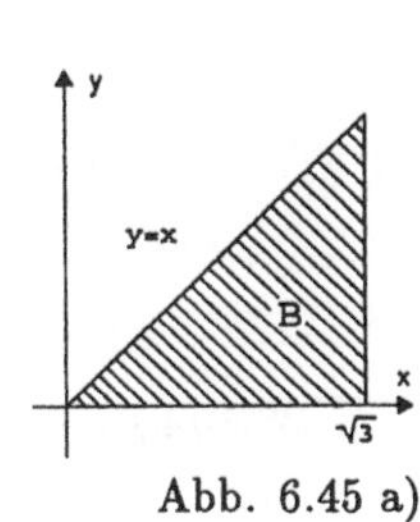

Abb. 6.45 a)

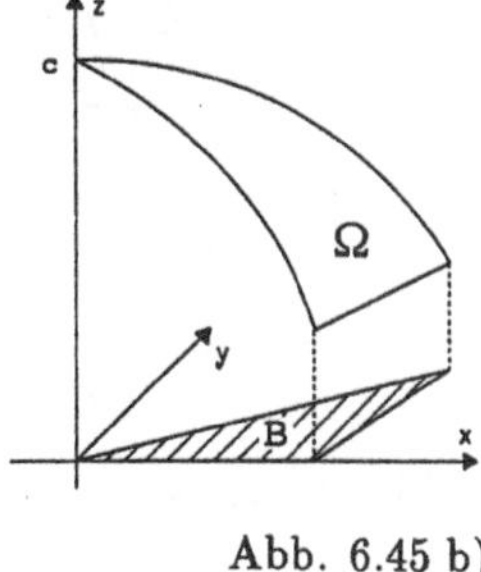

Abb. 6.45 b)

b)   Die Fläche ist in der Form $z = f(x,y)$ gegeben, folglich kann man den Oberflächeninhalt über ein Bereichsintegral berechnen.

$$A = \iint_B \sqrt{1 + z_x^2 + z_y^2}\ db = \int\limits_{x=0}^{\sqrt{3}} \int\limits_{y=0}^{x} \sqrt{1 + x^2}\ dx = \int\limits_{x=0}^{\sqrt{3}} x\sqrt{1 + x^2}\ dx = \frac{7}{3}$$

Subst.: $t = 1 + x^2$, $dt = 2x\ dx$.

82.   Die Projektion der Ellipse auf die x,y-Ebene ist ein Kreis, deshalb verwendet man für die Darstellung von B Polarkoordinaten:

$$B = \{(r,\varphi)\,|\,0 \le r \le 1;\ 0 \le \varphi \le 2\pi\} \quad \text{mit} \quad db = r\ drd\varphi,$$

$$d\omega = \sqrt{1 + z_x^2 + z_y^2}\ db = 3\ db = 3r\ drd\varphi,$$

$$A = \iint_B \sqrt{1 + z_x^2 + z_y^2}\ db = \int\limits_{r=0}^{1} \int\limits_{\varphi=0}^{2\pi} 3r\ d\varphi dr = 3\Big[\varphi\Big]_{\varphi=0}^{2\pi} \Big[\frac{r^2}{2}\Big]_{r=0}^{1} = 3\pi.$$

83. $\sqrt{1 + z_x^2 + z_y^2} = \sqrt{1 + 4\sinh^2 2x + 3} = 2\sqrt{1 + \sinh^2 2x} = 2\cosh 2x,$

$$A = \int\limits_{x=0}^{4} \int\limits_{y=\frac{x}{2}}^{2} 2\cosh 2x\ dydx = \int\limits_{x=0}^{4} (4\cosh 2x - x\cosh 2x)\ dx$$

$$= \Big[2\sinh 2x - \frac{x}{2}\sinh 2x + \frac{1}{4}\cosh 2x\Big]_{x=0}^{4} = \frac{1}{4}(\cosh 8 - 1) \approx 372,4.$$

partielle Integration : $\displaystyle\int x\cosh 2x\ dx = \frac{x}{2}\sinh 2x - \frac{1}{4}\cosh 2x.$

84.

$$\sqrt{1 + z_x^2 + z_y^2} = \sqrt{1 + 4x^2 + 4y^2} = \sqrt{1 + 4r^2},$$

$$A = \int\limits_{r=0}^{\sqrt{2}} \int\limits_{\varphi=0}^{2\pi} \sqrt{1 + 4r^2}\ r\ d\varphi dr = 2\pi \int\limits_{t=1}^{9} \frac{1}{8}\sqrt{t}\ dt = \frac{13}{3}\pi \approx 13,6.$$

Subst.: $t = 1 + 4r^2$, $dt = 8r\ dr$.

85. $\displaystyle A = \int\limits_{x=0}^{2\sqrt{2}} \int\limits_{y=0}^{\frac{\sqrt{2}}{2}x} 2\sqrt{1 + x^2}\ dydx = \frac{\sqrt{2}}{3}\Big[\sqrt{(1 + x^2)^3}\Big]_{x=0}^{2\sqrt{2}} = \frac{26\sqrt{2}}{3} \approx 12,3.$

86.
$$A = \int\limits_{x=0}^{2\sqrt{2}} \int\limits_{y=\frac{x}{2}}^{2x} \sqrt{1+x^2}\, dy\,dx = 13.$$

87.
$$z_x = \frac{-x}{\sqrt{4-x^2-y^2}}, \quad z_y = \frac{-y}{\sqrt{4-x^2-y^2}};$$
$$\sqrt{1+z_x^2+z_y^2} = \frac{2}{\sqrt{4-x^2-y^2}}.$$

Wegen der Symmetrie zur x- und y-Achse setzen wir die Integrationsgrenzen nur für einen Viertelbereich an:

$$
\begin{aligned}
A &= 4 \int\limits_{x=0}^{2} \int\limits_{y=0}^{\frac{1}{2}\sqrt{4-x^2}} \frac{2}{\sqrt{4-x^2-y^2}}\, dy\,dx \\[2mm]
&= 8 \int\limits_{x=0}^{2} \left[\arcsin \frac{y}{\sqrt{4-x^2}} \right]_{y=0}^{\frac{1}{2}\sqrt{4-x^2}} dx \\[2mm]
&= 8 \arcsin \frac{1}{2} \int\limits_{x=0}^{2} dx = 8\frac{\pi}{6}\Big[x \Big]_{x=0}^{2} = \frac{8}{3}\pi.
\end{aligned}
$$

Setzt man $a^2 = (4-x^2)$ so wird $\int \frac{dy}{\sqrt{a^2-y^2}} = \arcsin \frac{y}{a} = \arcsin \frac{y}{\sqrt{4-x^2}}$.

88. Das Teilstück liegt symmetrisch zur x-, y- und z-Achse. Abb. 6.46 zeigt ein Viertel der oberen Teilfläche.

$$z_x = \frac{-x}{\sqrt{1-x^2}}, \quad z_y = 0;$$
$$\sqrt{1+z_x^2+z_y^2} = \frac{1}{\sqrt{1-x^2}}$$
$$A = 8 \int\limits_{x=0}^{1} \int\limits_{y=0}^{\sqrt{1-x^2}} \frac{1}{\sqrt{1-x^2}}\, dy\,dx = 8.$$

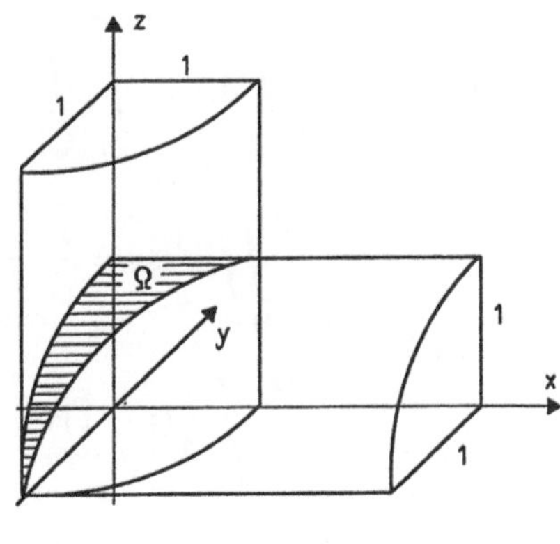

89. a)
$$A = \int\limits_{x=0}^{2\sqrt{2}} \int\limits_{y=0}^{\frac{1}{2}x} 3\sqrt{1+x^2}\, dy\,dx = 13.$$

Abb. 6.46

b) $\quad A = \displaystyle\int\limits_{x=0}^{2}\int\limits_{y=0}^{\frac{1}{5}x^2} 5\sqrt{1+x^3}\ dydx = \dfrac{52}{9}.$

c) $\quad A = \displaystyle\int\limits_{x=0}^{\operatorname{ar\,cosh}2}\int\limits_{y=0}^{3x} 2\cosh\dfrac{y}{3}\ dydx = 6.$

d) $\quad A = \displaystyle\int\limits_{x=0}^{1}\int\limits_{y=-x}^{x}\sqrt{1+4x+4y}\ dydx = \int\limits_{x=0}^{1}\dfrac{1}{6}\Big[\sqrt{(1+4x+4y)^3}\Big]_{y=-x}^{x}\ dx$

$$= \dfrac{1}{6}\int\limits_{x=0}^{1}\{\sqrt{(1+8x)^3}-1\}dx = \dfrac{1}{6}\Big[\dfrac{1}{20}\sqrt{(1+8x)^5}-x\Big]_{x=0}^{1} = \dfrac{37}{20}.$$

90.   Für Kugelkoordinaten gilt: $\ d\omega = R^2\sin\vartheta\ d\vartheta d\varphi.\quad A = 2\pi R^2.$

$$z_s = \dfrac{1}{A}\iint\limits_{\Omega} z\ d\omega = \dfrac{1}{A}\int\limits_{\vartheta=0}^{\frac{\pi}{2}}\int\limits_{\varphi=0}^{2\pi} R^3\cos\vartheta\sin\vartheta\ d\varphi d\vartheta = \dfrac{R}{2};$$

$$x_s = y_s = 0,\quad \text{Schwerpunkt}: S\Big(0,0,\dfrac{R}{2}\Big).$$

$$J_z = \iint\limits_{\Omega}(x^2+y^2)\ d\omega = \int\limits_{\vartheta=0}^{\frac{\pi}{2}}\int\limits_{\varphi=0}^{2\pi} R^4\sin^3\vartheta\ d\varphi d\vartheta = \dfrac{4}{3}\pi R^4 \approx 4,19R^4.$$

91. $\sqrt{1+z_x^2+2y^2} = \sqrt{1+4(x^2+y^2)} = \sqrt{1+4r^2};\ d\omega = \sqrt{1+4r^2}\ d\varphi dr.$

a) $\quad A = \displaystyle\iint\limits_{\Omega} d\omega = \int\limits_{r=0}^{\sqrt{2}}\int\limits_{\varphi=0}^{2\pi}\sqrt{1+4r^2}\ r\ d\varphi dr = \dfrac{13}{3}\pi \approx 13,6.$

$$z_s = \dfrac{1}{A}\iint\limits_{\Omega} zd\omega = \dfrac{1}{A}\int\limits_{r=0}^{\sqrt{2}}\int\limits_{\varphi=0}^{2\pi} r^2\sqrt{1+4r^2}\ r\ d\varphi dr = \dfrac{2\pi}{A}\int\limits_{r=0}^{\sqrt{2}} r^3\sqrt{1+4r^2}\ dr$$

$$= \dfrac{2\pi}{A}\int\limits_{t=1}^{9}\dfrac{1}{4}(t-1)\sqrt{t}\ \dfrac{dt}{8} = \dfrac{\pi}{16\cdot 15A}\Big[6t^{\frac{5}{2}}-10t^{\frac{3}{2}}\Big]_{t=1}^{9} = \dfrac{149}{130} \approx 1,15.$$

$S\Big(0;0;\dfrac{149}{130}\Big).$ Hinweis : Subst. : $t = 1+4r^2,\ r^2 = \dfrac{1}{4}(t-1),\ dt = 8r\ dr.$

b) $J_z = \iint\limits_{\Omega} (x^2 + y^2)\mathrm{d}\omega = \int\limits_{r=0}^{\sqrt{2}} \int\limits_{\varphi=0}^{2\pi} r^2\sqrt{1+4r^2}\ r\ \mathrm{d}\varphi\mathrm{d}r = \dfrac{149}{30}\pi \approx 15,6.$

92. $\vec{x} = (R\cos\varphi, R\sin\varphi, z)^T;\ \mathrm{d}\omega = R\ \mathrm{d}\varphi\mathrm{d}z.$

a) $A = \iint\limits_{B} \sqrt{1+z_x^2+z_y^2}\ \mathrm{d}b = \int\limits_{r=0}^{R} \int\limits_{\varphi=0}^{2\pi} r\sqrt{1+r^2}\ \mathrm{d}\varphi\mathrm{d}r$

   $= \dfrac{2}{3}\pi\left[\sqrt{(1+R^2)^3}-1\right].$

b) $A_M = \iint\limits_{\Omega} \mathrm{d}\omega = \int\limits_{\varphi=0}^{2\pi} \int\limits_{z=0}^{R+R^2\sin\varphi\cos\varphi} R\ \mathrm{d}\varphi\mathrm{d}z$

   $= R\int\limits_{\varphi=0}^{2\pi} (R + R^2\sin\varphi\cos\varphi)\ \mathrm{d}\varphi = 2\pi R^3.$

c) $J_z = \iint\limits_{\Omega}(x^2+y^2)\ \mathrm{d}\omega = \int\limits_{\varphi=0}^{2\pi} \int\limits_{z=0}^{R+R^2\sin\varphi\cos\varphi} R^3\mathrm{d}\varphi\mathrm{d}z = 2\pi R^4.$

93.   Es ist günstig, eine Parameterdarstellung des Kegelmantels zu verwenden.

$$\vec{r} = \vec{r}(z,\varphi) = \begin{pmatrix} z\cos\varphi \\ z\sin\varphi \\ z \end{pmatrix} \text{ mit } \vec{r}_z = \begin{pmatrix} \cos\varphi \\ \sin\varphi \\ 1 \end{pmatrix}, \vec{r}_\varphi = \begin{pmatrix} -r\sin\varphi \\ r\cos\varphi \\ 0 \end{pmatrix},$$

wobei $0 \leq \varphi \leq 2\pi$, $0 \leq z \leq H$ und $\sqrt{EG-F^2} = \sqrt{2}z$ ist. Wegen $z=r$ gilt auch $H=R$.

a) $m = \iint\limits_{\Omega} \varrho\ \mathrm{d}\omega = \int\limits_{z=0}^{H} \int\limits_{\varphi=0}^{2\pi} z^2\cos^2\varphi\sqrt{2}z\ \mathrm{d}\varphi\mathrm{d}z = \dfrac{\sqrt{2}}{4}\pi H^4 = \dfrac{\sqrt{2}}{4}\pi R^4,$

b) $z_s = \dfrac{1}{m}\iint\limits_{\Omega} z\varrho\ \mathrm{d}\omega = \dfrac{1}{m}\int\limits_{z=0}^{H} \int\limits_{\varphi=0}^{2\pi} z^3\cos^2\varphi\sqrt{2}z\ \mathrm{d}\varphi\mathrm{d}z$

   $= \dfrac{1}{m}\dfrac{\sqrt{2}}{5}\pi H^5 = \dfrac{4}{5}H,\ x_s = y_s = 0.$

94. a) $\phi = \iint\limits_{\Omega} \vec{v} \cdot \vec{n}^{\,o} d\omega$, Abb. 6.47

$E_1 : y, z - \text{Ebene}, \; x = 0, \; d\omega = dydz, \; \vec{n}^{\,o} = -\vec{i}$,
$\vec{v} \cdot \vec{n}^{\,o} = -x^2, \vec{v} \cdot \vec{n}^{\,o}\big|_{x=0} \Rightarrow \phi_1 = 0.$
$E_2 \; \| \; E_1 : x = 3, d\omega = dydz, \vec{n}^{\,o} = \vec{i}, \; \vec{v} \cdot \vec{n}^{\,o} = x^2, \; \vec{v} \cdot \vec{n}^{\,o}\big|_{x=3} = 9;$

$$\phi_2 = \iint\limits_{\Omega_2} \vec{v} \cdot \vec{n}^{\,o} d\omega = \int\limits_{y=0}^{4} \int\limits_{z=0}^{5} 9 \; dzdy = 180.$$

$E_3 : x, z - \text{Ebene}, d\omega = dxdz, \; \vec{n}^{\,o} = -\vec{j}, \; \vec{v} \cdot \vec{n}^{\,o}\big|_{y=0} = -3;$

$$\phi_3 = \int\limits_{x=0}^{3} \int\limits_{z=0}^{5} (-3)dzdx = -45.$$

$E_4 \; \| \; E_3 : y = 4, \; \vec{n}^{\,o} = \vec{j}, \; \vec{v} \cdot \vec{n}^{\,o}\big|_{y=4} = 11; \; \phi_4 = 165.$
$E_5 : x, y - \text{Ebene}, \; d\omega = dxdy, \; \vec{n}^{\,o} = -\vec{k}, \; \vec{v} \cdot \vec{n}^{\,o}\big|_{z=0} = -5;$

$$\phi_5 = \int\limits_{x=0}^{3} \int\limits_{y=0}^{4} (-5)dydx = -60.$$

$E_6 \; \| \; E_5 : \; z = 5; \; \phi_6 = \int\limits_{x=0}^{3} \int\limits_{y=0}^{4} 10 \; dydx = 120.$

Gesamtvektorfluß: $\phi = \sum\limits_{n=1}^{6} \phi_n = 360.$

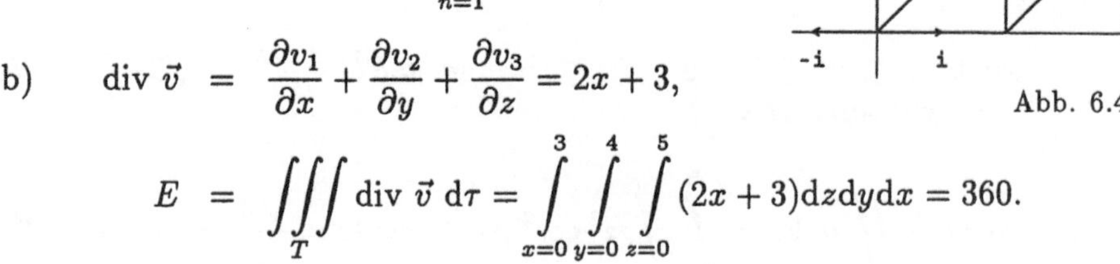

b) $\quad \text{div} \; \vec{v} = \dfrac{\partial v_1}{\partial x} + \dfrac{\partial v_2}{\partial y} + \dfrac{\partial v_3}{\partial z} = 2x + 3,$

Abb. 6.47

$$E = \iiint\limits_{T} \text{div} \; \vec{v} \; d\tau = \int\limits_{x=0}^{3} \int\limits_{y=0}^{4} \int\limits_{z=0}^{5} (2x + 3)dzdydx = 360.$$

95. $\quad \text{div} \; \vec{v} = 3(x^2 + y^2 + z^2) = 3r^2; \; d\tau = r^2 \sin drd\vartheta d\varphi,$

$$\phi = E = \iiint\limits_{T} \text{div} \; \vec{v} \; d\tau = \int\limits_{r=0}^{R} \int\limits_{\vartheta=0}^{\pi} \int\limits_{\varphi=0}^{2\pi} 3r^4 \sin \vartheta \; d\varphi d\vartheta dr = \frac{12}{5}\pi R^5.$$

96. Halbkugelfläche:

$$\vec{n}^o = \operatorname{grad} \Omega = \frac{1}{R}(x,y,z)^T, \ \vec{v} \cdot \vec{n}^o = \frac{1}{R}x^2 z^3 = R^4 \sin^2 \vartheta \cos^3 \vartheta \cos^2 \varphi;$$

$$\phi_k = \iint\limits_{\Omega} \vec{v} \cdot \vec{n}^o \mathrm{d}\omega = \int\limits_{\vartheta=0}^{\frac{\pi}{2}} \int\limits_{\varphi=0}^{2\pi} R^4 \sin^2 \vartheta \cos^3 \vartheta \cos^2 \varphi \ R^2 \sin \vartheta \ \mathrm{d}\varphi \mathrm{d}\vartheta = \frac{\pi}{12}R^6.$$

Subst. $t = \cos \vartheta, \ \mathrm{d}t = -\sin \vartheta \ \mathrm{d}\vartheta, \ \sin^2 \vartheta = 1 - \cos^2 \vartheta = 1 - t^2$

Basiskreis: $z = 0, \ \vec{n}^o = -\vec{k}, \ \vec{v}\,\vec{n}^o\big|_{z=0} = -x^2 z^2\big|_{z=0} = 0; \ \phi_B = 0.$

$$E = \iiint\limits_{T} 2x^2 z \mathrm{d}\tau = \int\limits_{r=0}^{R} \int\limits_{\vartheta=0}^{\frac{\pi}{2}} \int\limits_{\varphi=0}^{2\pi} 2r^5 \sin^3 \vartheta \cos \vartheta \cos^2 \varphi \ \mathrm{d}\varphi \mathrm{d}\vartheta \mathrm{d}r = \frac{\pi}{12}R^6.$$

97. $\operatorname{div} \vec{v} = 4x^2 = 4r^2 \cos \varphi, \ E = \int\limits_{r=0}^{R} \int\limits_{\varphi=0}^{2\pi} \int\limits_{z=0}^{H} 4r^3 \cos^2 \varphi \ \mathrm{d}z \mathrm{d}\varphi \mathrm{d}r = \pi R^4 H.$

Basisfläche: $z = 0, \ \vec{n}^o = -\vec{k}, \ \vec{v} \cdot \vec{n}^o\big|_{z=0} = 0 \Rightarrow \phi_{z=0} = 0.$

Deckfläche: $z = H, \ \vec{n}^o = \vec{k}, \ \vec{v} \cdot \vec{n}^o\big|_{z=H} = 4x^2 H \Rightarrow \phi_{z=H} = \pi H R^4.$

Zylindermantel: Wegen $\phi = \phi_1 + \phi_2 + \phi_M = E$ folgt $\phi_M = 0.$

98. a) $E = \pi R^2 H^2; \ \phi\big|_{z=0} = -3\pi R^2; \ \phi\big|_{z=H} = 3\pi R^2; \ \phi_{r=R} = \pi R^2 H^2,$

    b) $E = \pi R^2 H; \ \phi\big|_{z=0} = 0; \phi\big|_{z=H} = \pi R^2 H; \ \phi_{r=R} = 0.$

99. $\phi\big|_{z=0} = 0; \ \phi\big|_{y=0} = 0; \ \phi\big|_{r=R} = \frac{\pi}{2}R^4.$

100. a) $\operatorname{rot} \vec{v} = z\vec{i} + y\vec{k}; \ \mathrm{d}\omega = \mathrm{d}x\mathrm{d}y, \ \vec{n}^o = \vec{k}; \ \vec{n}^o \cdot \operatorname{rot} \vec{v} = y.$

$$W = \iint\limits_{\Omega} \vec{n}_o \cdot \operatorname{rot}\vec{v} \ \mathrm{d}\omega = \int\limits_{x=0}^{3} \int\limits_{y=0}^{2x} y \ \mathrm{d}y\mathrm{d}x = 18.$$

    b) $k_1 \ : \ 0 \leq x \leq 3, \ \mathrm{d}s = \mathrm{d}x, \ y = 0, \ z = 0; \ \vec{v} \cdot \mathrm{d}r = x;$

$$Z_1 = {}^{k_1}\!\!\int \vec{v} \cdot \mathrm{d}\vec{r} = {}^{k}\!\!\int\limits_{x=0}^{3} x \ \mathrm{d}x = \frac{9}{2}.$$

$$k_2 \ : \ 0 \leq y \leq 6, \ \mathrm{d}s = \mathrm{d}y, \ x = 3, \ z = 0;$$

$$Z_2 = \int\limits_{y=0}^{6} 3y\,\mathrm{d}y = 54.$$

$$k_3 \ : \ 3 \geq x \geq 0, \ \mathrm{d}s = -\mathrm{d}x, \ y = 2x, \ z = 0;$$

$$Z_3 = \int\limits_{x=3}^{0} (x + 4x^2)\,\mathrm{d}x = -\frac{81}{2}.$$

$$W = Z_1 + Z_2 + Z_3 = 18.$$

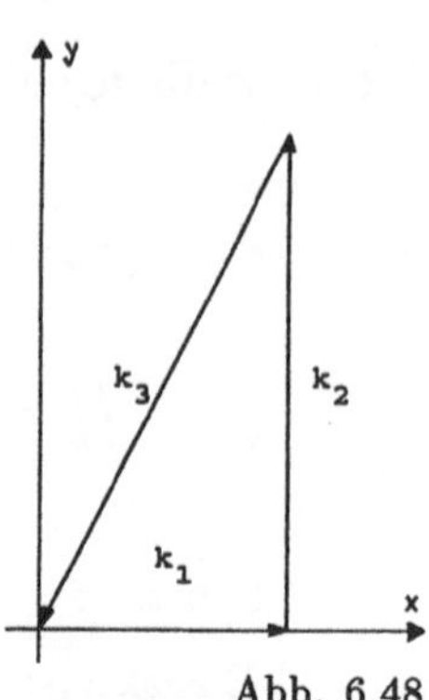

Abb. 6.48

101.
$$\vec{v} \cdot \mathrm{d}\vec{r} = -y\,\mathrm{d}x + x\,\mathrm{d}y + z^2\,\mathrm{d}z; \ \vec{v} \cdot \mathrm{d}\vec{r}\big|_{z=0} = -y\,\mathrm{d}x + x\,\mathrm{d}y = R^2\,\mathrm{d}\varphi.$$

$$x = R\cos\varphi, \ \mathrm{d}x = -R\sin\varphi\,\mathrm{d}\varphi, \ y = R\sin\varphi, \ \mathrm{d}y = R\cos\varphi\,\mathrm{d}\varphi$$

$$Z = \oint \vec{v} \cdot \mathrm{d}\vec{r} = \int\limits_{\varphi=0}^{2\pi} R^2\,\mathrm{d}\varphi = 2\pi R^2; \ \mathrm{rot}\,\vec{v} = 2\vec{k}.$$

a)　$$\vec{n}^o = \vec{k}, \ \vec{n}^o \cdot \mathrm{rot}\,\vec{v} = 2; \ \mathrm{d}\omega = r\,\mathrm{d}\varphi\mathrm{d}r; \ W = 2 \int\limits_{r=0}^{R} \int\limits_{\varphi=0}^{2\pi} r\,\mathrm{d}\varphi\mathrm{d}r = 2\pi R^2.$$

b)　$$\vec{n}^o = \frac{1}{R}(x, y, z)^T, \ \vec{n}^o \cdot \mathrm{rot}\vec{v} = \frac{2z}{R} = 2\cos\vartheta;$$

$$W = 2 \int\limits_{r=0}^{R} \int\limits_{\varphi=0}^{2\pi} R^2 \sin\vartheta \cos\vartheta \,\mathrm{d}\varphi\mathrm{d}\vartheta = 2\pi R^2.$$

102.　$$\mathrm{rot}\vec{v} = (2y - 2z)\vec{i}; \ \vec{r} = (x, y, 1 - x - y)^T;$$

a)　$$\vec{n}^o = \frac{1}{\sqrt{3}}(1; 1; 1;)^T, \ \vec{n}^o \cdot \mathrm{rot}\vec{v} = \frac{2}{\sqrt{3}}(2y + x - 1),$$

$$\sqrt{EG - F^2} = \sqrt{3}; \ W = \int\limits_{x=0}^{1} \int\limits_{y=0}^{1-x} \frac{2}{\sqrt{3}}(2y + x - 1)\sqrt{3}\,\mathrm{d}y\mathrm{d}x = 0.$$

b)　$$\vec{n}^o = \frac{1}{\sqrt{3}}(1; -1; 1)^T; \ \vec{r} = (x, y, 1 - x + y)^T;$$

$$W = \int\limits_{x=0}^{1} \int\limits_{y=0}^{x-1} 2(x - 1)\,\mathrm{d}y\mathrm{d}x = \frac{2}{3}.$$

Literatur

[1] *Bronstein, I.N.; Semendjajew, K.A.:* Taschenbuch der Mathematik. 25. Aufl. Stuttgart-Leipzig: Teubner-Verlag 1991.

[2] *Burg, K.; Haf, H.; Wille, F.:* Höhere Mathematik für Ingenieure, Band III. 3. Aufl. Stuttgart: Teubner-Verlag 1993.

[3] *Fetzer, A.; Fränkel, H. (Hrsg.):* Mathematik, Lehrbuch für Fachhochschulen, Bd. 1, 2, 3. Düsseldorf: VDI-Verlag 1986.

[4] *Heuser, H.:* Gewöhnliche Differentialgleichungen. 2. Aufl. Stuttgart: Teubner-Verlag 1991.

[5] *Harbarth, K.; Riedrich, T.; Schirotzek, W.:* Differentialrechnung für Funktionen mit mehreren Variablen. 8. Aufl. Stuttgart-Leipzig: Teubner-Verlag 1993.

[6] *Körber, K.-H.; Pforr, E.-A.:* Integralrechnung für Funktionen mit mehreren Variablen. 8. Aufl. Stuttgart-Leipzig: Teubner-Verlag 1993.

[7] *Meyberg, K.; Vachenauer, P.:* Höhere Mathematik 1. 2. Aufl. Berlin-Heidelberg: Springer-Verlag 1990.

[8] *Pforr, E.-A.; Schirotzek, W.:* Differential- und Integralrechnung für Funktionen mit einer Variablen. 9. Aufl. Stuttgart-Leipzig: Teubner-Verlag 1993.

Sachregister